职业院校机械系列教材

机械制图（第3版）

JIXIE ZHITU

◎主　编　黄　战　夏　添　龚娅娟
◎副主编　张宝玲　胡　静　廖梨清
◎参　编　薛　寅　唐　昀　吴逸峰
钟宇博　李春晓
◎主　审　张玉荣　杨志国

重庆大学出版社

内容提要

本书是依据最新颁布的《机械制图》《技术制图》国家标准编写而成的。其内容与习题集相对应，主要内容包括：几何作图、平面体及其组合、回转体及其组合、组合体、图样的基本表达方法、标准件和常用件、零件图及装配图等。与之配套使用的有黄战、夏添、龚娅娟主编的《机械制图习题集》（第3版）。

本书可作为职业院校机械类和近机械类各专业教材，也可供工程技术人员参考。

图书在版编目(CIP)数据

机械制图 / 黄战，夏添，龚娅娟主编. -- 3版. -- 重庆：重庆大学出版社，2024.2

ISBN 978-7-5689-4366-6

Ⅰ. ①机… Ⅱ. ①黄… ②夏… ③龚… Ⅲ. ①机械制图—高等职业教育—教材 Ⅳ. ①TH126

中国国家版本馆CIP数据核字(2024)第015564号

机械制图

（第3版）

主　编　黄　战　夏　添　龚娅娟

副主编　张宝玲　胡　静　廖梨清

主　审　张玉荣　杨志国

策划编辑：杨粮菊

责任编辑：杨粮菊　　版式设计：杨粮菊

责任校对：谢　芳　　责任印制：张　策

*

重庆大学出版社出版发行

出版人：陈晓阳

社址：重庆市沙坪坝区大学城西路21号

邮编：401331

电话：(023) 88617190　88617185(中小学)

传真：(023) 88617186　88617166

网址：http://www.cqup.com.cn

邮箱：fxk@cqup.com.cn（营销中心）

全国新华书店经销

重庆升光电力印务有限公司印刷

*

开本：787mm×1092mm　1/16　印张：11.25　字数：284千

2015年8月第1版　2024年2月第3版　2024年1月第6次印刷

印数：11 051—14 050

ISBN 978-7-5689-4366-6　定价：39.00元

第3版前言

本书以中、高等职业学校的学生为主要对象，按照中、高级工的职业技能鉴定技术等级标准及中等职业教育学历教育要求，吸收了最新技术成果，采用了最新的国家标准。结合当前社会需求的实际情况和广大教师多年的教学经验编写而成。

本书与传统教材相比有以下特点：

1. 增加教材的可读性，以方便学生自学。为方便学生自学，本书的编写注重循序渐进、通俗易懂，通过情境教学，合理布局，精心安排内容，力求达到思路清晰，层次分明，重点突出，符合学生的认知规律。

2. 以必需、够用为度。书中删减了部分画法几何内容，点、线、面的空间概念在例图中完成。大多数学校已单独开设计算机绘图课程，故本书不再涉及计算机绘图的相关内容，而主要侧重于机械制图的基本知识与基本内容。

3. 讲练情境教学与手把手教学相结合。针对学生“听课易懂、做题难”的特点，在内容阐述上，突出重点，抓住难点，采用三维模型图与二维视图相对照。全书共8个项目，每个项目主要集中于一个知识点，讲练结合。书中列出的相关知识点既便于教师进行教学组织，又可更好地指导学生自学与复习。

4. 科学的结构体系——应用图例教学。通过“讲练+相关知识+习题”的教学环节，突出讲练结合的教学思想，以提高学生的识图、画图能力。

5. 理论联系实际。采用了以企业零件加工图样为例进行教学，使理论教学与实际生产相结合。为培养实用型人才，为专业教学打下良好基础。

6. 本书(第3版)采用了新的国家标准，并将职业行为习惯、职业素养等通用职业素质融入本课程教学中，让机械制图的学习与通用职业素质的后续培养更好的协同进步。本版特色，每一个学习视频都进行“每课积累”的思政教育，符合新时代职业教育发展的要求。

本书(第3版)由黄战、夏添、龚娅娟担任主编,张宝玲、胡静、廖梨清担任副主编,参与本书编写的还有薛寅、唐昀、吴逸峰、钟宇博、李春晓等,全书由张玉荣、杨志国担任主审。

由于编者水平有限,书中难免存在疏漏和不足,敬请读者批评指正。感谢为本书编写工作做出贡献的第一版和第二版的所有同仁!

编　者

2023年10月

目录

绪　论

任务书

1. 目标

1)理解国家标准相关规定，增强解决实际问题的信心，培养严谨细致的学习态度；

2)了解作图工具的使用，培养学生善于利用不同工具辅助完成基本作图的学习能力。

2. 内容

1)本课程的性质和任务；

2)投影的概念；

3)国家标准的有关规定；

4)作图工具的使用。

讲练题型1　对照三视图找出相对应的立体图，填上相同号码。

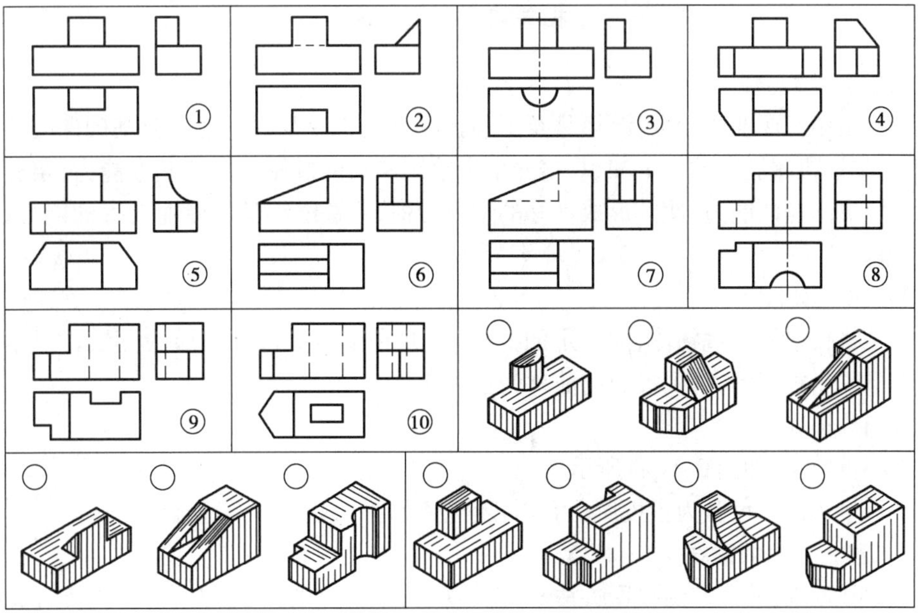

姓名＿＿＿＿＿＿　学号＿＿＿＿＿＿

讲练题型 2　线型练习,作基准线。

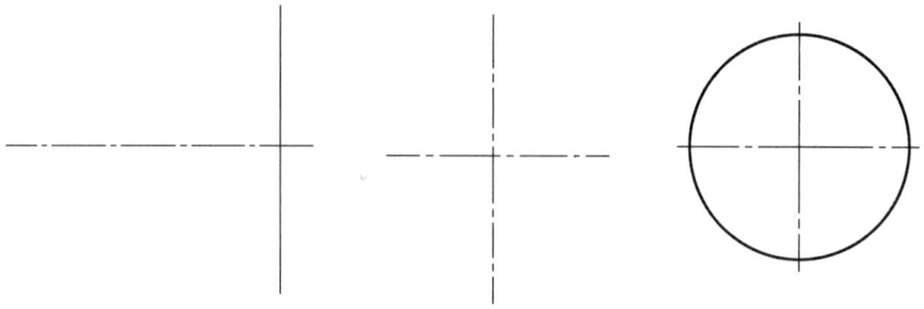

讲练题型 3　作 *AB* 直线的 5 等分。

分析要点:

直线等分,平行线练习。

作图步骤:

①过 *A* 任意作一条射线。

②在射线上取 5 个等分点。

③将最后一个等分点与 *B* 连接得 5*B*。

④过等分点作 5*B* 的平行线即可。

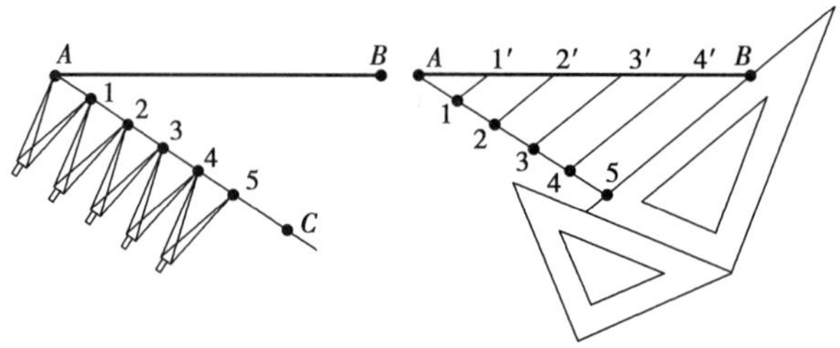

相关知识　绪　论

(1)课程性质与任务

本课程是中等职业学校数控、模具及工程技术类相关专业的一门专业基础课程。其任务是:使学生掌握机械制图的基本知识,培养学生绘制和阅读机械图样的基本能力,培养学生分析问题和解决问题的能力;使其形成良好的学习习惯,具备继续学习专业技术的能力;使其形成严谨、敬业的工作作风。

(2)投影的概念

投影是将投射线通过物体,向选定的面投射,并在该面上得到图形的方法。根据投影法得到的图形称为投影图,得到投影的面称为投影面。

投影的分类如下:

①中心投影法,如图 0.1(a)所示。

②平行投影法。可分为正投影法和斜投影法,如图 0.1(b)、(c)所示。

(3)工程上常见的图样

在工程技术中,按一定的投影方法和有关规定,把物体的形状、大小、材料及有关技术说明,用数字、文字和符号表达在图纸上或存储在磁盘等介质上的图,称为工程图样。

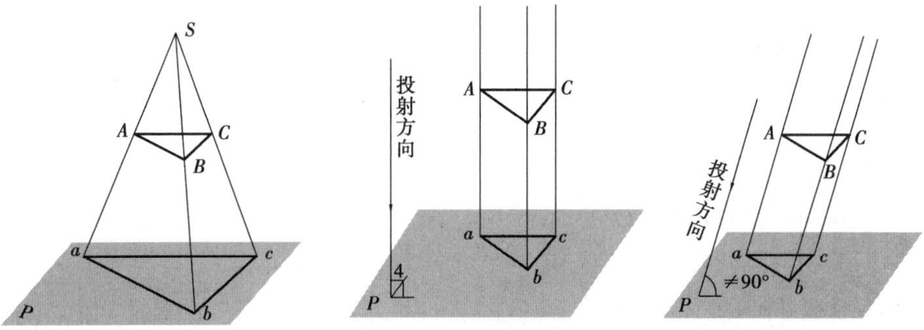

(a)中心投影　　(b)正投影法　　(c)斜投影法

图 0.1　投影的分类

1)零件图

常见的零件图如图 0.2 所示。

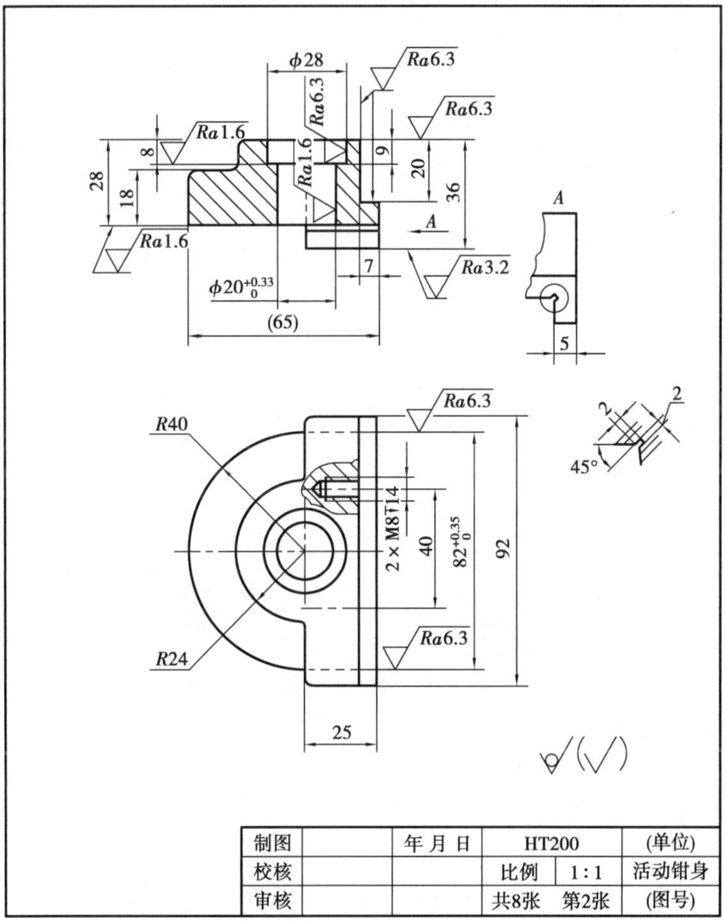

图 0.2　零件图

2)装配图

常见的装配图如图 0.3 所示。

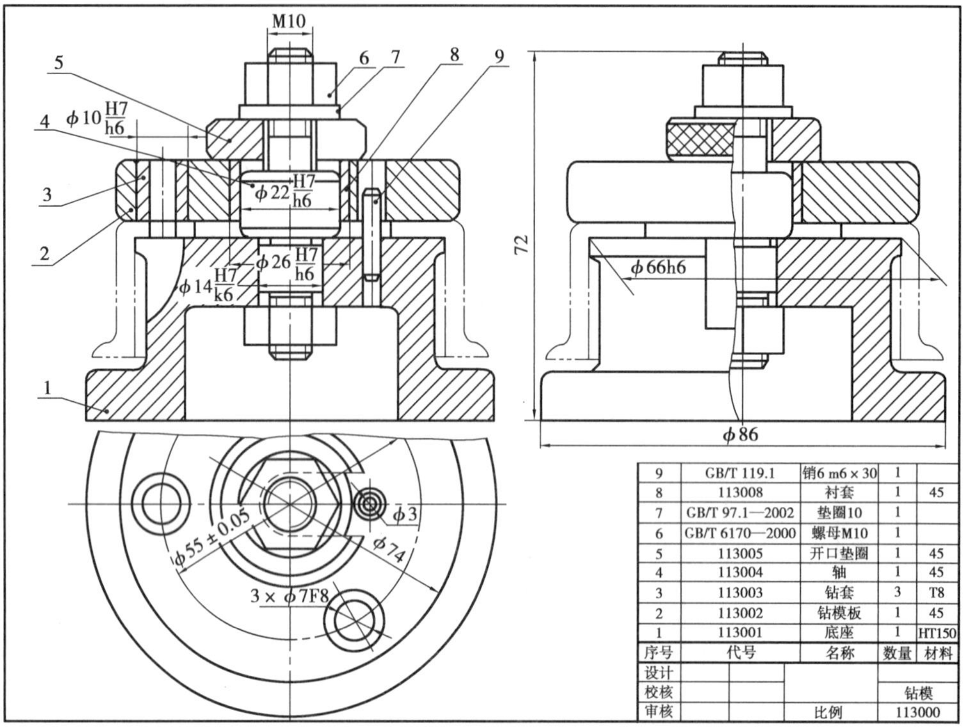

序号	代号	名称	数量	材料
9	GB/T 119.1	销6 m6 × 30	1	
8	113008	衬套	1	45
7	GB/T 97.1—2002	垫圈10	1	
6	GB/T 6170—2000	螺母M10	1	
5	113005	开口垫圈	1	45
4	113004	轴	1	45
3	113003	钻套	3	T8
2	113002	钻模板	1	45
1	113001	底座	1	HT150

设计			
校核			钻模
审核		比例	113000

图 0.3　装配图

3)轴测图和三视图

轴测图和三视图如图 0.4 所示。

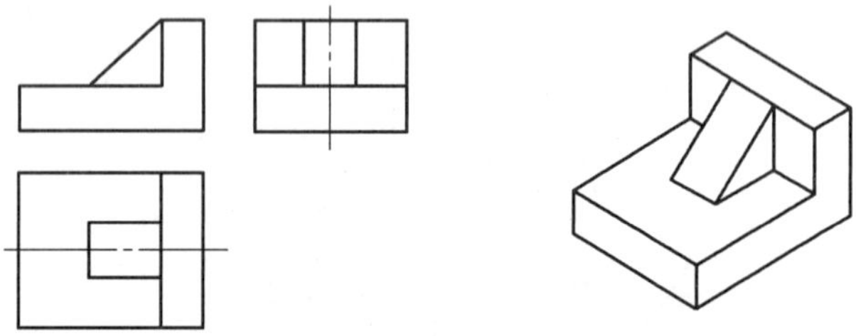

图 0.4　轴测图和三视图

(4)本课程的学习方法

本课程的学习方法是多思、多练。

(5)国家标准的有关规定

例如:

GB/T 17451—1998

GB 为国家标准,T 为推荐性标准,17451 为发布顺序号,1998 为该标准颁布后或最终修订的年份。

1)图纸幅面及格式(GB/T 14689—2008)(见表 0.1)

图纸幅面及格式如图 0.5 所示,标题栏如图 0.6 所示。

表 0.1　图纸幅面及格式（GB/T 14689—2008）　　单位：mm

幅面代号	A0	A1	A2	A3	A4
尺寸 $B \times L$	841×1 189	594×841	420×594	297×420	210×297
e	20		10		
c	10			5	
a	25				

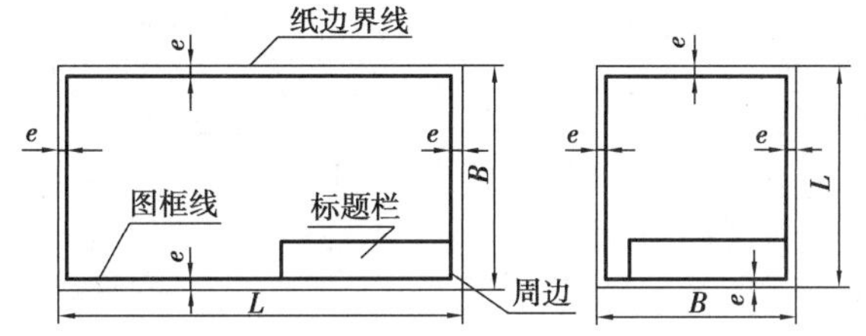

(a) 不留装订边

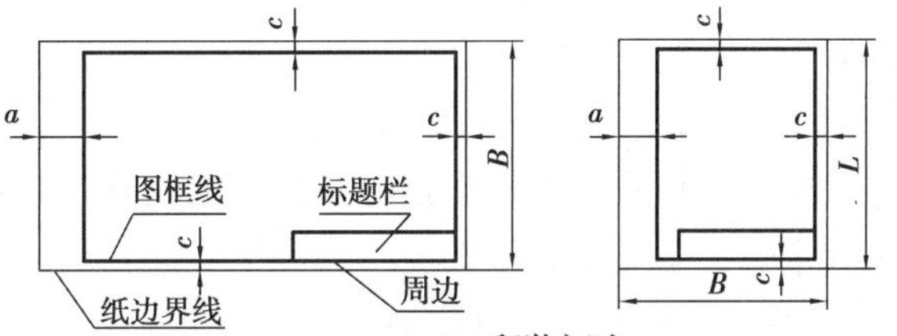

(b) 留装订边

图 0.5　图纸幅面及格式

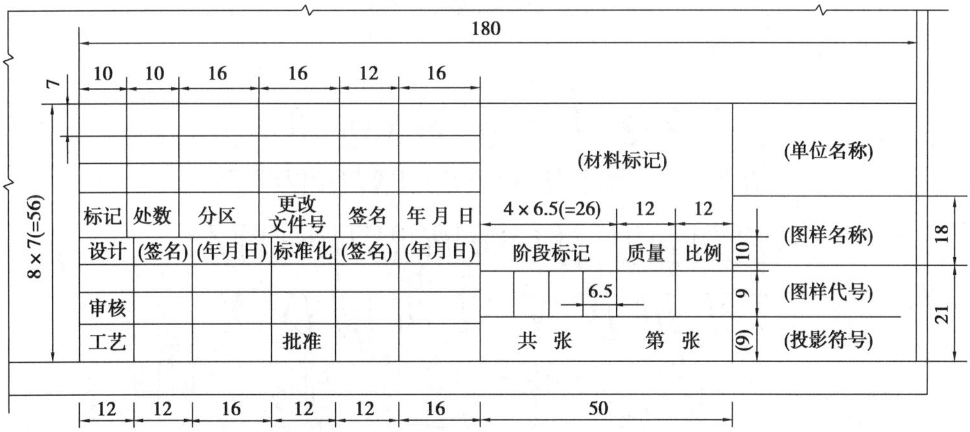

(a) 国标标题栏

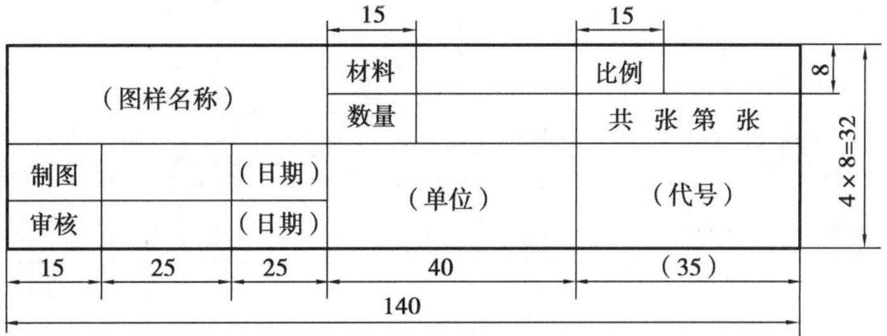

(b) 简化标题栏

图 0.6　标题栏

2）比例（GB/T 14690—1993）

图中图形与其实物相应要素的线性尺寸之比，称为比例（见表0.2）。

表0.2　比例（GB/T 14690—1993）

种　类		比　例
原值比例		1∶1
放大比例	优先使用	5∶1　2∶1　5×10^n∶1　2×10^n∶1　1×10^n∶1
	允许使用	4∶1　2.5∶1　4×10^n∶1　2.5×10^n∶1
缩小比例	优先使用	1∶2　1∶5　1∶10　1∶2×10^n　1∶5×10^n　1∶1×10^n
	允许使用	1∶1.5　1∶2.5　1∶3　1∶4　1∶6 1∶1.5×10^n　1∶1.25×10^n　1∶3×10^n　1∶4×10^n　1∶5×10^n

3）字体（GB/T 14691—1993）

字号：国家标准中以字体高度代表字体的号。

字高系列为：1.8，2.5，3.5，5，7，10，14，20 mm。

①图上的汉字应写成长仿宋体，并采用国家正式公布推行的简化字。汉字的高度 h 应不小于3.5 mm。字体的宽度约等于字体高度的2/3。

要求是：字体工整、笔画清楚、间隔均匀、排列整齐。

②字母和数字应符合国家标准的规定。字母和数字分为A型（斜体）和B型（直体）两种。斜体字字头向右倾斜，与水平线约成75°，在同一张图纸上只允许用一种号数的字体。

汉字、字母、数字示例如下：

1 2 3 4 5 6 7 8 9 0

abcdefghijklmnopqrstuvwxyz

ABCDEFGHIJKLMNOPQRSTUVWXYZ

I II III IV V VI VII VIII IX X

横 平 竖 直 注 意 起 落 结 构 均 匀 填 满

4）图线（GB/T 4457.4—2002）

图线见表0.3。

表0.3　图线（GB/T 4457.4—2002）

名　称	形　式	宽　度	主要用途及线素长度
粗实线	————————	粗	表示可见轮廓线等

续表

名　称	形　式	宽　度	主要用途及线素长度
细实线	——————	细	表示尺寸线、尺寸界线、通用剖面线、引出线、重合断面的轮廓线、过渡线等
波浪线	～～～～		表示断裂处的边界线、局部剖视的分界线
双折线	——√——√——		表示断裂处的边界线
细虚线	- - - - - - - - - - - -	粗实线与细线比例2∶1	表示不可见轮廓线。画长 4 ~ 6 mm,短间隔长 1 mm
细点画线	——·——·——·——·——		表示轴线、圆中心线、对称线、轨迹线
粗点画线	———— - ————	粗	表示有特殊要求的表面的表示线
双点画线	—··——··——··——··	细	表示假想轮廓线、断裂处的边界线
粗虚线	**- - - - - - - - - - - -**	粗	允许表面处理的表示线

(6)绘图工具的使用

1)三角板

三角板如图 0.7(a)所示。

2)圆规和分规

圆规和分规如图 0.7(b)、(c)、(d)、(e)所示。

3)铅笔(2H,H,HB,B,2B)

铅笔如图 0.7(f)所示。

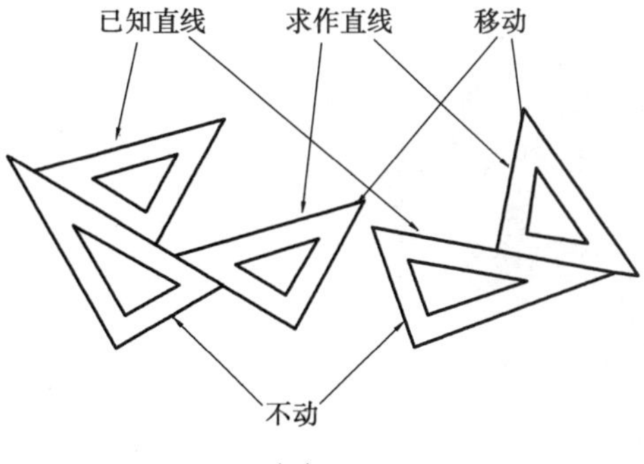

(a)

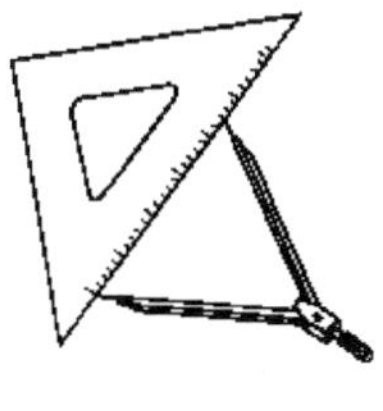

(b)

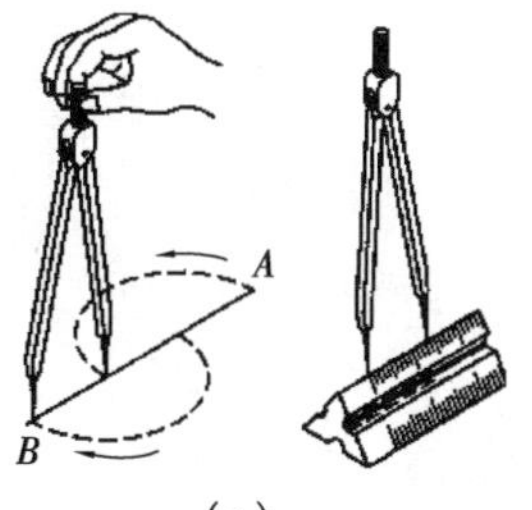

(c)

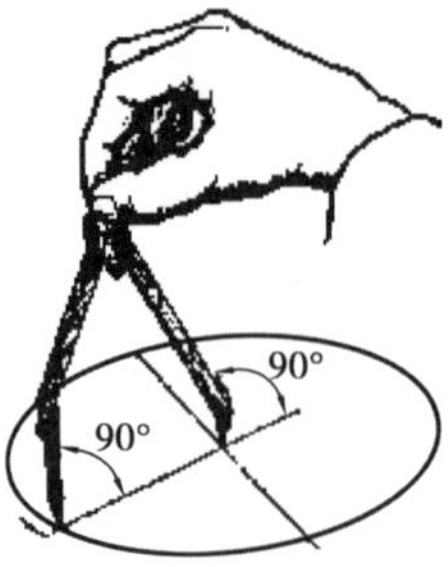

(d)

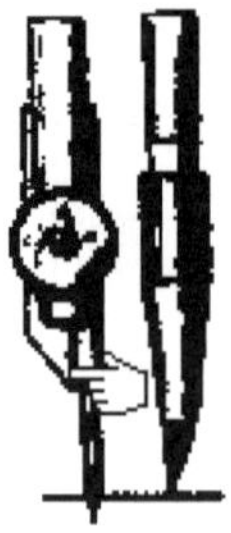

(e)

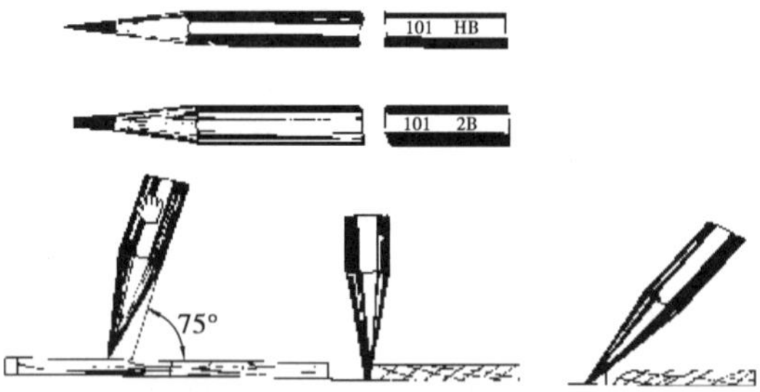

正确　　错误

(f)

图 0.7　绘图工具的使用

项目 1

几何作图

任务书

1. 目标

1)掌握几何作图的相关技巧,培养学生毫厘必纠的绘图习惯;

2)掌握平面图形的尺寸标注方法,养成规范的标注意识。

2. 内容

1)圆的等分;

2)圆弧连接;

3)斜度与锥度;

4)平面图形画法。

案例 1　圆的等分

讲练题型　参照图例给定的尺寸作图。

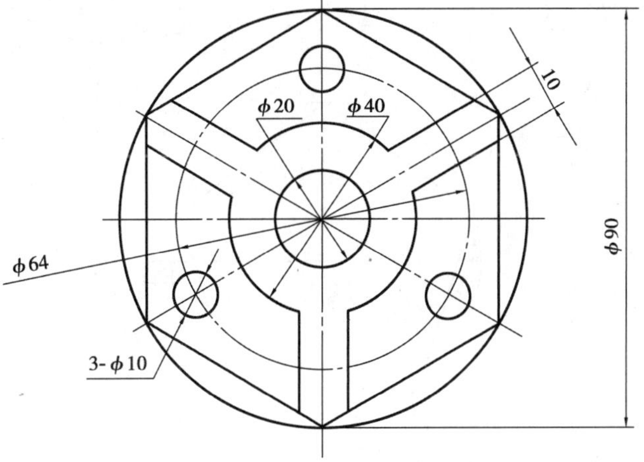

分析要点：

本题主要是 $\phi90$ 的圆 6 等分，距离 10 mm 的平行线作图。

作图步骤：

①画基准线。

②作 $\phi90$ 的圆并将其 6 等分，并作过中心的另外两条点画线。

③作 $\phi20$，$\phi40$ 和点画线 $\phi64$ 的圆。

④作 3 个 $\phi10$ 的小圆。

⑤在 3 条过中心点画线两边分别作出距离为 5 mm 的平行线。

⑥检查、加粗。

相关知识 1　圆周等分和正多边形的画法

(1) 圆周 6 等分和正六边形的画法

①以 A，B 为起点，以圆半径为长分圆周得点 C，D，E，F。

②依次连平分点 A，E，C，B，D，F 得六边形。

圆规作图的 6 等分如图 1.1(a) 所示；三角板作圆的 6 等分如图 1.1(b) 所示。

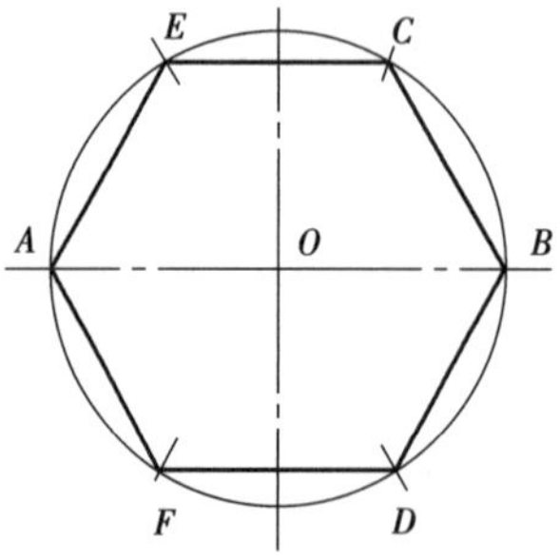

(a) 圆规作圆的6等分

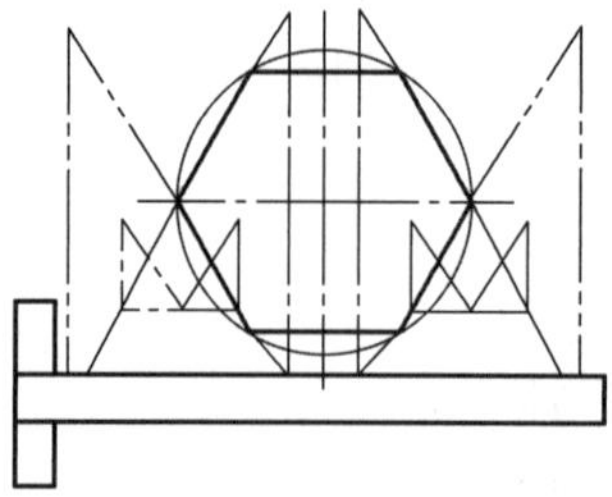

(b) 三角板作圆的6等分

图 1.1　正六边形画法

(2) 圆周 5 等分和正五边形的画法

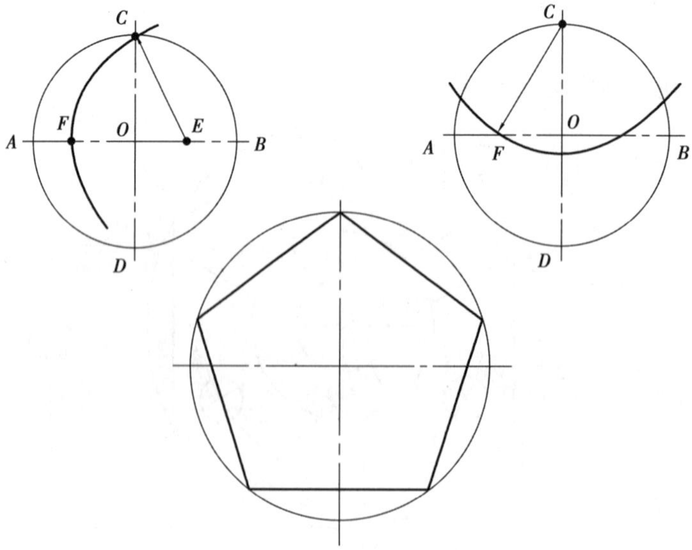

图 1.2　正五边形画法

①作 OB 中垂线得点 E(以不小于 $OB/2$ 为半径,分别以 O,B 为圆心画弧得交点,连交点得点 E)。

②以 E 为圆心,以 CE 为半径画弧交 AO 得交点 F。

③CF 为正五边形边长(以 C 为起点,以 CF 为长平分圆周得平分点,连接平分点得正五边形)。

圆周5等分和正五边形的画法如图1.2所示。

圆弧外连接

案例2　圆弧连接

圆弧内外连接

讲练题型　参照图例给定的尺寸作图。

分析要点:

已知线段作完后,外面的 $R70$ 分别与 $R22$ 和 $R16$ 外切,内面的 $R70$ 与 $R18$ 外切和 $R16$ 内切。

作图步骤:

①画基准线。

②作已知线段 $\phi28$,$R22$,$R16$,$\phi16$,7,31,画尺寸8的定位尺寸再画 $R18$。

③作 $R70$ 分别与 $R22$ 和 $R16$ 外切(见相关知识2)。

④作内面的 $R70$ 与 $R18$ 外切和 $R16$ 内切。

⑤检查,加粗。

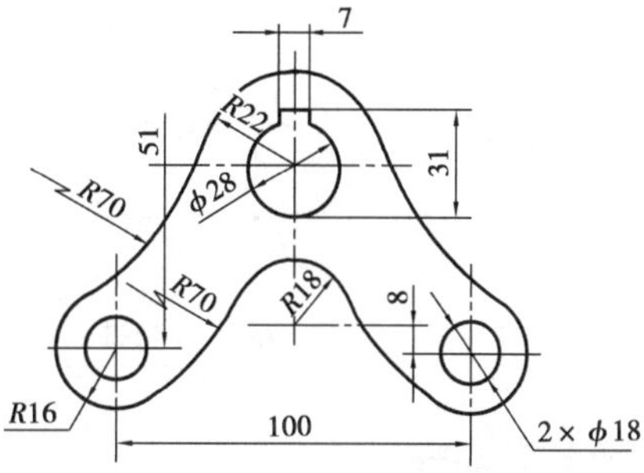

相关知识2　圆弧连接

用已知半径的圆弧光滑连接(即相切)两已知线段(直线或圆弧),称为圆弧连接(见表1.1及图1.3—图1.5)。

圆弧连接画法

表1.1　直线与圆弧以及圆弧之间的圆弧连接

名　称	已知条件和作图要求	作图步骤		
直线和圆弧间的圆弧连接	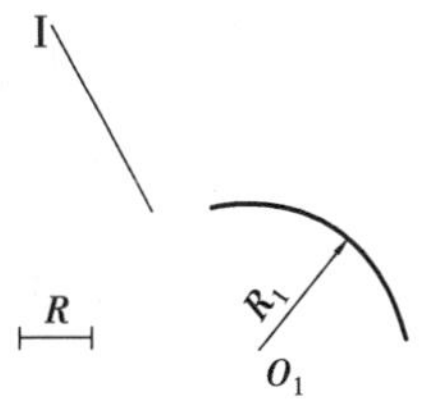 以已知的连接弧半径 R 画弧,与直线Ⅰ和圆 O_1 外切	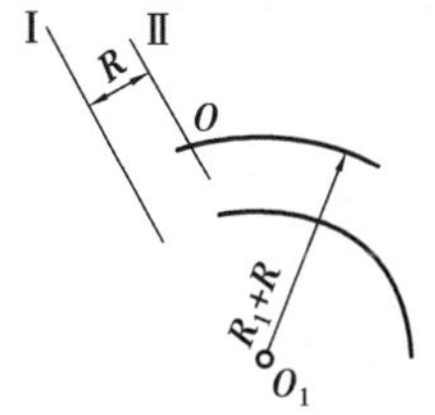 1. 作直线Ⅱ平行于直线Ⅰ(其间距离为 R);再作已知圆弧的同心圆(半径为 R_1+R)与直线Ⅱ相交于 O	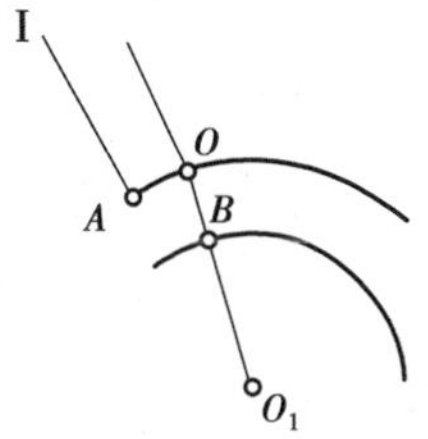 2. 作 OA 垂直于直线Ⅰ;连 OO_1 交已知圆弧于 B,A,B 即为切点	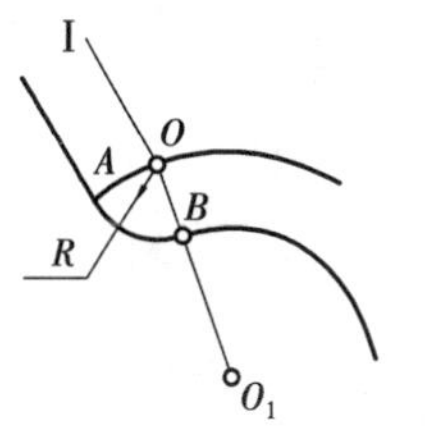 3. 以 O 为圆心,R 为半径画圆弧,连接直线Ⅰ和圆弧 O_1 于 A,B 即定成作图

续表

名　称	已知条件和作图要求	作图步骤		
外连接	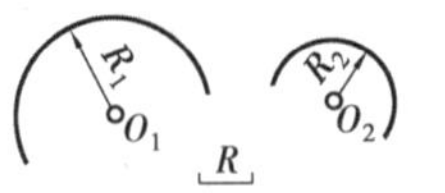 以已知的连接弧半径 R 画弧，与两圆外切	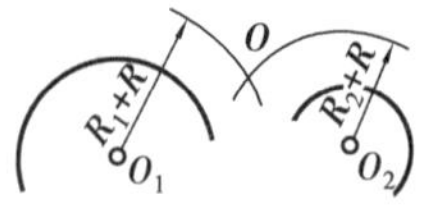 1. 分别以 (R_1+R) 及 (R_2+R) 为半径，O_1，O_2 为圆心，画弧交于 O	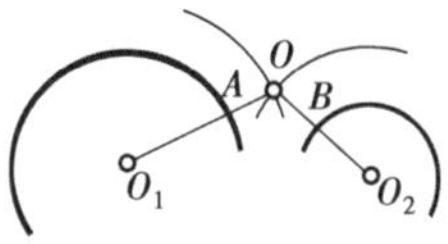 2. 连 OO_1 交已知弧于 A，连 OO_2 交已知弧于 B，A，B 即为切点	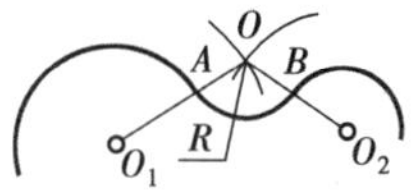 3. 以 O 为圆心，R 为半径画圆弧，连接已知圆弧于 A，B 即完成作图

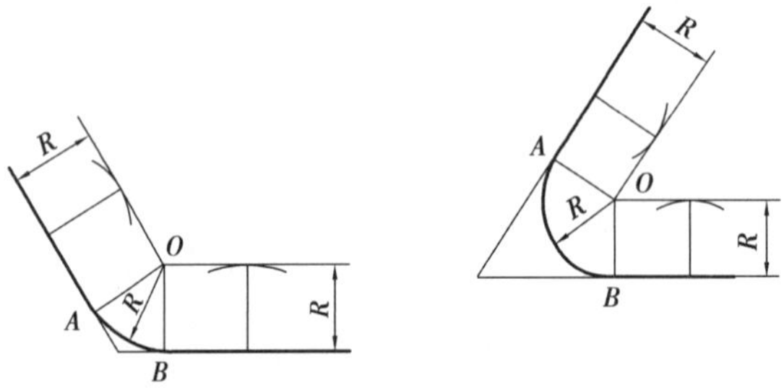

图 1.3　直线间的圆弧连接

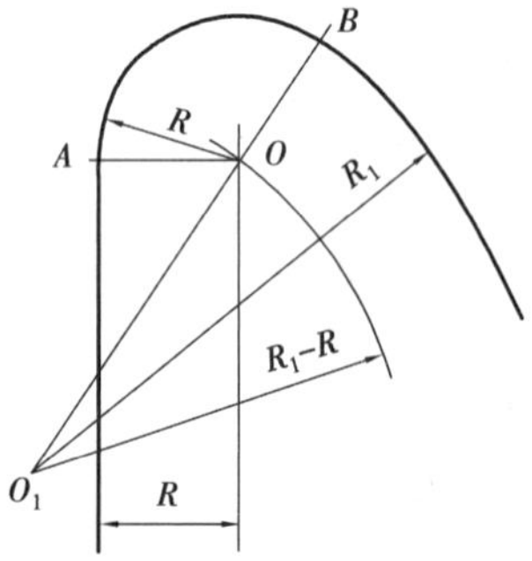

图 1.4　直线与圆弧间的圆弧连接

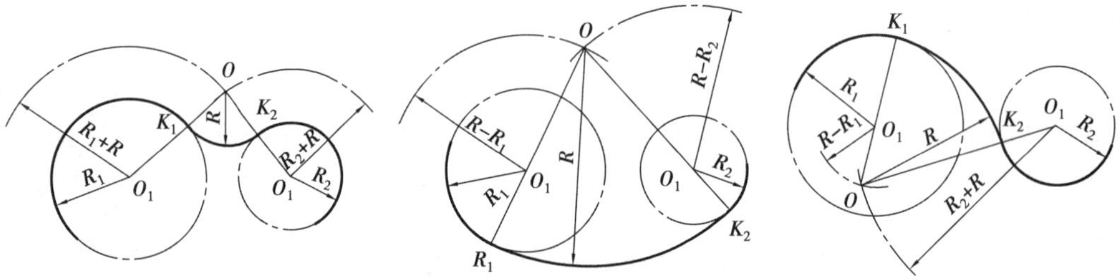

(a) 外切　　(b) 内切　　(c) 混合切

图 1.5　圆弧间的圆弧连接

案例 3　斜度与锥度

讲练题型 1　参照图例给定的尺寸作图。

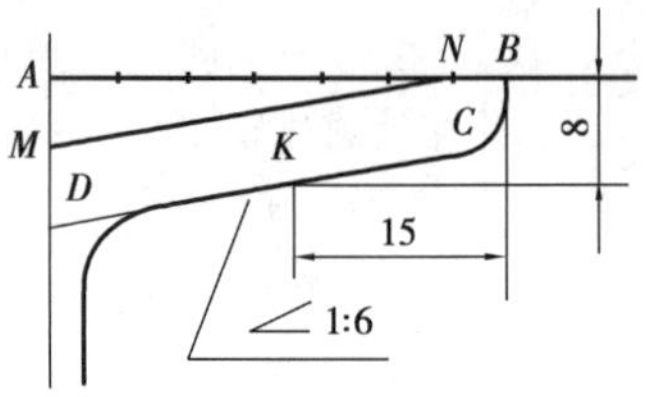

作图步骤：

①在对称线上取 $AM=1$ 单位长。

②在 AB 线上取 $AN=6$ 个单位长。

③连 MN，其斜度为 $1:6$。

④过点 K 作 $CD//MN$，CD 即为所求。

讲练题型2　参照图例给定的尺寸作图。

①以直线 AB 的中点 F 为对称点，取 $GH=1$ 个单位长。

②在轴线上取 $FE=3$ 个单位长。

③连接 EG，EH。

④过 A，B 作 $AC//GE$，$BD//HE$，圆台 $ABCD$ 的锥度即为 1∶3。

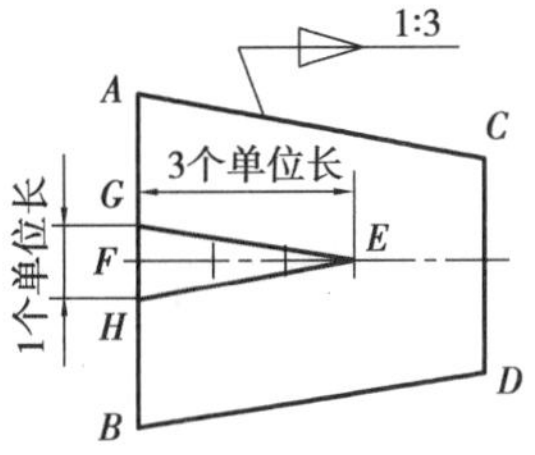

相关知识3　斜度与锥度

(1)斜度

一直线(或平面)对另一直线(或平面)的倾斜程度，称为斜度。符号为∠，其大小以它们夹角的正切来表示，并将此值化为 $1:n$ 的形式，即

$$斜度 = \tan\alpha = \frac{H}{L} = 1:n$$

斜度画法和标注如图1.6所示，符号应与斜度和锥度的方向一致。

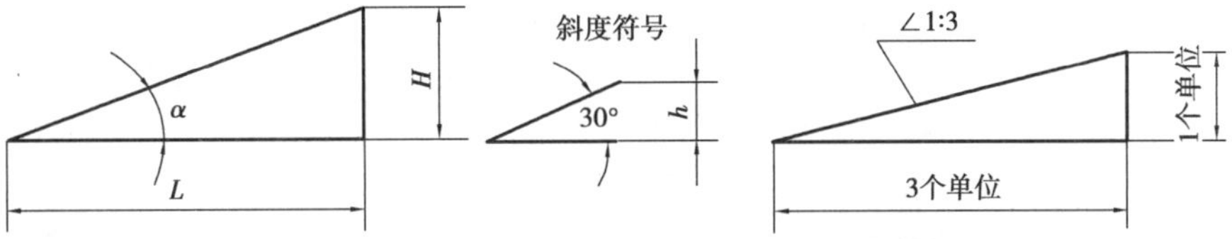

图1.6　斜度画法和标注

(2)锥度

正圆锥底圆直径与其高度之比称为锥度。对于圆锥台，则为底圆直径与顶圆直径的差与圆锥台的高度之比，其值最终化为 $1:n$ 的形式。锥度画法和标注如图1.7所示。

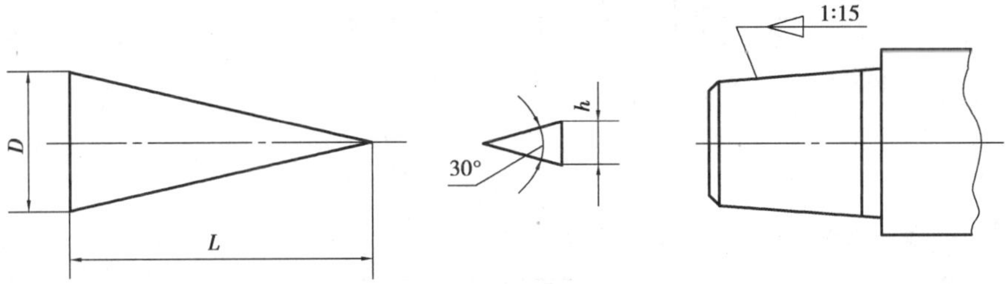

图1.7　锥度画法和标注

案例4　平面图形尺寸与画法

手柄的画图步骤　起重钩的画图步骤

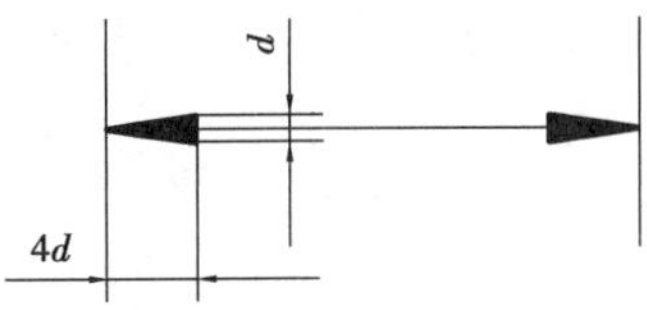

讲练题型1　箭头画法练习20个(d 可取1 mm)。

讲练题型2　参照图例给定的尺寸作图。

分析要点：

已知线段作完后，$R104$ 与 $R11$ 内切并与 $\phi52$ 确定的轮廓两边直线相切，$R60$ 与 $R104$ 外切并经过 $\phi38$ 右边一点。

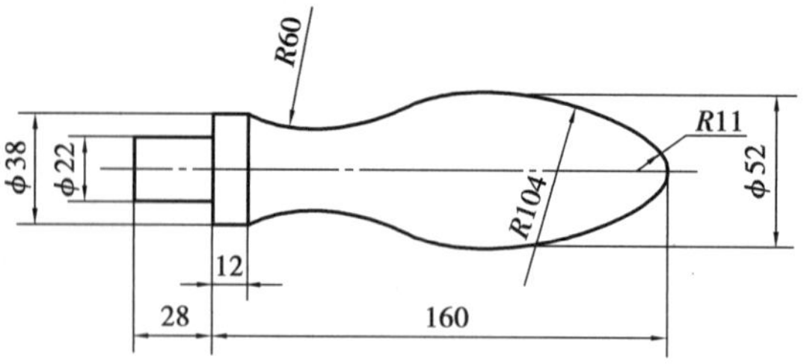

作图步骤：

①画基准线。

②作已知线段 28，160，12，$R11$，$\phi38$，$\phi22$，$\phi52$。

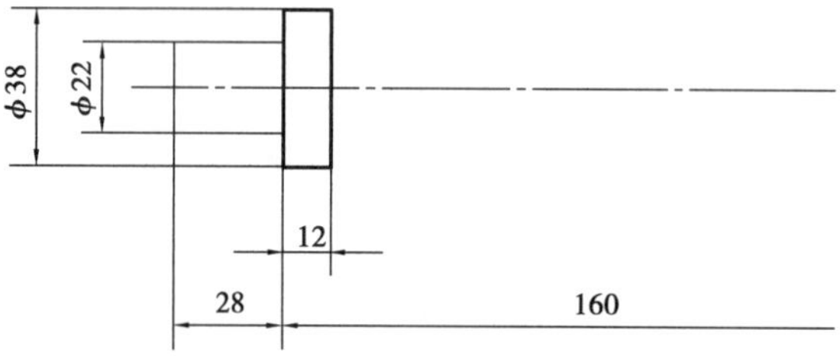

③作 $R104$ 与 $R11$ 内切并与 $\phi52$ 确定的轮廓两边直线相切。

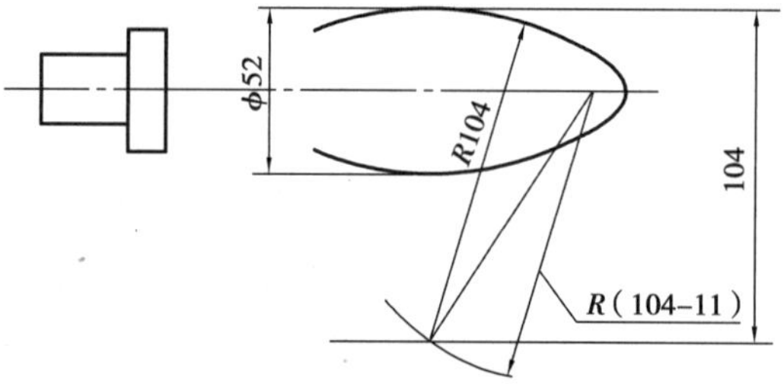

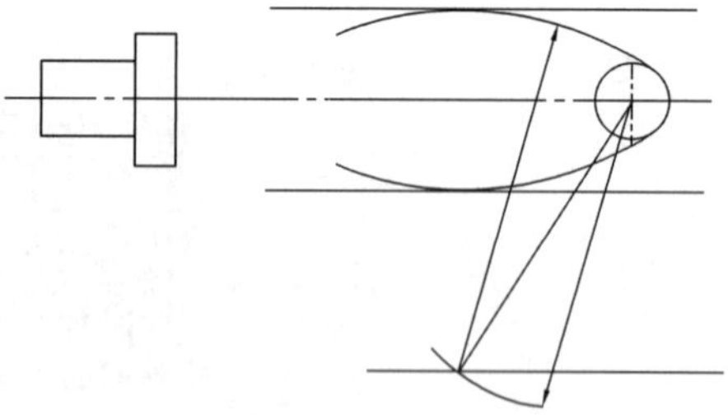

④作 $R60$ 与 $R104$ 外切，并经过 $\phi38$ 右边一点（以 $\phi38$ 右边点为圆心，$R60$ 为半径找 $R60$ 的圆心）。

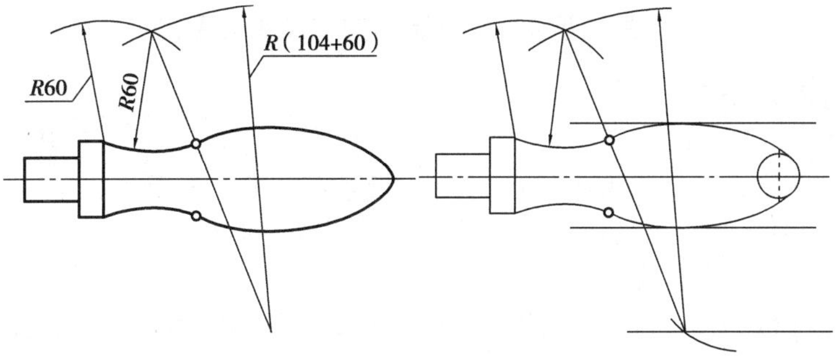

⑤检查，加粗。

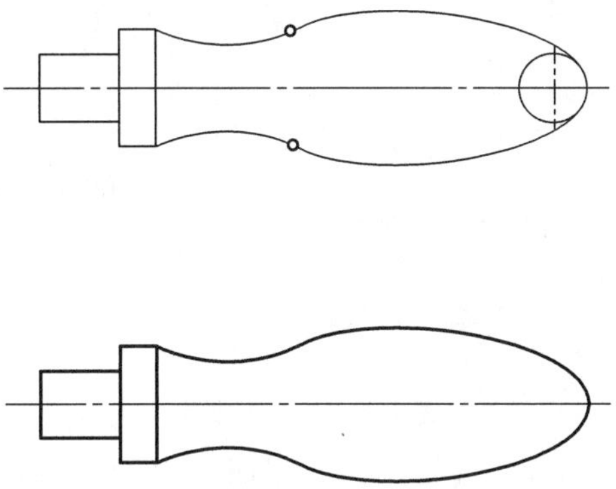

讲练题型3　尺寸改错。

分析要点：

各尺寸在标注时的错误。

讲解：

见相关知识4。

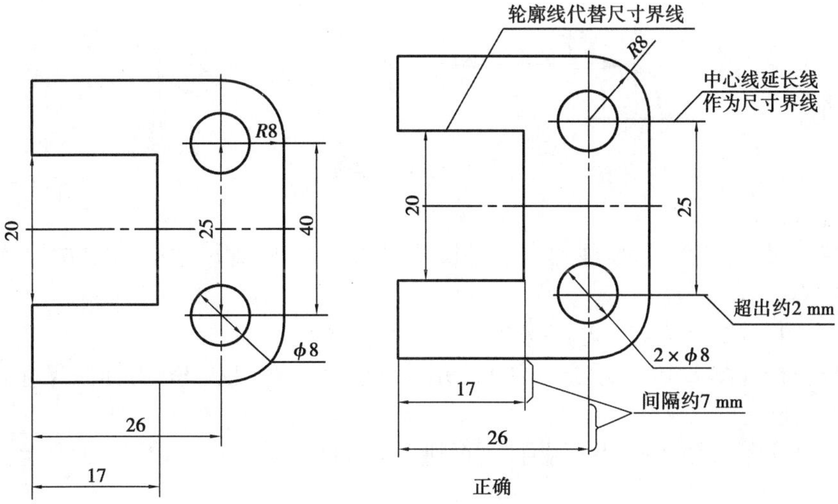

正确

相关知识4　尺寸基本知识及平面图形

(1)尺寸的基本知识

1)基本规则

①尺寸数值为零件的真实大小,与绘图比例及绘图的准确度无关。

②以毫米为单位,如采用其他单位时,则必须注明单位名称。

③图中所注尺寸为零件完工后的尺寸。

④每个尺寸一般标注一次,应标注在最能清晰反映该结构特征的视图上。

2)尺寸的组成要素

每一个尺寸由三部分组成:尺寸界线、尺寸数字、尺寸线。尺寸三要素如图1.8所示。

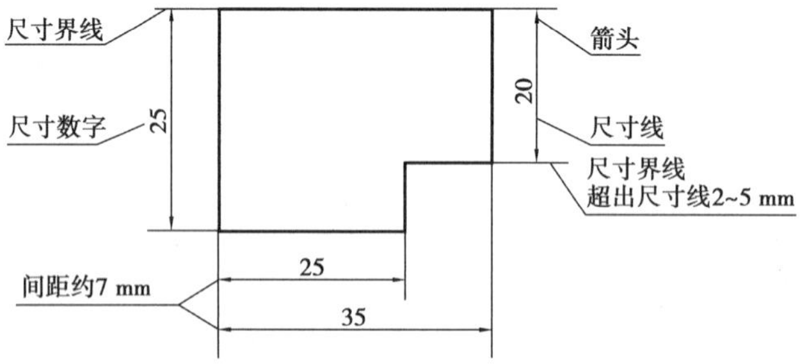

图1.8　尺寸三要素

①尺寸界线。尺寸界线用细实线绘制,并由图形的轮廓线、轴线或对称中心线处引出,也可利用轮廓线、轴线或对称中心线作尺寸界线。

②尺寸线。

a.尺寸线用细实线绘制,带终端符号(箭头、斜线)。箭头画法如图1.9所示。

b.标注线性尺寸时,尺寸线必须与所标注的线段平行。

c.尺寸线不能用其他图线代替,也不得与其他图线重合或画在其延长线上。

d.尺寸线不能有任何图线通过。

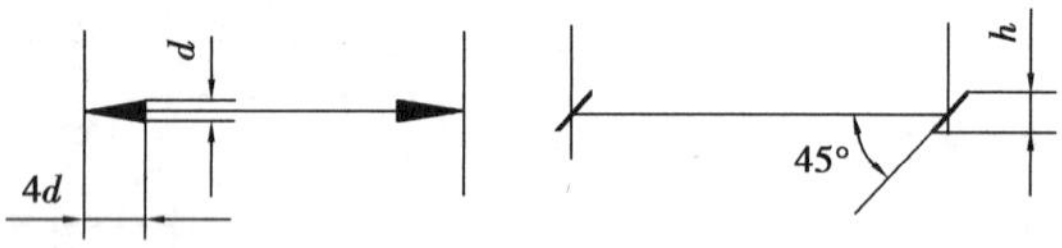

图1.9　箭头画法

③尺寸数字。

a.位置。尺寸数字一般应注写在水平尺寸线的上方、竖直尺寸线的左方,也允许注写在尺寸线的中断处。

b.方向。尺寸数字应与尺寸线保持平行且字头朝上。

c.一般应按如图1.10所示方向注写,并尽可能避免在图示30°内标注尺寸。无法避免时,应引出标注。

d.尺寸数字不可被任何图线所通过,否则必须将该图线断开,如图1.11所示。

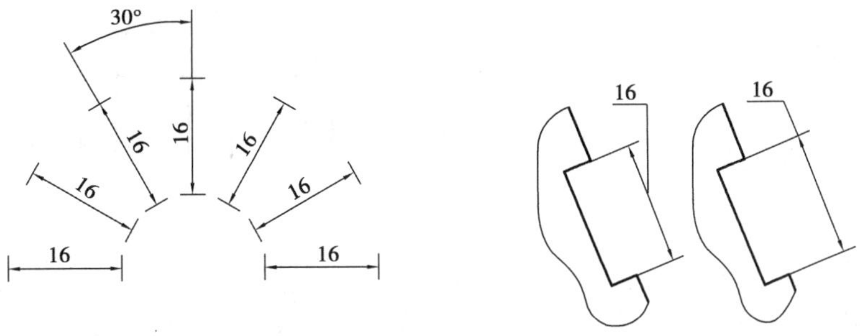

图1.10　线性尺寸

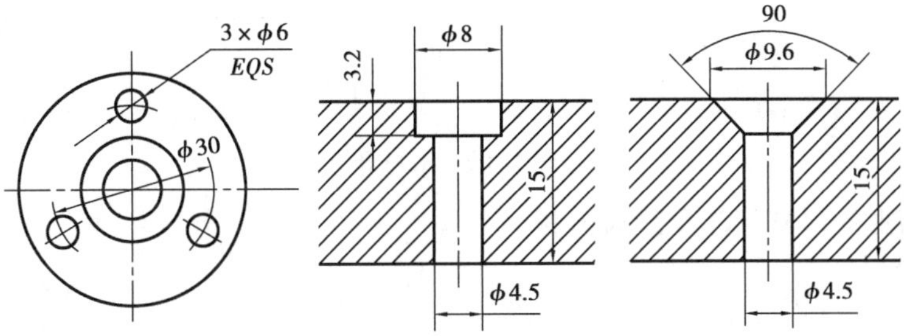

图1.11　尺寸数字

e.其他特殊尺寸的标注,如图1.12—图1.14所示。

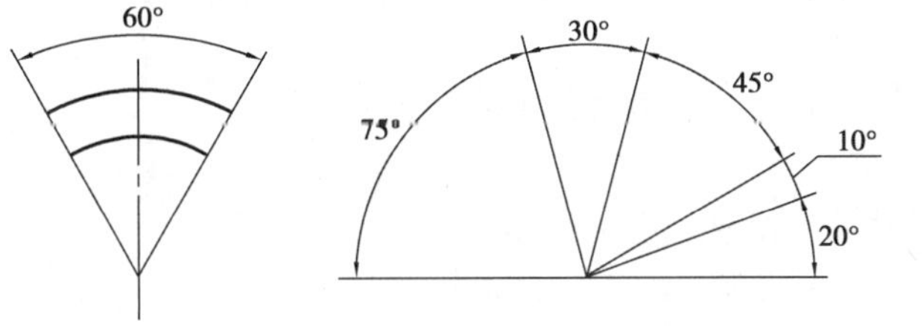

图1.12　角度尺寸

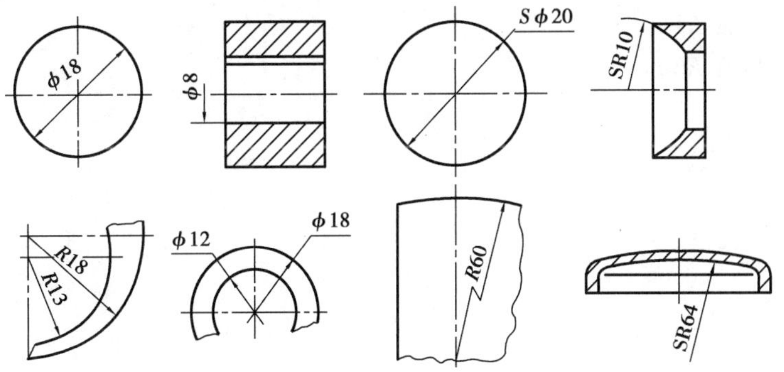

图1.13　圆和圆弧尺寸

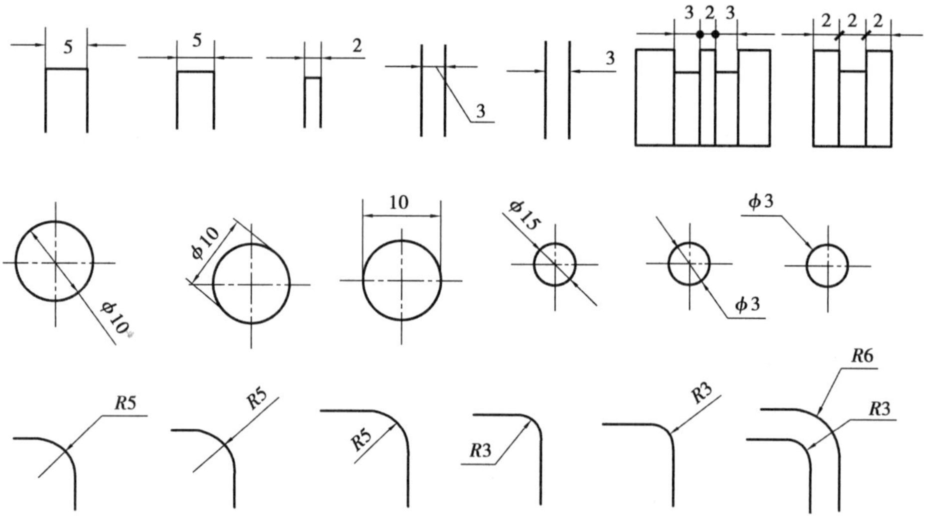

图 1.14　小尺寸

(2)平面图形的尺寸标注及线段分析

1)尺寸分析

①定形尺寸

确定平面图形中线段的长度、圆弧的半径、圆的直径以及角度的大小等尺寸,称为定形尺寸。

②定位尺寸

用于确定圆心、线段等在平面图形中所处位置的尺寸,称为定位尺寸。

③尺寸基准

尺寸基准是尺寸的起点,一般是对称中心线、边界线。

2)线段分析

①已知线段:定形尺寸和两个定位尺寸已知。

②中间线段:定形尺寸已知,定位尺寸知其一。

③连接线段:定形尺寸已知,定位尺寸未知。

例如,讲练题型 2 中:

已知线段为 $\phi22\times28$,$\phi38\times12$,圆弧 $R11$。

中间线段为圆弧 $R104$。

连接线段为圆弧 $R60$。

项目 2
平面体及其组合

任务书

1. 目标

1)理解投影规律的内涵,培养严谨细致的绘图和识图工匠精神;

2)灵活应用投影规律读图和画图,培养平面体“图和物”相互转换的空间思维能力。

2. 内容

1)基本平面体的三视图、轴测图;

2)叠加平面体的三视图、轴测图;

3)切割平面体的三视图、轴测图;

4)平面体的尺寸标注。

案例 1 长方体

讲练题型 1 画长方体三视图长 60、宽 30、高 10(给出不同尺寸)。

长方体三视图-1 长方体三视图-2

长方体属于四棱柱。

分析要点:

三视图的形成(见相关知识 1),主视图有两个尺寸(60,10)、俯视图有两个尺寸(60,30)、左视图有两个尺寸(30,10)。

要注意长对正、高平齐、宽相等,要培养好的作图习惯。

作图步骤:

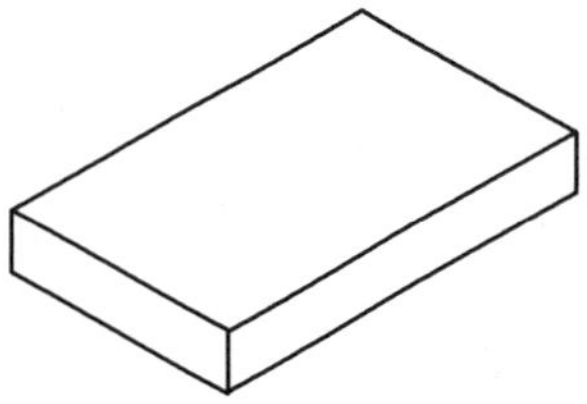

①画基准线:底边线和左(右)后(前)边线(3 个视图同时画)。

②在主视图量长 60,并长对正到俯视图(用作图线,要求

轻、淡）。

③在主视图量高 10，并高平齐到左视图。

④在俯视图量宽 30，并宽相等到左视图。

⑤检查，加粗。

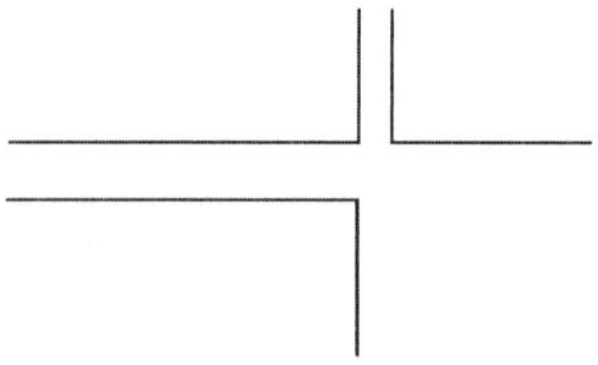

长方体三视图-3

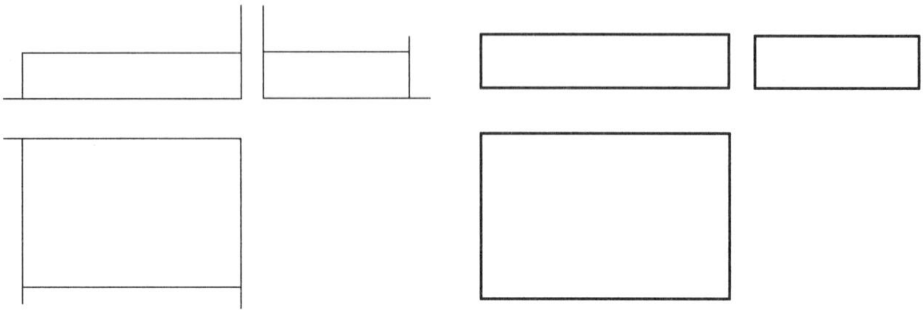

讲练题型 2　画由长方体组合形体的三视图。

分析要点：

进行形体分析，本题由两个长方体组成，小长方体切了一小角。培养好的作图习惯，三视图同时进行，不能一个视图画完再画另一个视图。

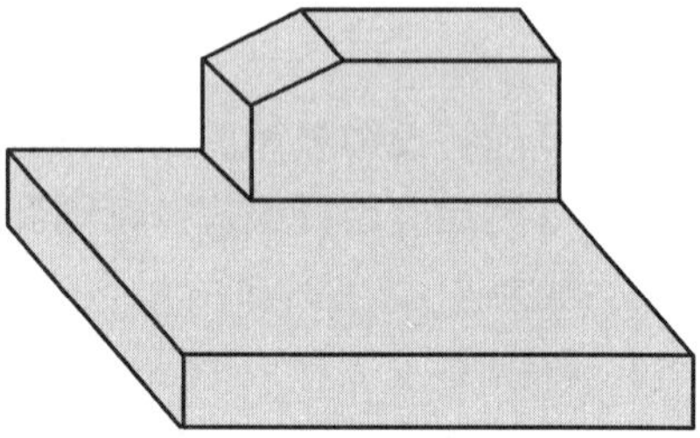

作图步骤：

①画底板长方体三视图。

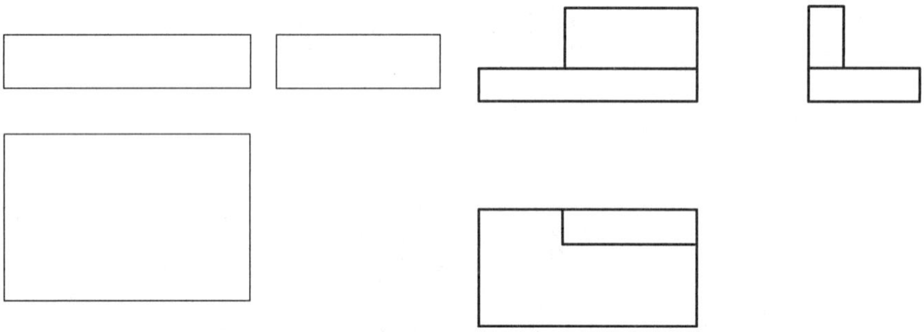

②画竖立小长方体三视图（注意叠加的位置）。

③画切小角的三视图（先画形体特征明显的视图）。

④检查，加粗。

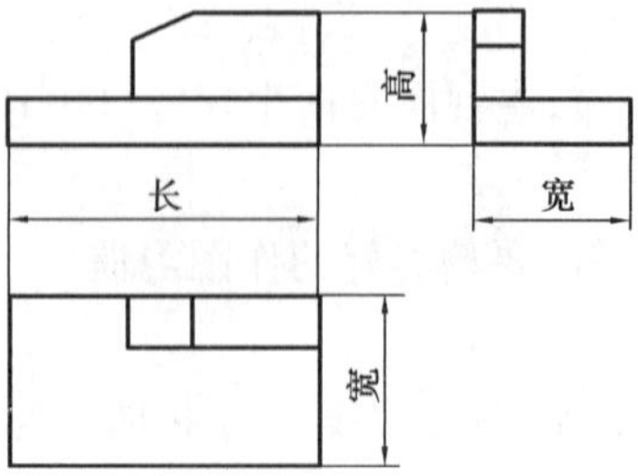

相关知识1 三视图的形成及其对应关系

三视图形成

(1)视图的概念

视图是利用正投影法得到的投影。

(2)三视图的形成

①通常选用3个互相垂直相交的投影面,即正平面 V、水平面 H 和侧平面 W,建立一个三投影面体系,3个面的交点为原点 O,V 与 H 面的交线为 X 轴,V 与 W 面的交线为 Z 轴,H 与 W 面的交线为 Y 轴,如图2.1所示。

②将物体正放在三投影面体系中,用正投影法向3个投影面投影,就得到了物体的三面投影。

③按上述方法展开后如图2.1所示。

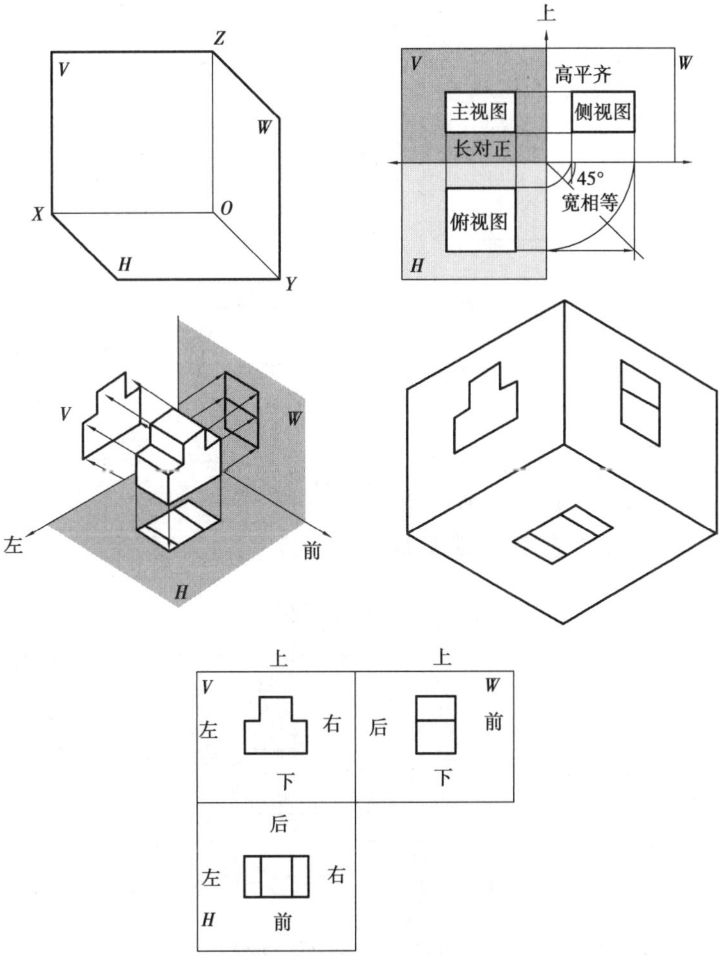

图2.1 三视图的形成

主视图——物体的上、下和左、右。

俯视图——物体的前、后和左、右。

左视图——物体的上、下和前、后。

主、俯视图——长对正。

主、左视图——高平齐。

俯、左视图——宽相等。

正五棱柱

案例2　其他平面体

讲练题型1　画正五棱柱三视图(已知外接圆直径40、高10)。

分析要点:

进行形体分析。

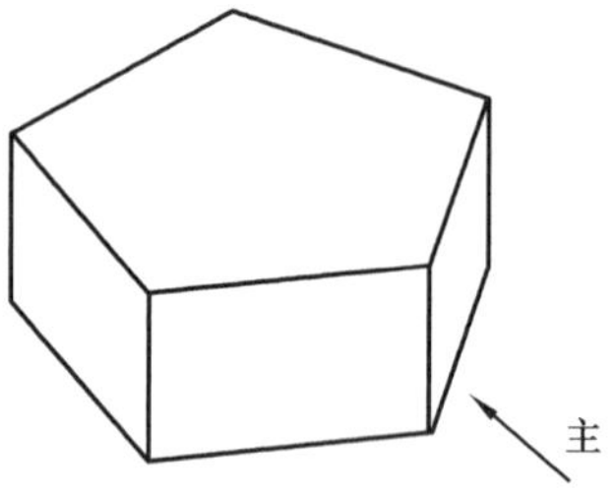

投影特点:

一个投影为多边形(正五棱柱为正五边形),另两投影为一个或多个矩形线框。

作图步骤:

①画基准线(对称中心线、底边线)。

②作反映主要形体特征的俯视图(根据已知条件画圆,并将其5等分)。

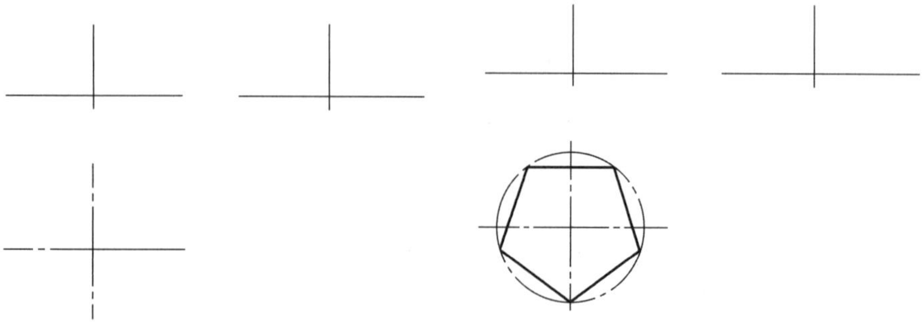

③根据已知条件画出高,长对正画出主视图。

④高平齐、宽相等画出左视图(宽俯竖向、左横向)。

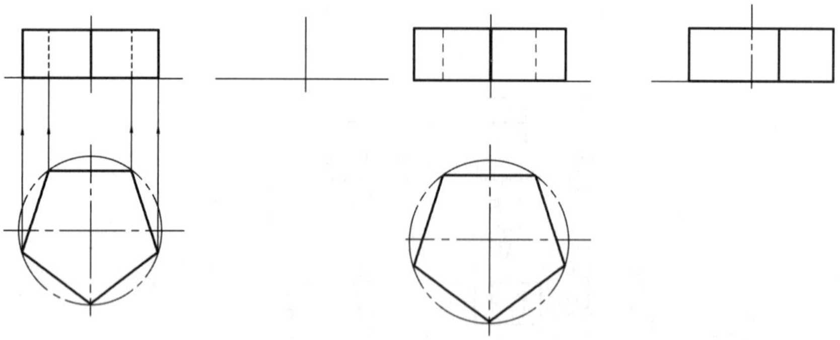

讲练题型2　画四棱锥平面体三视图(已知底面矩形长、宽和棱锥高)。

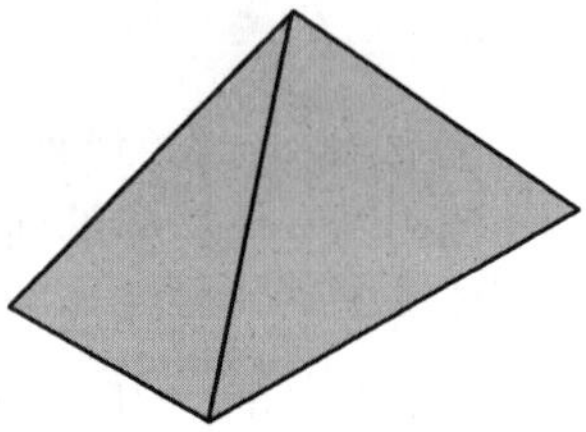

分析要点:

进行形体分析。

投影特点:

一个投影为多边形(四棱锥为矩形),另两投影为一个或多个三角形线框。

作图步骤：

①画基准线（对称中心线、底边线）。

②画底面水平投影（矩形）。

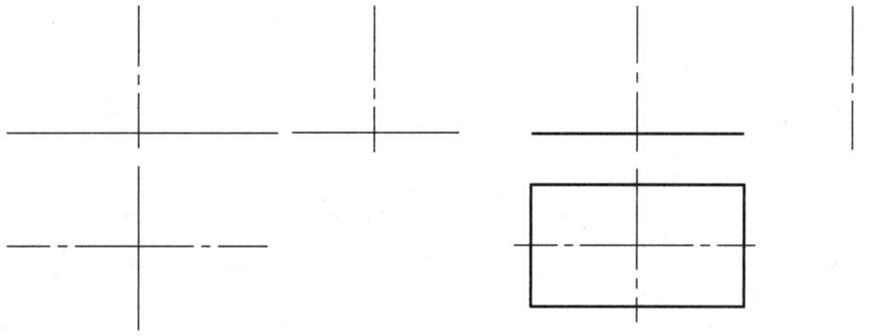

③在主视图定高的位置得锥顶点，并分别在主、俯视图上将锥顶点和底面各个点连接。

④高平齐、宽相等画出左视图（宽俯竖向、左横向）。

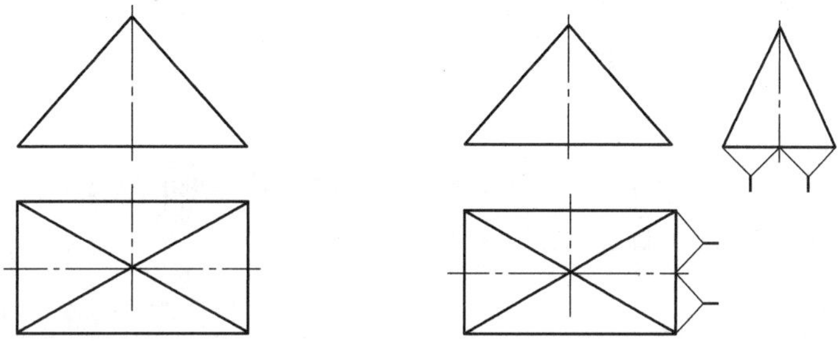

相关知识2　平面立体的投影

（1）平面立体的概念

平面立体常用的是棱柱、棱锥。

（2）术语概念及常用平面立体的特点

①平面立体侧表面的交线称为棱线，棱线的交点称为顶点。

②棱柱所有棱线互相平行。

③棱锥所有棱线交于一点。

（3）常用平面立体的投影

1）棱柱的投影

棱柱的投影如图2.2所示。

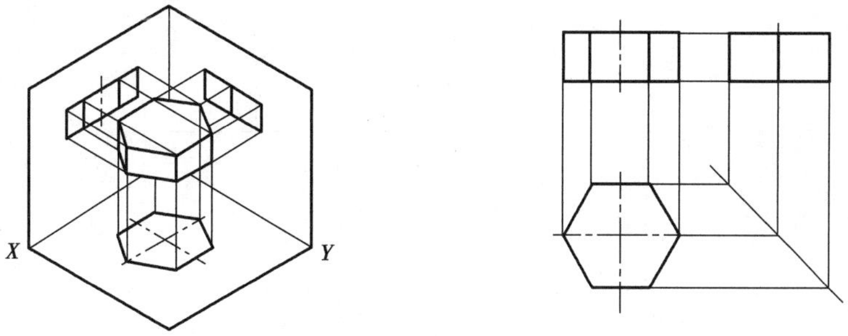

图2.2　棱柱的投影

2)棱锥的投影

棱锥的投影如图 2.3 所示。

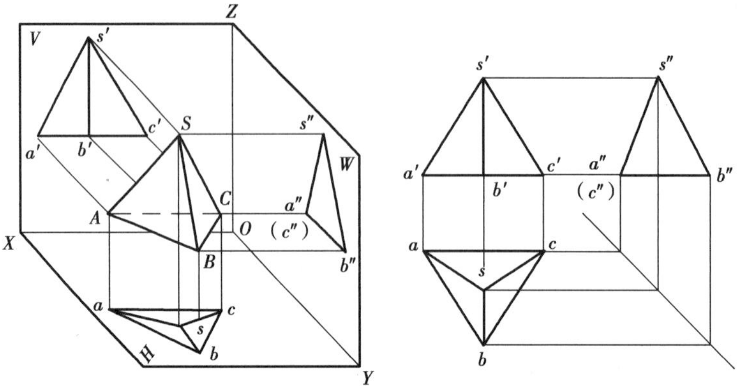

图 2.3　棱锥的投影

相关知识 3　点、线、面的投影

(1)点的投影

空间点用大写字母表示,点的 3 个投影都用同一个小写字母表示。其中,H 投影不加一撇,V 投影加一撇,W 投影加两撇,如图 2.4 所示。

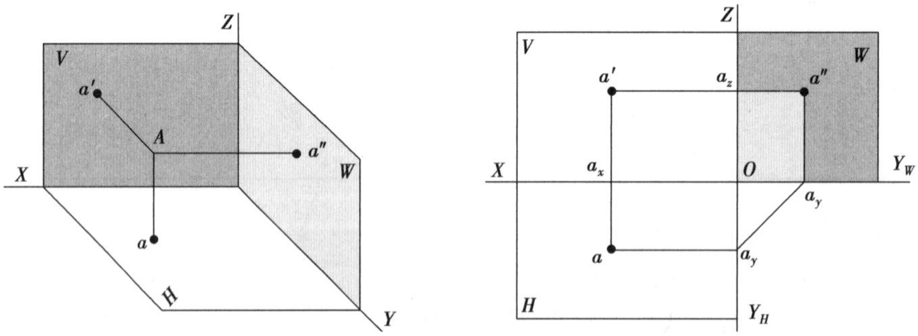

图 2.4　点的投影

(2)直线的投影

一般位置线的投影如图 2.5 所示;平行线的投影如表 2.1 所示;垂直线的投影如表 2.2 所示。

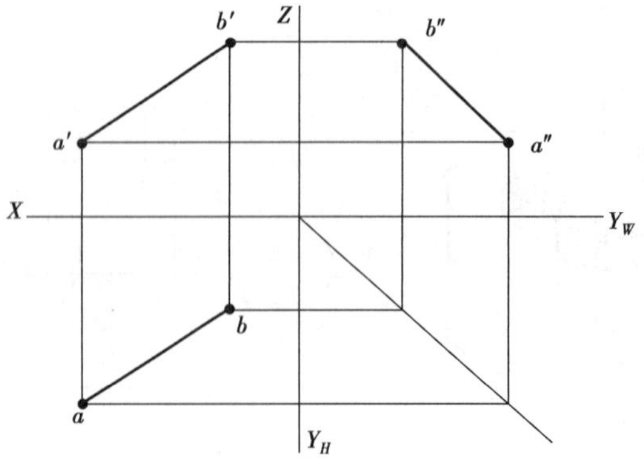

图 2.5　直线段的投影

表 2.1　平行线的投影(口诀:一平二斜)

平行线种类	水平线 (//H 面、倾斜于 V 面和 W 面)	正平线 (//V 面、倾斜于 H 面和 W 面)	侧平线 (//W 面、倾斜于 H 面和 V 面)
实例	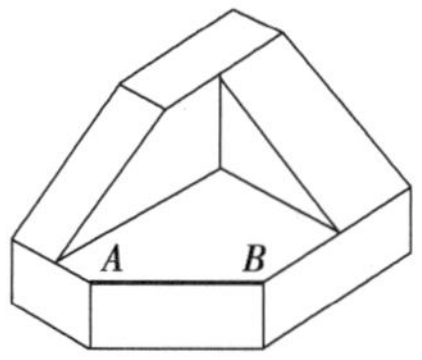	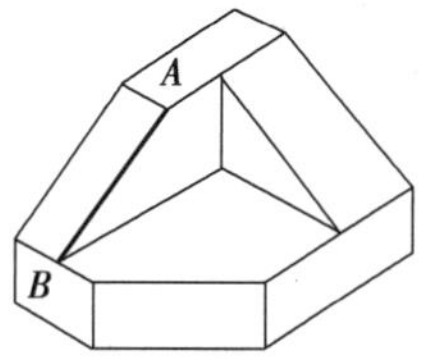	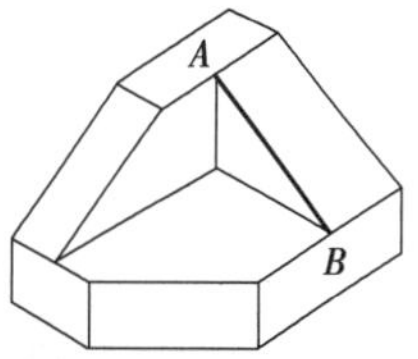
投影图	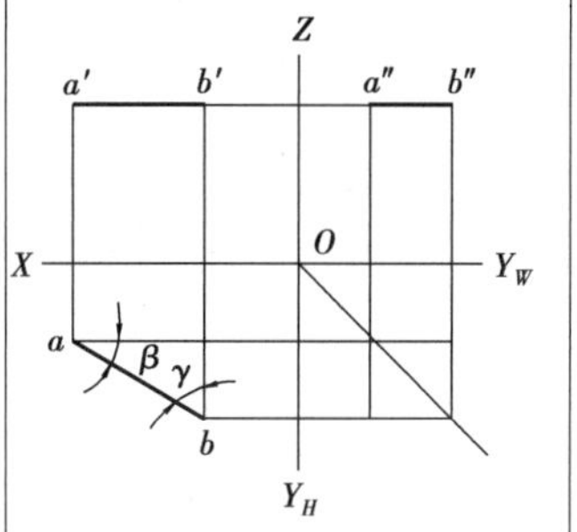	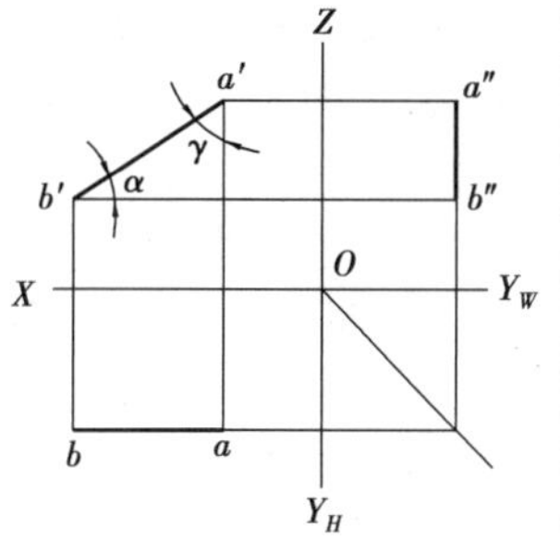	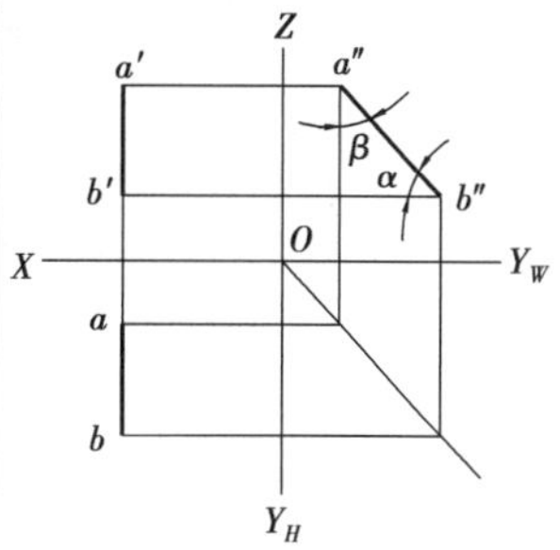
投影特性	1. $ab=AB$ 2. $a'b'$ // OX, $a''b''$ // OYW、$a'b'$、$a''b''$到轴线的距离等于 AB 线到 H 面的距离 3. 反映 β、γ 实角	1. $a'b'=AB$ 2. ab // OX, $a''b''$ // OZ, ab、$a''b''$到轴线的距离等于 AB 线到 V 面的距离 3. 反映 α、γ 实角	1. $a''b''=AB$ 2. $a'b'$ // OZ, ab // OYH、$a'b'$、ab 到轴线的距离等于 AB 线到 W 面的距离 3. 反映 α、β 实角

表 2.2　垂直线的投影(口诀:一垂二平)

垂直线种类	铅垂线 (⊥H 面、//V 面、//W 面)	正垂线 (⊥V 面、//H 面、//W 面)	侧垂线 (⊥W 面、//H 面、//V 面)
实例	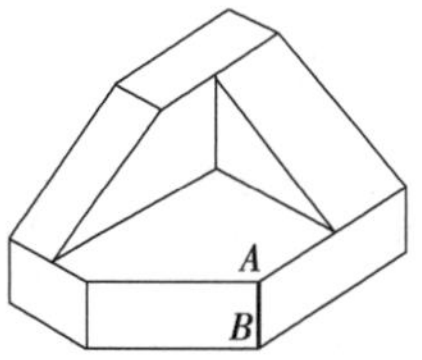	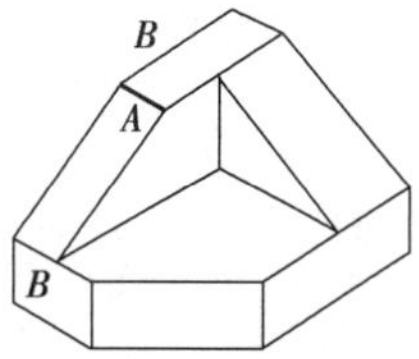	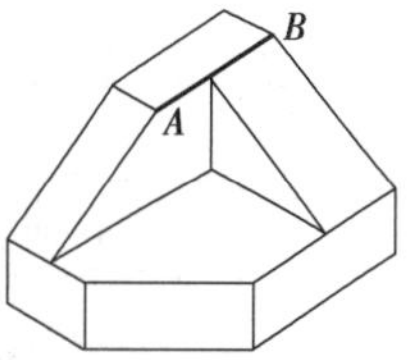
投影图	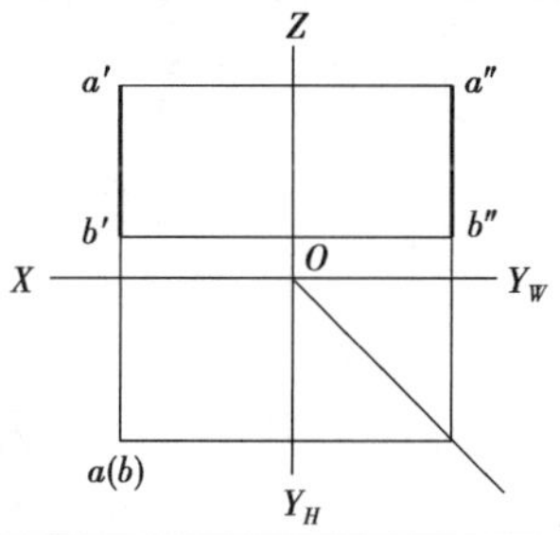	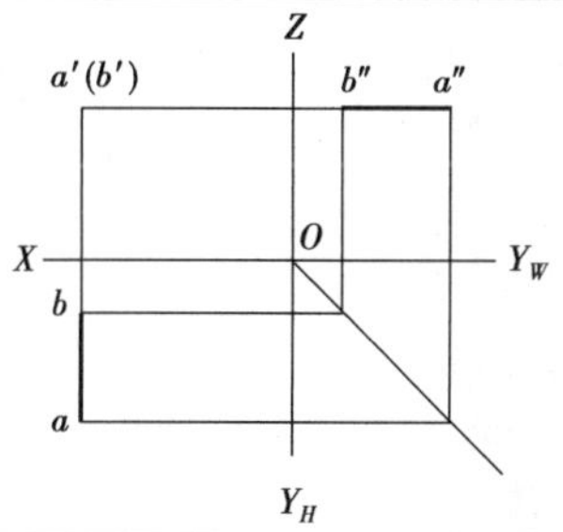	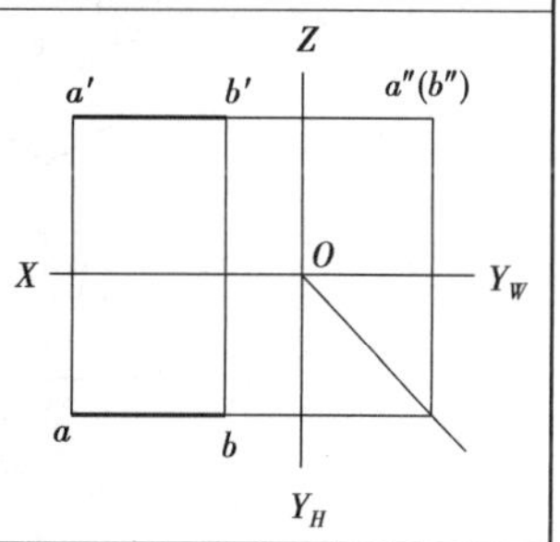
投影特性	1. ab 积聚为一点 2. $a'b'$ // OZ, $a''b''$ // OZ 3. $a'b'=a''b''=AB$	1. $a'b'$积聚为一点 2. ab // OYH, $a''b''$ // OYW 3. $ab=a''b''=AB$	1. $a''b''$积聚为一点 2. $a'b'$ // OX, ab // OX 3. $a'b'=ab=AB$

(3) **平面的投影**

平面的投影特性如图2.6所示，一般位置平面的投影如图2.7所示；平行面的投影如表2.3所示；垂直面的投影如表2.4所示。

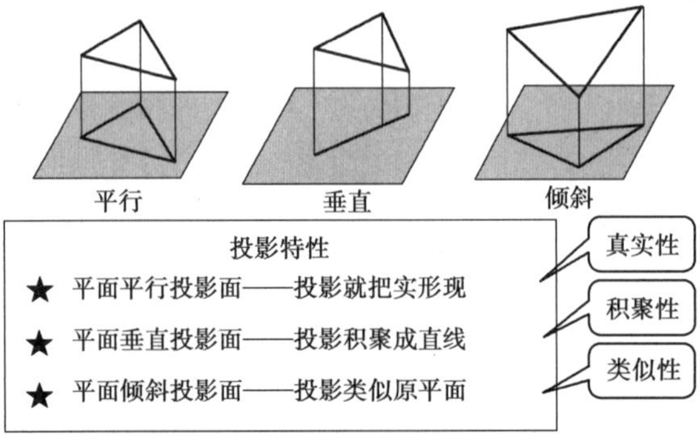

图2.6　平面的投影特性

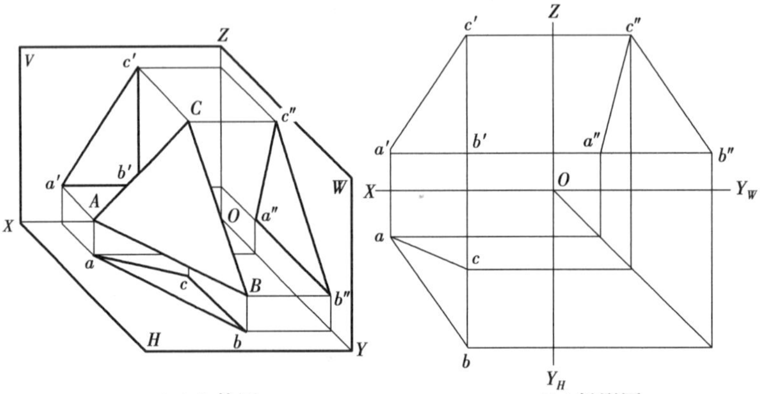

(a)立体图　(b)投影图

图2.7　一般位置平面的投影

表2.3　平行面的投影(口诀:一平二垂)

平行面种类	水平面	正平面	侧平面
	(∥H面、⊥V面、⊥W面)	(∥V面、⊥H面、⊥W面)	(∥W面、⊥H面、⊥V面)
实例	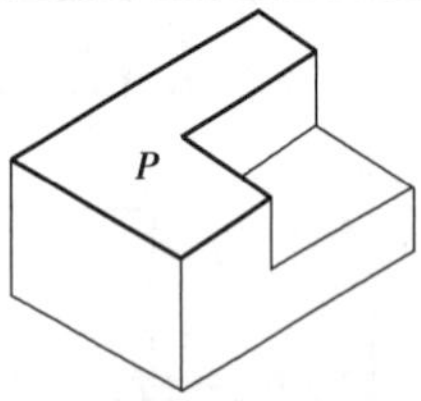	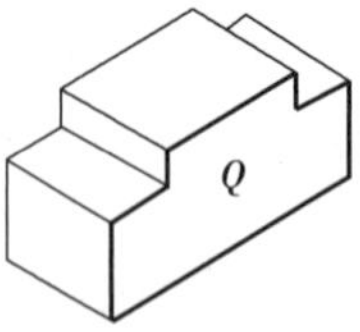	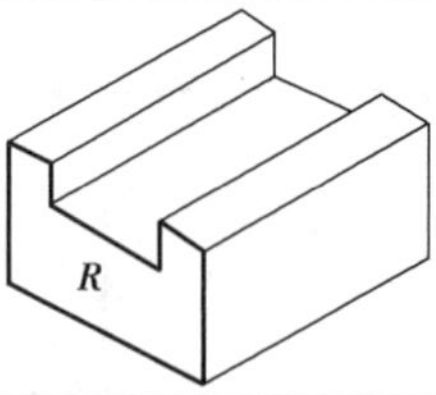
投影图	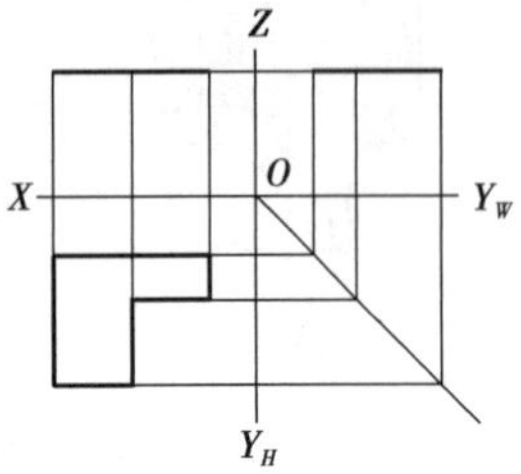	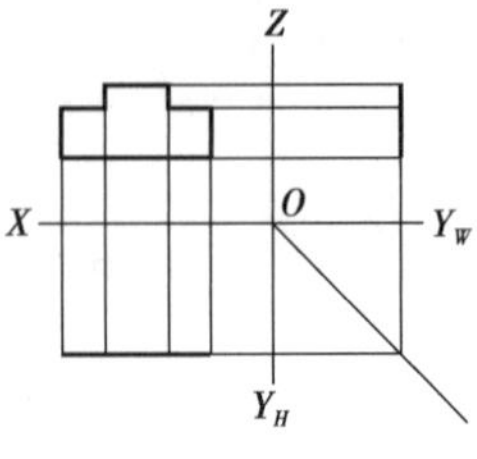	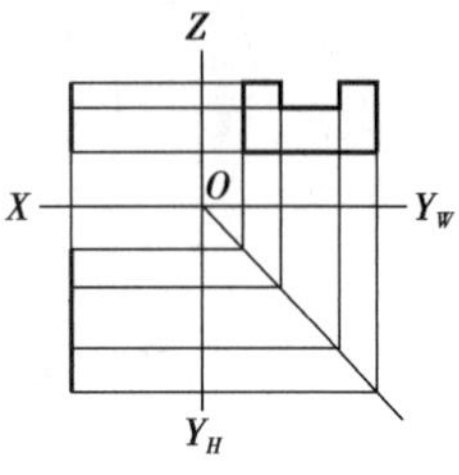

续表

平行面种类	水平面 （//H 面、⊥V 面、⊥W 面）	正平面 （//V 面、⊥H 面、⊥W 面）	侧平面 （//W 面、⊥H 面、⊥V 面）
投影特性	1. 水平投影反映实形 2. 正面投影和侧面投影均积聚为直线，且分别平行于 OX 轴和 OYW 轴，积聚线到所平行轴线的距离等于水平面到 H 面的距离	1. 正面投影反映实形 2. 水平投影和侧面投影均积聚为直线，且分别平行于 OX 轴和 OZ 轴，积聚线到所平行轴线的距离等于正平面到 V 面的距离	1. 侧面投影反映实形 2. 水平投影和正面投影均积聚为直线，且分别平行于 OYH 轴和 OZ 轴，积聚线到所平行轴线的距离等于侧平面到 W 面的距离

表 2.4　垂直面的投影(口诀:一垂二斜)

垂直面种类	铅垂面 （⊥H 面、倾斜 V 面、倾斜 W 面）	正垂面 （⊥V 面、倾斜 H 面、倾斜 W 面）	侧垂面 （⊥W 面、倾斜 H 面、倾斜 V 面）
实例	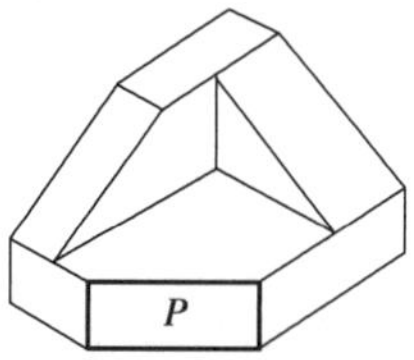	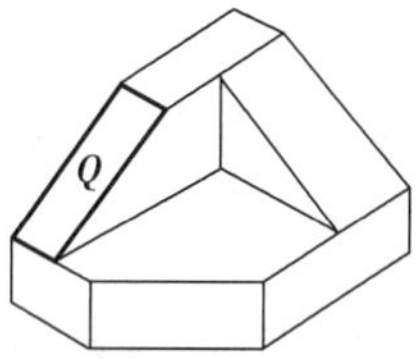	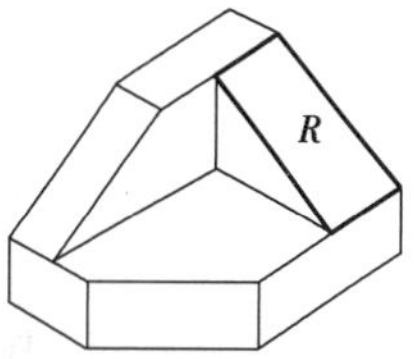
投影图	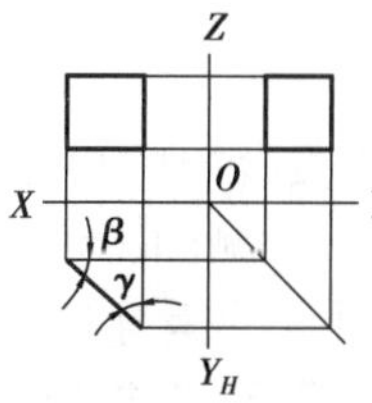	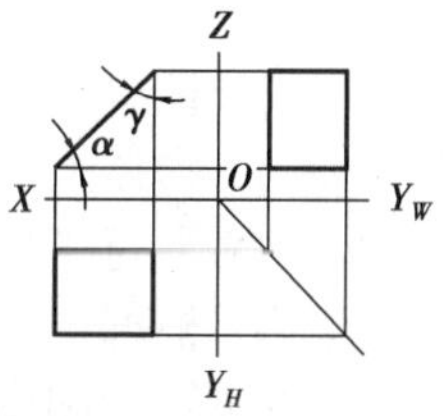	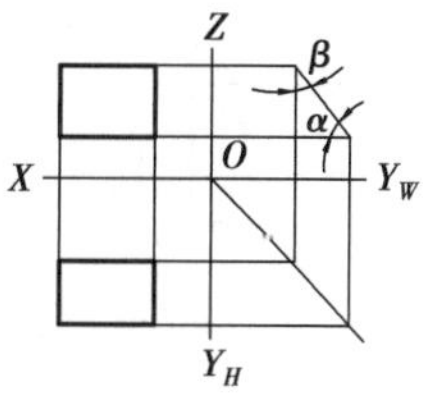
投影特性	1. 水平投影积聚成一直线，反映 β、γ 角 2. 正面投影和侧面投影为比实形小的类似图形	1. 正面投影积聚成一直线，反映 α、γ 角 2. 水平投影和侧面投影为比实形小的类似图形	1. 侧面投影积聚成一直线，反映 α、β 角 2. 水平投影和正面投影为比实形小的类似图形

相关知识 4　切割体的投影作图

下面介绍平面立体的截交线。

(1)截交线的概念

截平面与立体表面的交线称为截交线。

(2)截交线的性质

①截交线是截平面与立体表面的共有线。

②截交线是封闭的平面图形。

切割体如图 2.8 所示。

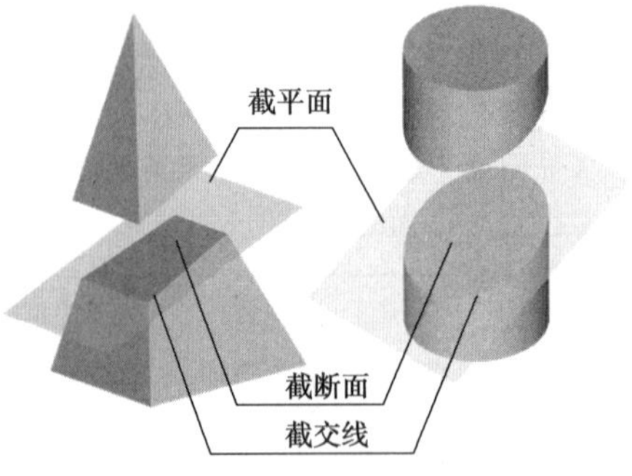

图 2.8　切割体

案例 3　平面体轴测图

讲练题型 1　已知三视图画长方体轴测图(也可给出长、宽、高尺寸 50,30,20 画三视图和轴测图)。

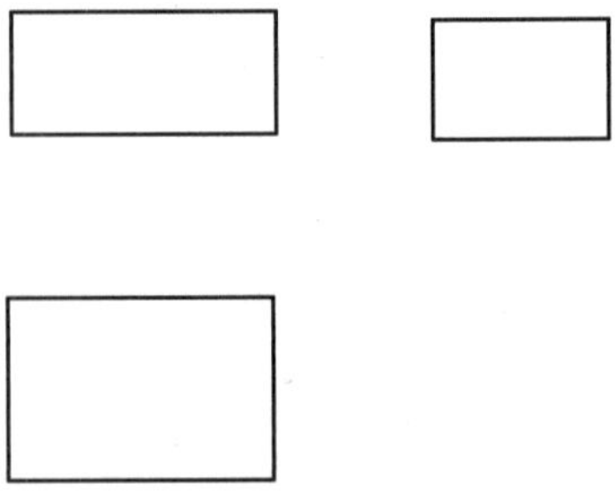

分析要点:

①物体上互相平行的线段,轴测图中仍然互相平行。

②平行于坐标轴的线段,轴测图中仍然平行轴测轴。

③根据立体表面上各顶点的坐标值,沿轴线方向定出它们在轴测图中的位置 ,利用轴测图的投影特性平行性作图(轴向测量)。

作图步骤:

①画正等测坐标。

②分别在 X_1,Y_1 上量取长、宽作平行四边形(在以后学习图形中,要根据形状选 X,Y,Z 中两坐标作平行四边形)。

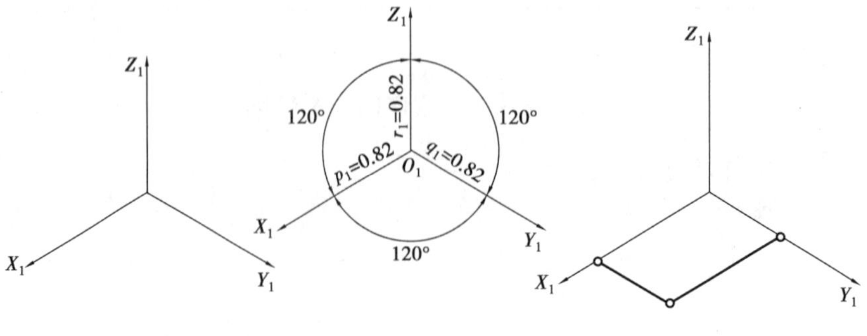

③过平行四边形 4 个顶点分别作 Z_1 方向平行线。

④在 4 条平行线上分别取高尺寸的 4 点,将其连接起来。

⑤擦去作图线，检查，加粗。

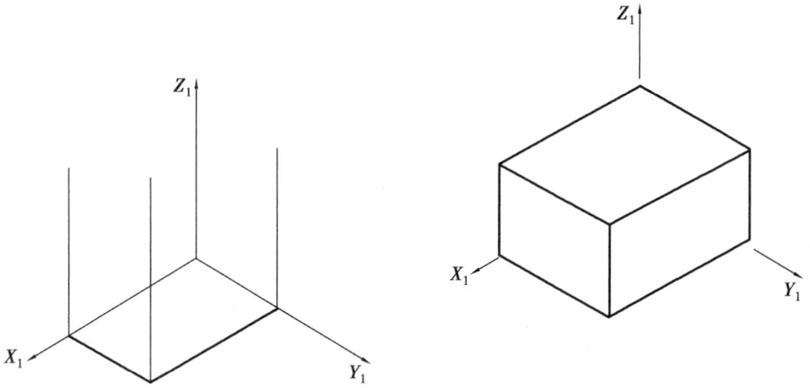

讲练题型 2　画楔形块的正等轴测图（本题还可再继续进行切、叠小块）。

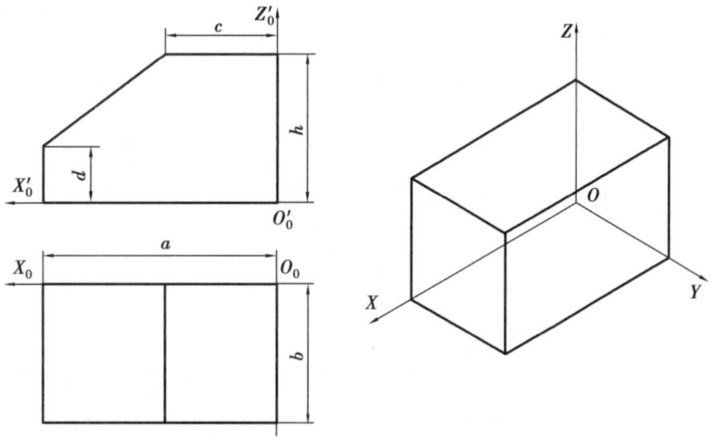

分析要点：

楔形块由长方体斜切一个角形成。

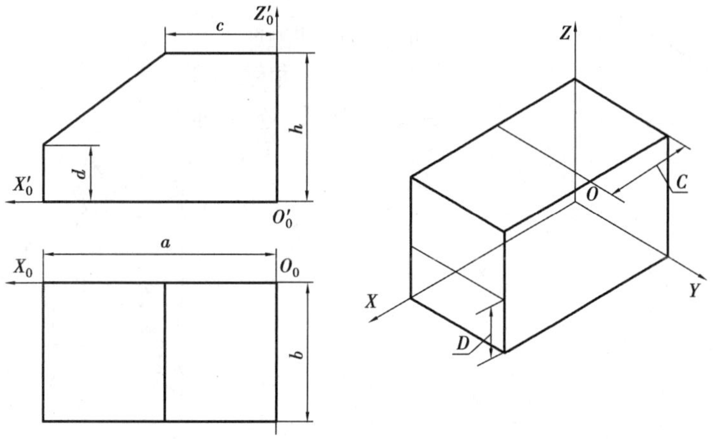

作图步骤：

①画正等测坐标，画出长方体轴测图。

②量 c 长并作 Y 平行线，量 d 长并作 Y 平行线。

③连接交点,擦去作图线,检查,加粗。

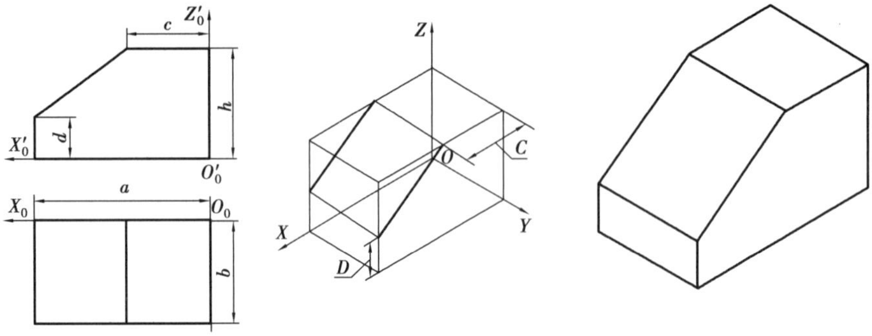

讲练题型 3　画组合体的正等测。

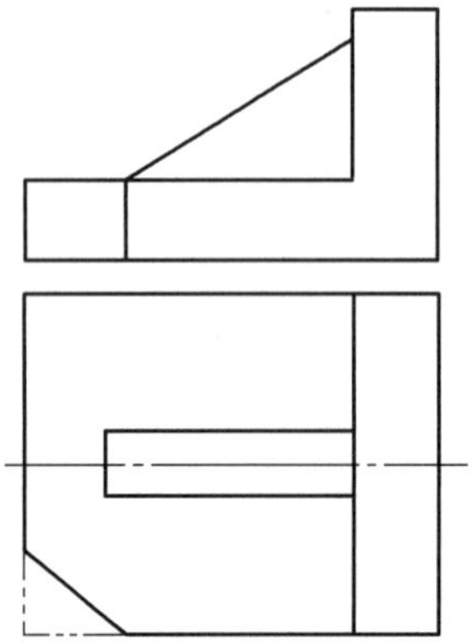

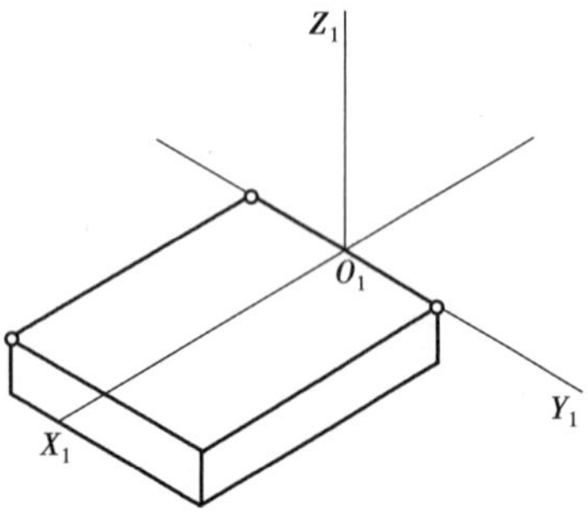

分析要点:

组合体由两个长方体(其中,一个斜切一个角)和一个三角块形成。

作图步骤:

①画正等测坐标,画出底板长方体轴测图。

②画竖立长方体轴测图。

③画三角块轴测图。

④画切底板小角轴测图。

⑤擦去作图线,检查,加粗。

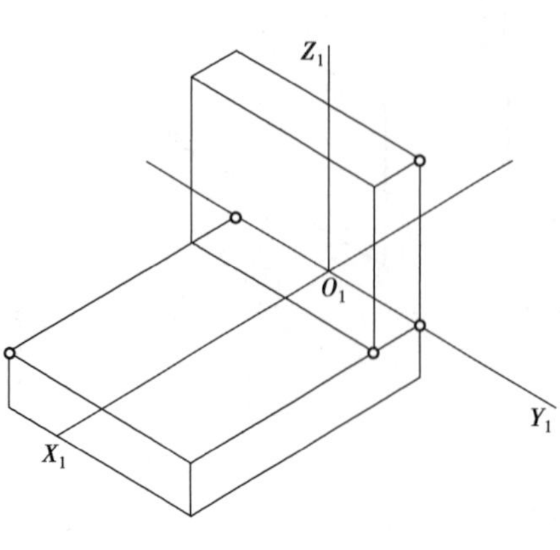

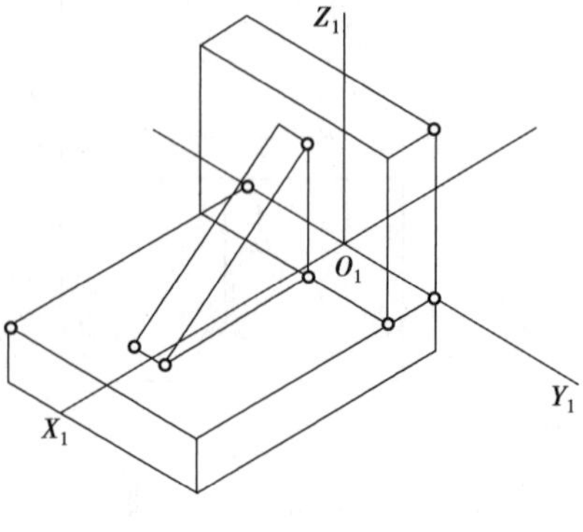

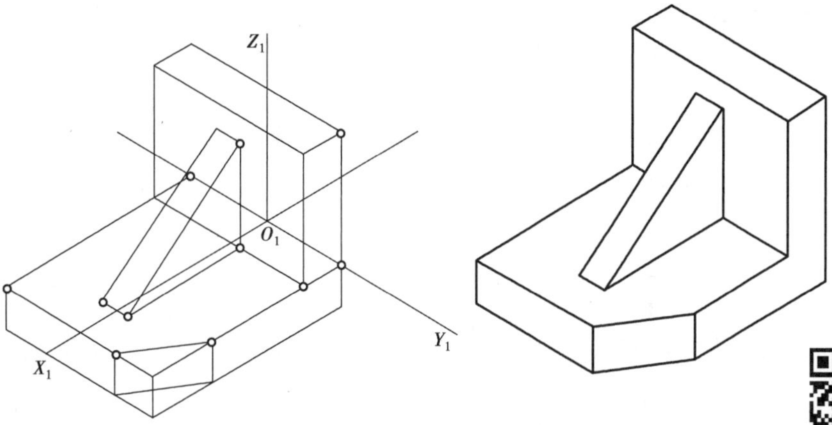

相关知识5　轴测投影图

轴测图知识

(1)轴测图的基本知识

1)轴测图的基本知识

用一组与坐标不平行的光线将物体及坐标系投射到一个投影面上,所得到的图形称为轴测投影,简称轴测图。轴测图的基本知识如图2.9所示。

2)轴测图的投影特性

①物体上互相平行的线段,轴测图中仍然互相平行。

②平行于坐标轴的线段,轴测图中仍然平行轴测轴。

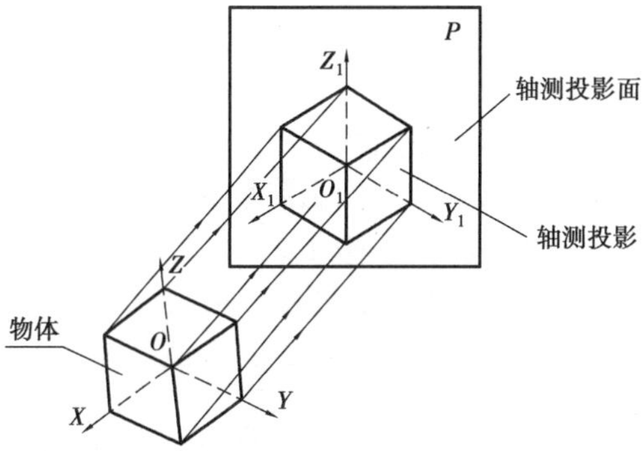

图2.9　轴测图的基本知识

3)轴测图与投影图

轴测图能同时反映出物体长、宽、高3个方向的尺度,直观性好,立体感强。但度量性差,不能确切表达物体原形。因此,它在工程上只作为辅助图样使用。投影图能够确定物体的形状和大小,而且画图简便。但由于这种图立体感不强,缺乏读图能力的人很难看懂。轴测图与投影图如图2.10所示。

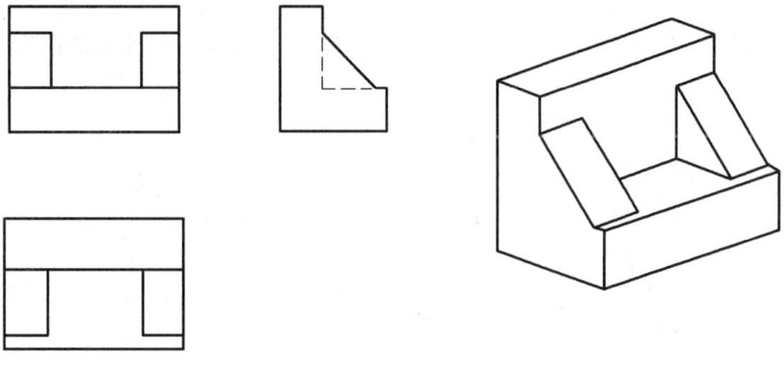

图2.10　轴测图与投影图

4)有关轴测图的术语概念

①轴测轴:$\angle XOY$,$\angle XOZ$,$\angle YOZ$。

②轴向伸缩系数:p,r,q。

③轴间角:轴测投影中,任意两根直角坐标轴的夹角。

5)轴测图的分类

轴测图按投射方向对轴测投影面垂直、倾斜及轴向伸缩系数分类,如图 2.11 所示。常用的有正等轴测图、斜二轴测图。

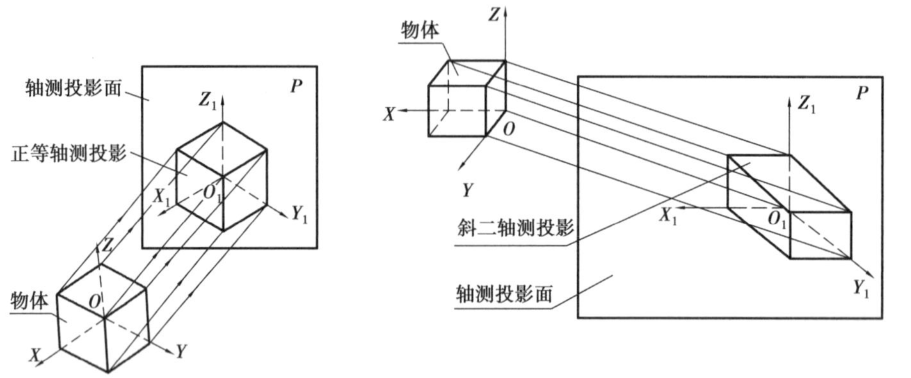

图 2.11　轴测图的分类

(2)正等轴测图

1)正等轴测图的画图参数

$p=r=q=0.82$,取 1。

轴间角 120°,如图 2.12 所示。

不同轴向伸缩系数的正等测如图 2.13 所示。不同坐标原点的选取如图 2.14 所示。

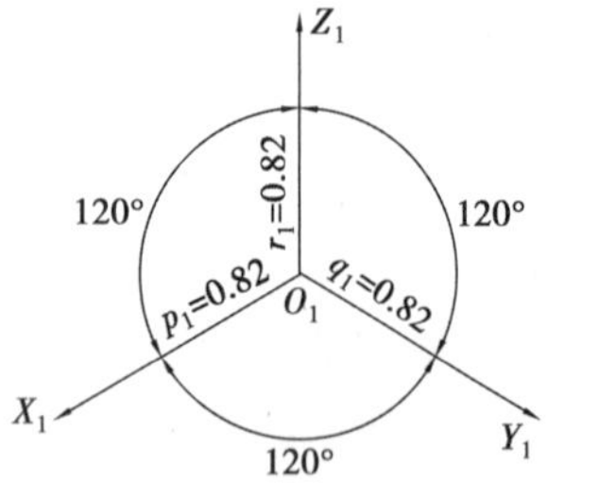

图 2.12　正等测轴间角 120°

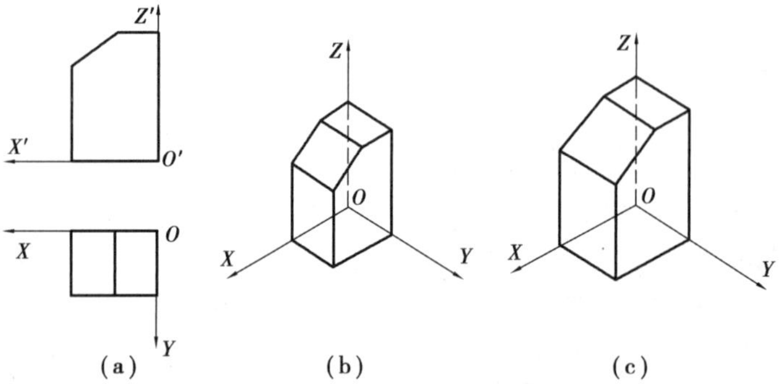

图 2.13　不同轴向伸缩系数的正等测

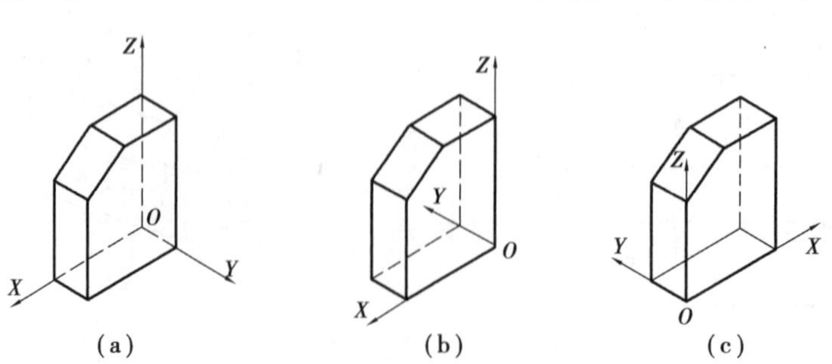

图 2.14　不同坐标原点的选取

2)正等轴测图的画法

①平面立体正等轴测图的画法

根据立体表面上各顶点的坐标值,沿轴线方向定出它们在测图中的位置,利用轴测图的投影特性平行性作图。

②六棱柱的正等轴测图的画图步骤和方法

a. 在正投影图中定出原点和坐标轴的位置。

b. 画出坐标轴的轴测投影。

c. 在轴测图中截取六边形的6个顶点,连接6点得正六边形顶面。

d. 根据平行性截取正六棱柱高,定出底面上的点,并顺次连线。

六棱柱的正等轴测图如图2.15所示。

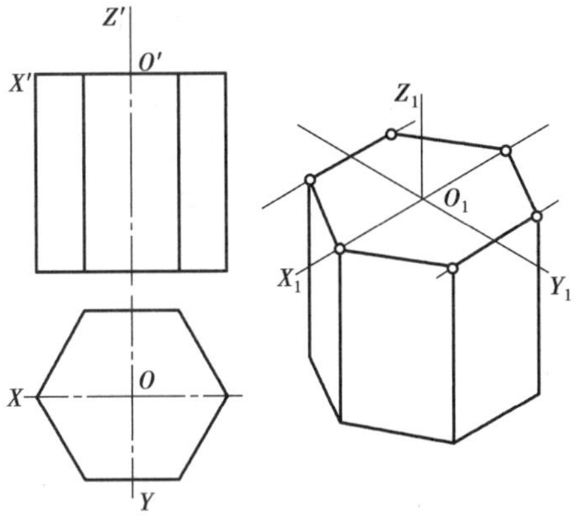

正六棱柱轴测图

图2.15　六棱柱的正等轴测图

(3)斜二轴测图

1)斜二轴测图的概念

当物体上两个坐标轴 OX,OZ 与轴测投影面平行,而投影方向与轴测投影面倾斜时,所得的轴测图,称为斜二测图。

2)轴间角和轴向伸缩系数

轴间角:$\angle X_1O_1Z_1=90°$,O_1Y_1 与水平线成45°,如图 2.16 所示。

轴向伸缩系数:$p=r=1$,$q=0.5$。

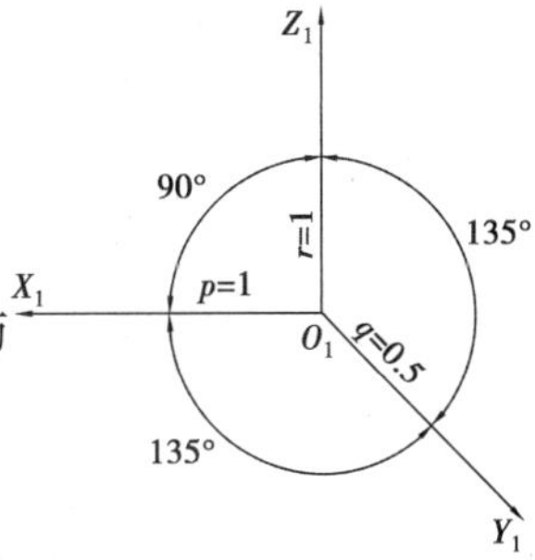

图2.16　斜二轴轴间角

案例4　平面体尺寸注法

讲练题型1　基本体尺寸注法。

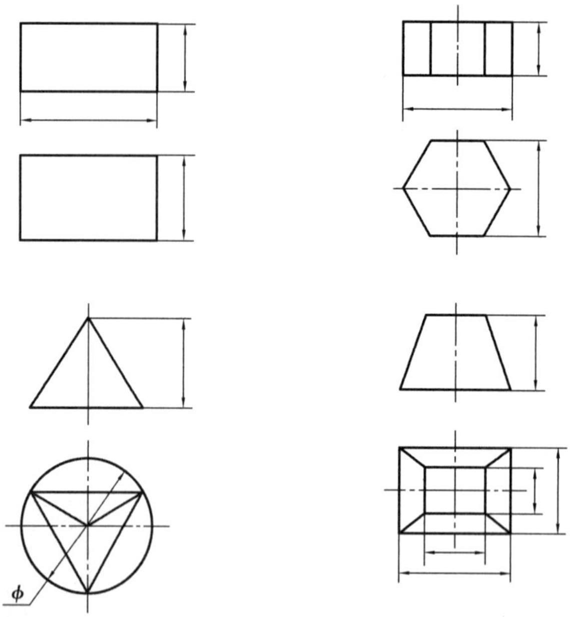

讲练题型 2　切割体的尺寸标注。

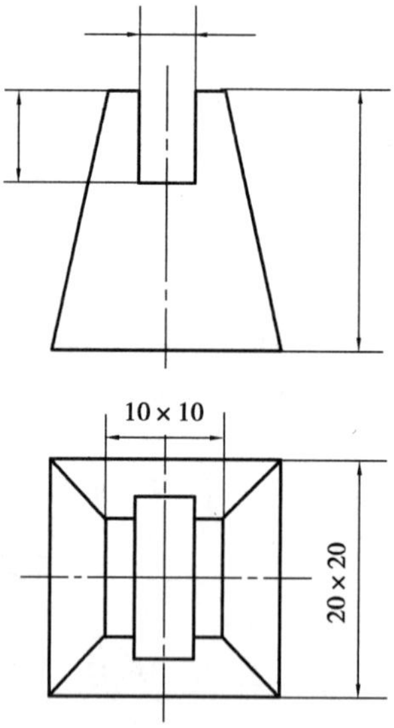

项目 3

回转体及其组合

任务书

1. 目标
1）理解基本回转体的三视图，培养学生“图和物”相互转化的空间思维能力；
2）掌握回转体截交线和相贯线的绘制与标注，引导学生层层深入、敢于挑战的习惯。
2. 内容
1）基本回转体三视图、轴测图；
2）切割回转体的三视图；
3）相贯回转体的三视图；
4）回转体的尺寸标注。

案例 1　圆柱体

讲练题型 1　画圆柱体三视图（给出不同尺寸、不同方向多练）。

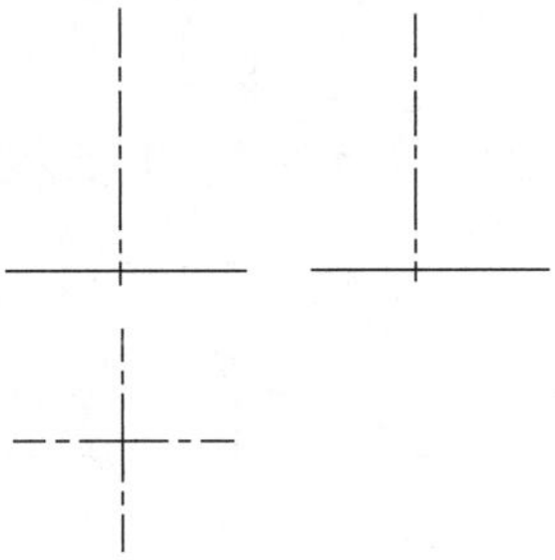

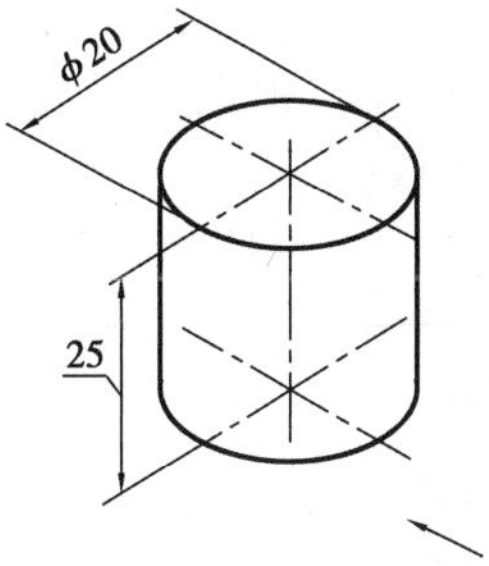

分析要点：
进行形体分析。
投影特点：
一个投影为圆，另两个投影都为一个矩形线框。

圆柱体三视图

作图步骤:

①画基准线(对称中心线、底边线)。

②根据已知圆的直径,画反映形体特征为圆的俯视图,并长对正、宽相等取底边尺寸。

③根据已知高尺寸画出主视图,高平齐画出左视图。

④擦去作图线,检查,加粗。

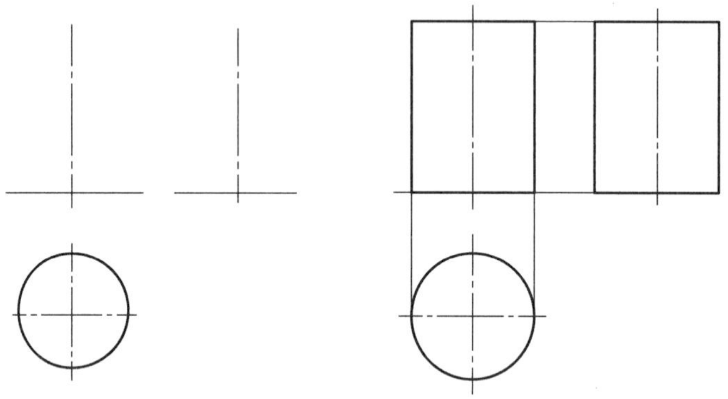

讲练题型 2　补画俯视图。

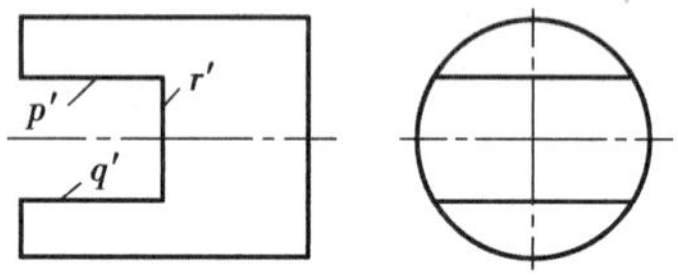

分析要点:

基本形体是圆柱体,俯视图在矩形线框的基础上切割,注意投影规律,特别是宽相等。

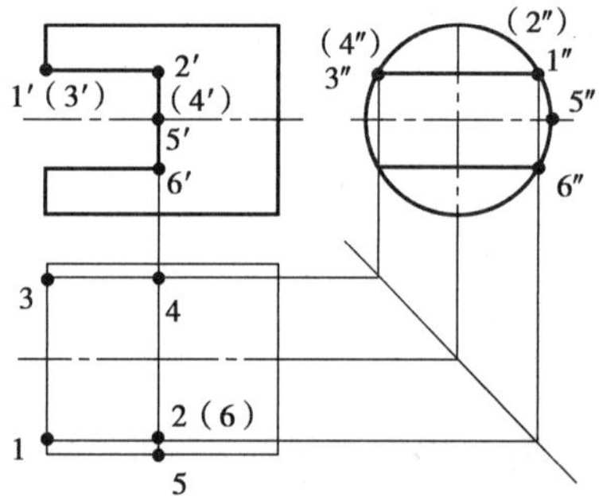

作图步骤:

①作俯视图矩形线框,根据投影规律找出关键点(1,2,3,4,5,6)的投影。

②连接 1,2,3,4 点。

③擦去作图线,检查,加粗。

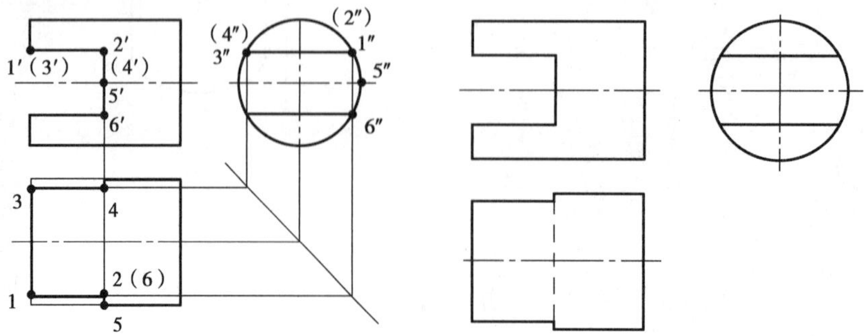

讲练题型3　画圆柱体轴测图。

分析要点：

①圆柱体由上下两个圆平面和柱面组成。轴测图应先画两圆平面轴测图后，再作两切线即可，而这个圆是 X，Y 平面的圆，Z 为高。

②坐标原点建在上平面可减少要擦去的作图线。

作图步骤：

①建立轴测图坐标 X，Y，按相关知识如图 3.6（或图 3.7）所示作出上平面的圆的轴测图得一椭圆。

②将坐标 O 向 Z 方向向下移圆柱的高度再建立坐标 X_1，Y_1 后，作一个圆轴测图再得一椭圆。

③作两椭圆的切线。

④擦去作图线，检查，加粗。

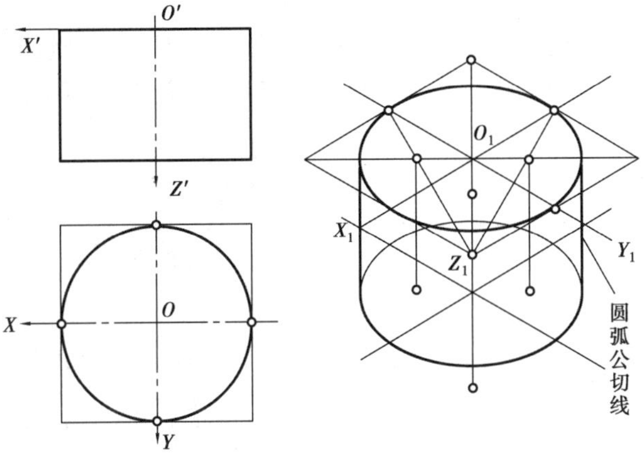

案例2　其他回转体

讲练题型1　补全视图。

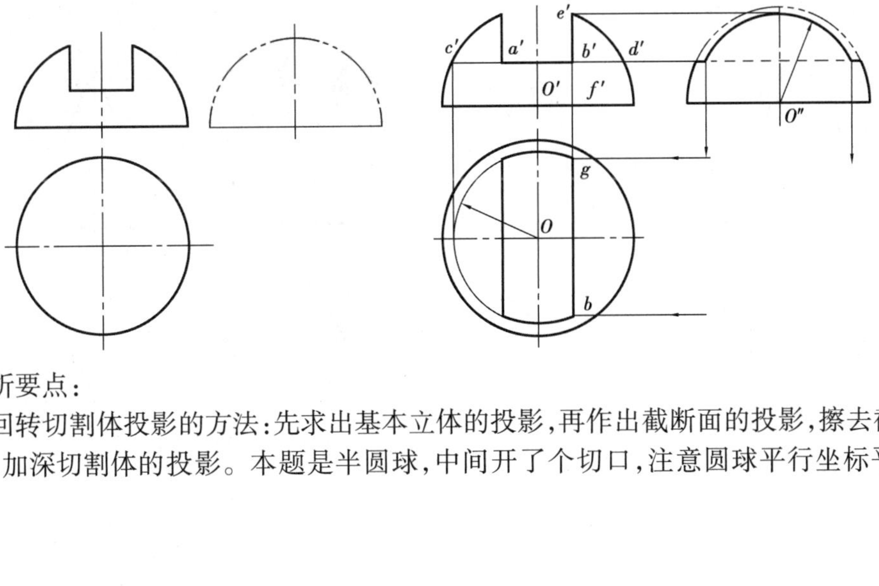

分析要点：

作回转切割体投影的方法：先求出基本立体的投影，再作出截断面的投影，擦去截去部分的投影，加深切割体的投影。本题是半圆球，中间开了个切口，注意圆球平行坐标平面切割时,投影都是圆。

作图步骤:

①延长 $a'b'$ 得 $c'd'$,以 $c'd'/2$ 为半径在俯视图上画弧。

②长对正切口得俯视图。

③以 $e'f'$ 为半径在左视图上画弧,并将切口高平齐得到左视图。

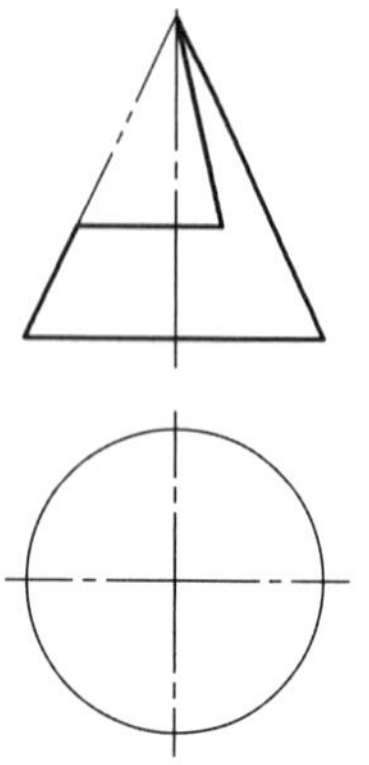

④擦去作图线,检查,加粗。

讲练题型 2　补全视图。

分析要点:

本题是圆锥体过锥顶切一次(切口为三角形)和垂直轴线(切口为圆)切一次。

作图步骤:

①在主视图上延长过锥顶切口到底边,并 *ed* 长对正得三角形 *sed* 的俯视图。

②按圆锥三视图的画法,先画出原形的圆锥左视图,再 *e*,*d* 宽相等得三角形 *sed* 左视图,根据 *de* 的主视图,作 *de* 的另外两个视图。

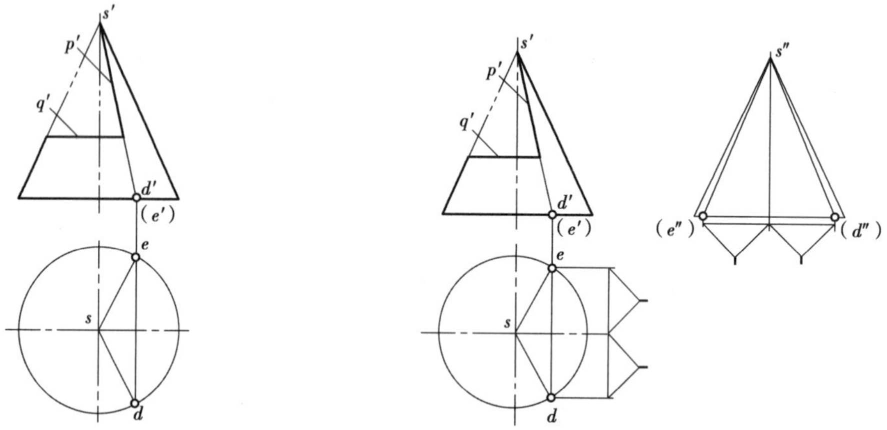

③在俯视图上以圆心 *s*(锥顶水平投影)为圆心,以主视图上线段 $1'2'$ 为半径画弧,根据 *bc* 的主视图,作 *bc* 的另外两个视图。

④擦去作图线,检查,加粗。

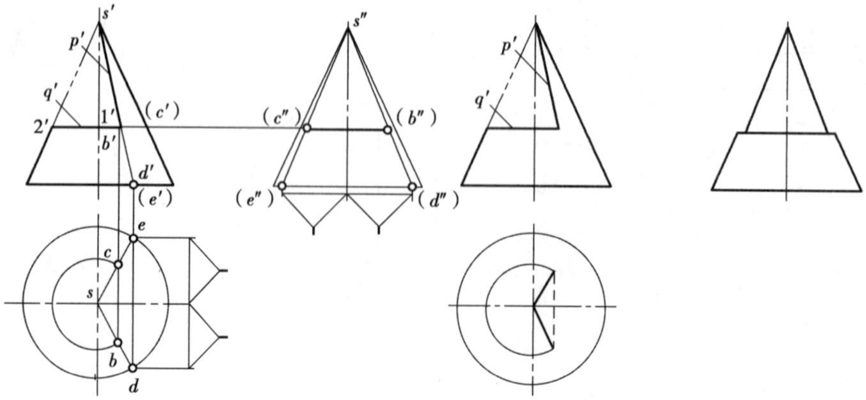

相关知识1　回转体的投影

工程中常见的曲面立体是回转体，主要有圆柱、圆锥、球、环等。回转体是一动线（直线、圆弧或其他曲线）绕一定线（直线）回转一周形成的曲面。

（1）圆柱

圆柱的一个投影为圆，另两个投影为矩形，如图3.1所示。

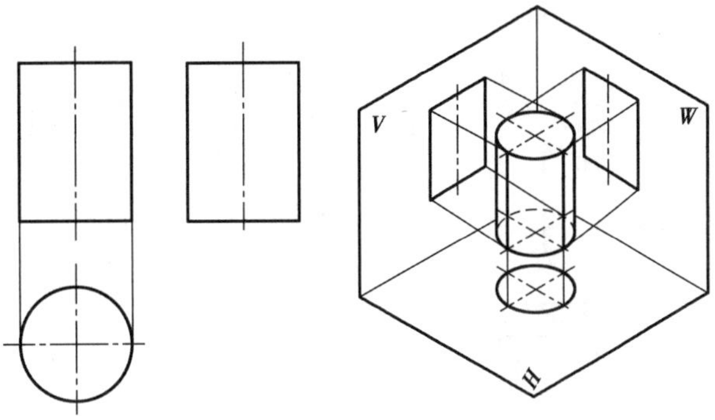

图3.1　圆柱的投影

（2）圆锥

圆锥的一个投影为圆，另两个投影为三角形，如图3.2所示。

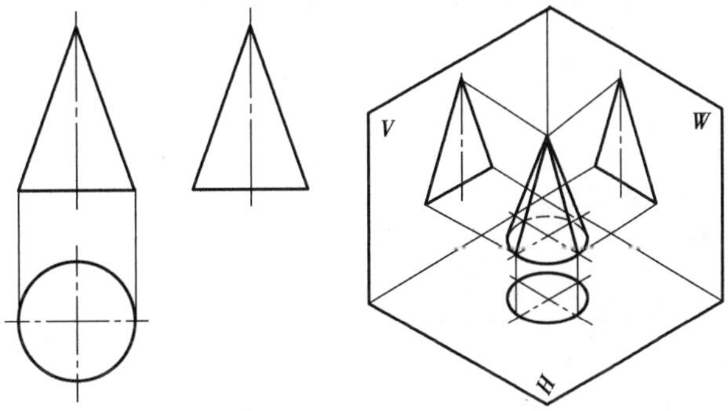

图3.2　圆锥的投影

（3）圆球的投影

圆球的3个投影均为圆，如图3.3所示。

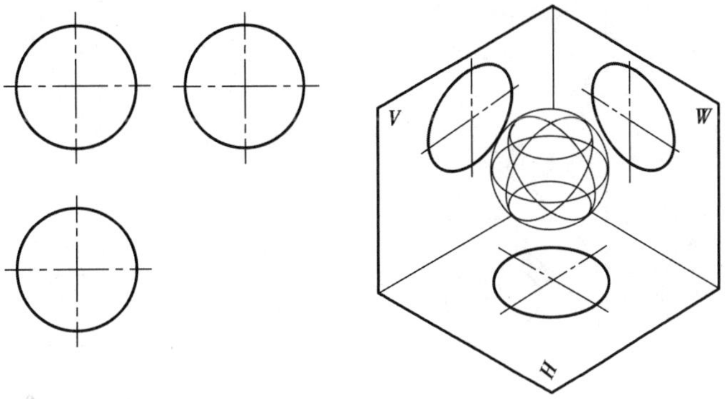

图3.3　圆球的投影

相关知识2　回转切割体的投影

圆柱体截交线　圆柱切凹

(1)圆柱的截交线

圆柱的截交线见表3.1。

表3.1　圆柱的截交线

	截交面平行于轴线	截交面垂直于轴线	截交面倾斜于轴线
立体图	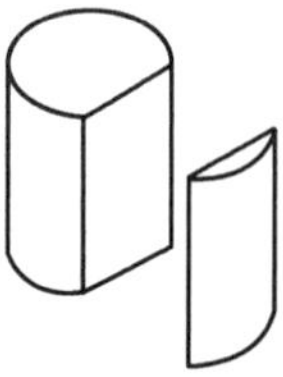	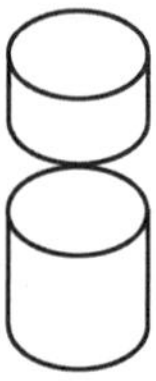	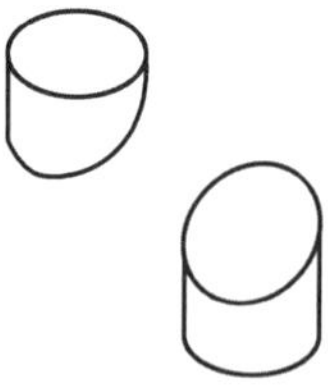
投影图	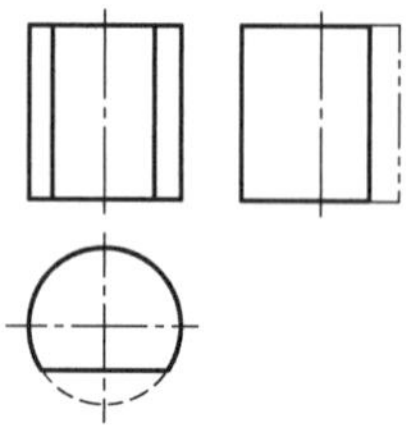	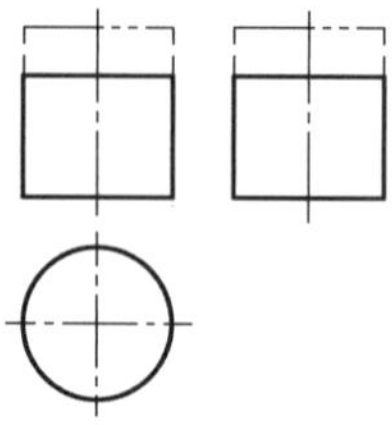	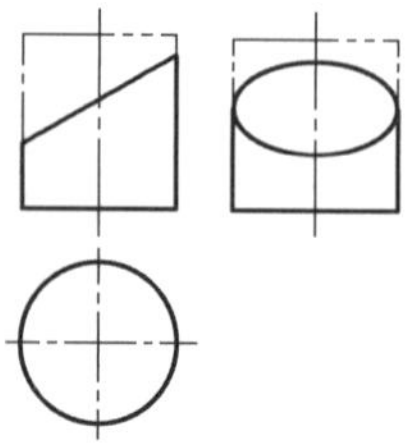
截交线形状	矩形	圆	椭圆

(2)圆锥的截交线

圆锥的截交线见表3.2。

圆锥体截交线

表3.2　圆锥的截交线

	截平面垂直于轴线($\delta=90°$)	截平面倾斜于轴线($\delta>\alpha$)	截平面平行于素线($\delta=\alpha$)	截平面倾斜或平行于轴线($\delta<\alpha$)($\delta=0$)	截平面过锥顶
立体图	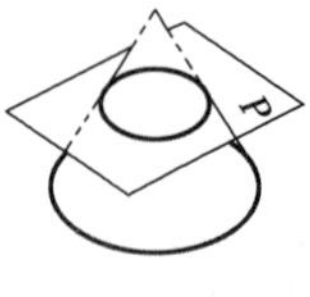	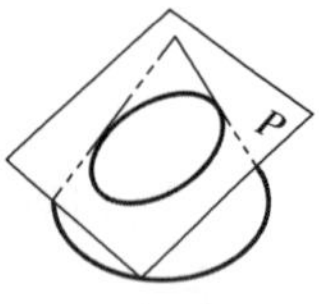	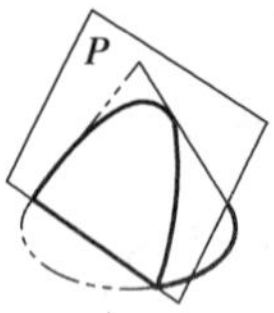		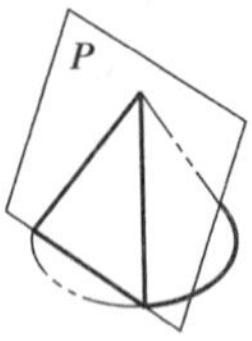
投影图	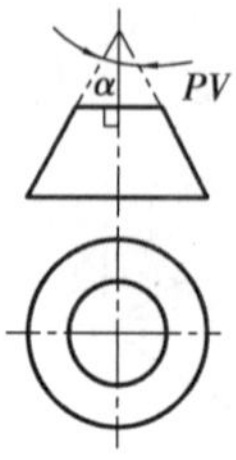	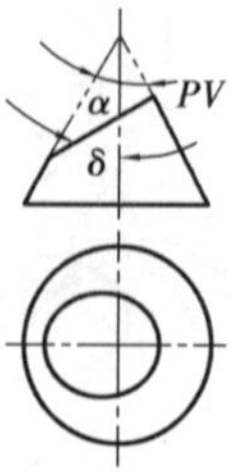	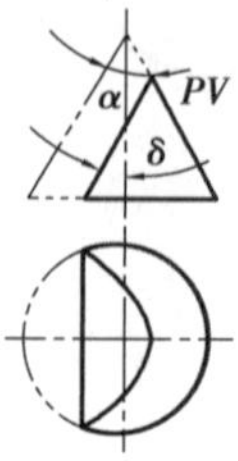	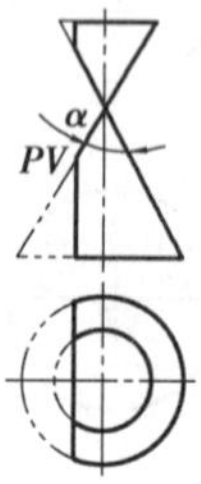	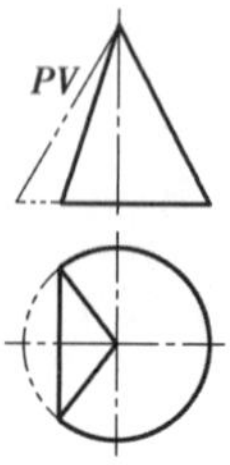
截交线形状	圆	椭圆	抛物线与直线组成的平面图形	双曲线与直线组成的平面图形	三角形

(3) 圆球的截交线

平行于投影面的平面与球面的交线总是圆。圆球的截交线见表3.3。

表3.3　圆球的截交线

截平面为水平面	截平面为正平面
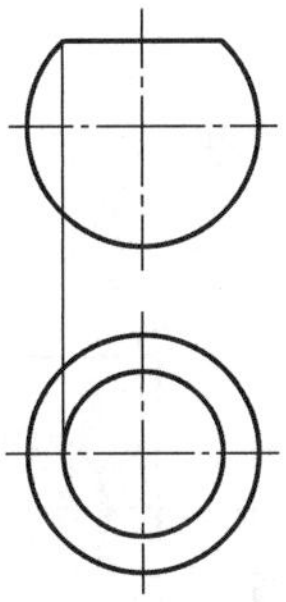	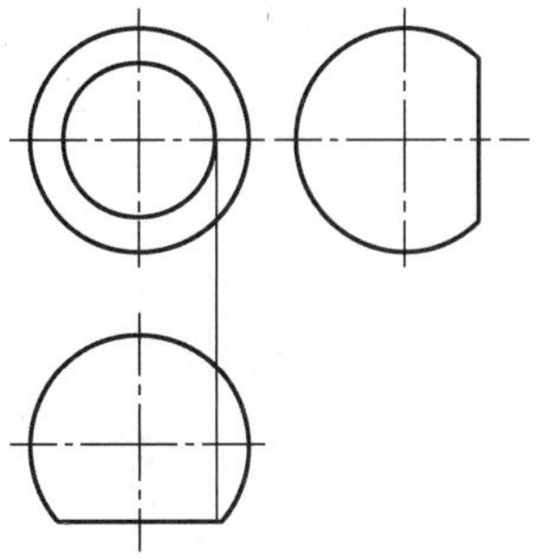
截平面为侧平面	截平面为正垂面
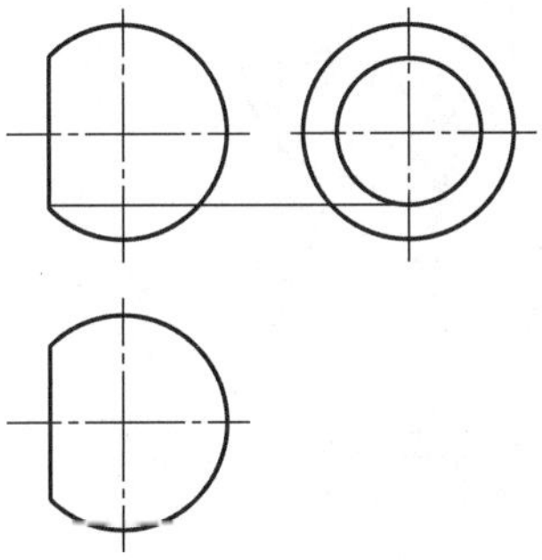	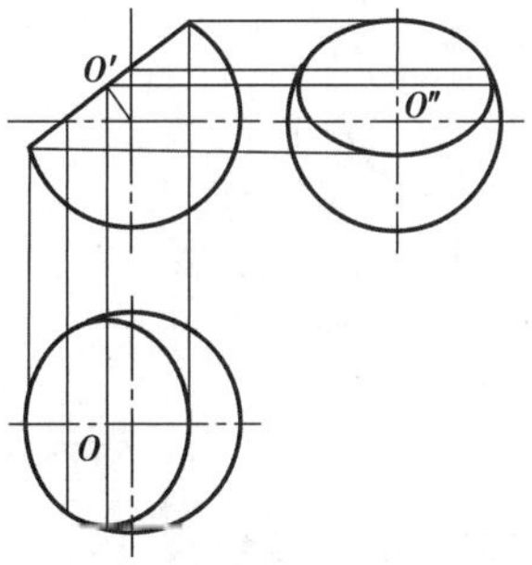

案例3　回转体相贯

讲练题型　作圆柱相贯线。

分析要点：

①相贯线为相交体的表面共有点的集合。

②求作一系列共有点(由特殊到一般)的投影,判断可见性后光滑连接。

作图步骤：

方法1　利用积聚性求作圆柱相交的相贯线。

①求特殊点。

②求一般点。

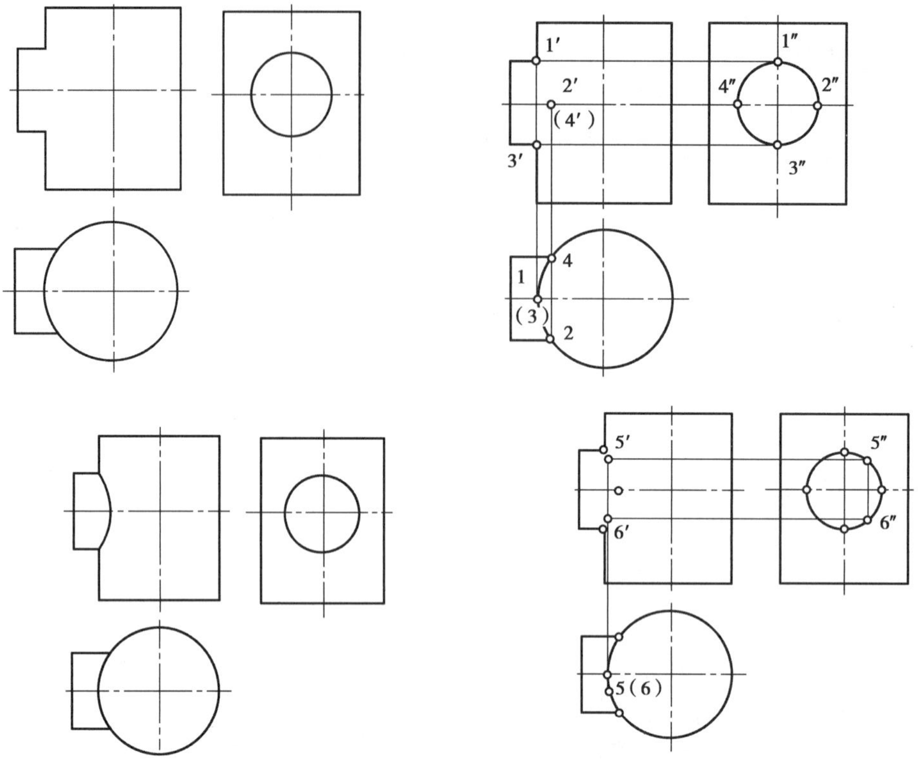

③判断可见性,并光滑连接。

方法 2　简化画法画圆柱相交的相贯线(见相关知识 3 图 3.5)。

相贯线画法

相关知识 3　圆柱的相贯线

(1)有关相贯体的术语概念

两曲面立体相交,在相交表面上产生的交线,称为相贯线。由于各基本体的几何形状、大小和相对位置不同,相贯线的形状也不相同。但所有的相贯线都有以下基本特征:

①相贯线一般为封闭的空间曲线,特殊情况下可能是平面曲线或直线。

②相贯线是两立体表面的共有线,相贯线上的点是两立体表面的共有点。

求相贯线的实质,就是求两基本体表面的共有点,将这些点光滑地连接起来,即得相贯线。

(2)两圆柱正交的相贯线

两圆柱正交时相贯的变化如图 3.4 所示。

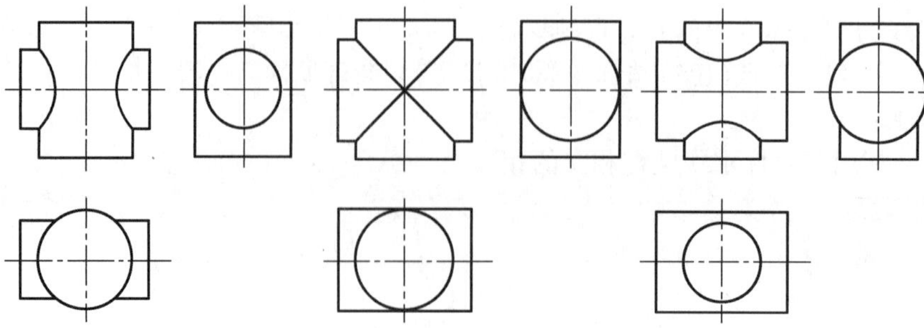

图 3.4　两圆柱正交时相贯的变化

圆柱正交相贯简化画法如图3.5所示。

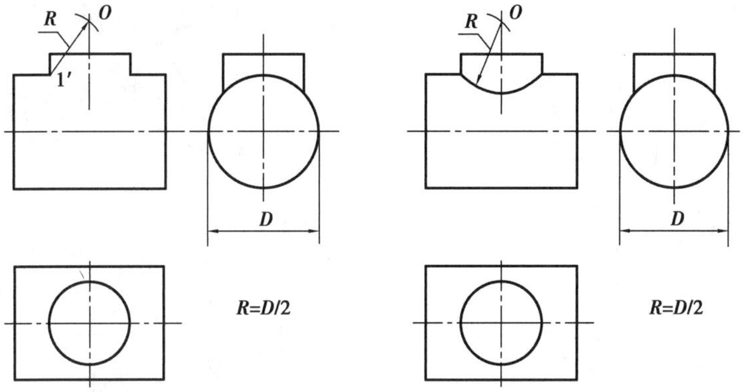

图3.5　圆柱正交相贯简化画法

①先比较两圆柱直径的大小。

②以1′为圆心,大圆柱的半径 R 为半径,在小轴的外面找圆心得 O。

③以 O 为圆心,大圆柱的半径 R 为半径画弧。

相关知识4　回转体轴测图

圆柱体、圆台体轴测图

(1)圆的正等测

基本投影面上圆的正等测投影为椭圆,常采用四心法近似画法。

方法1　步骤如下:

①以圆半径画圆,取6个点[见图3.6(a)]。

②分别以1,2为圆心,1a,2b 为半径画弧[见图3.6(b)]。

③连接1a,2b 得3,4。

④以3,4为圆心,3a 为半径画弧[见图3.6(c)]。

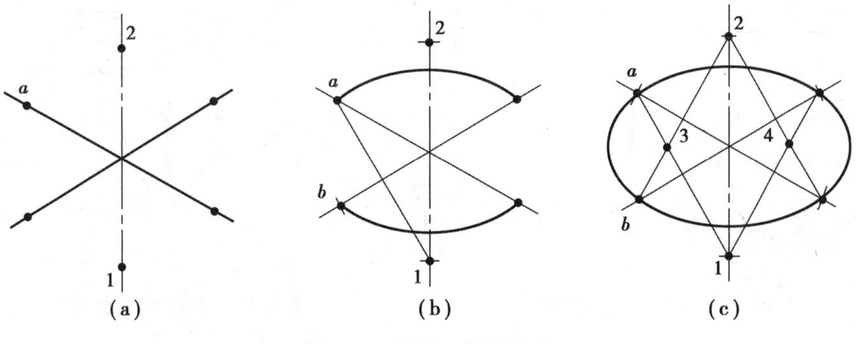

图3.6　圆的正等测方法1

方法2　步骤如下(见图3.7):

①分别在 X,Y 上量 $OX=OY$=圆半径,得4个点1,2,3,4。

②过4个点分别作 X,Y 的平行线得菱形 $acbd$。

③连接 cd,a4,a3 得两个交点。

④参考方法1第②、④步,完成椭圆。

各投影面上的圆的正等测如图3.8所示。

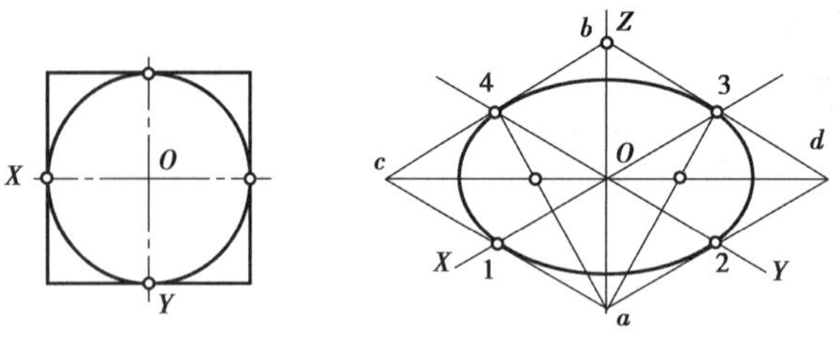

图 3.7　圆的正等测方法 2

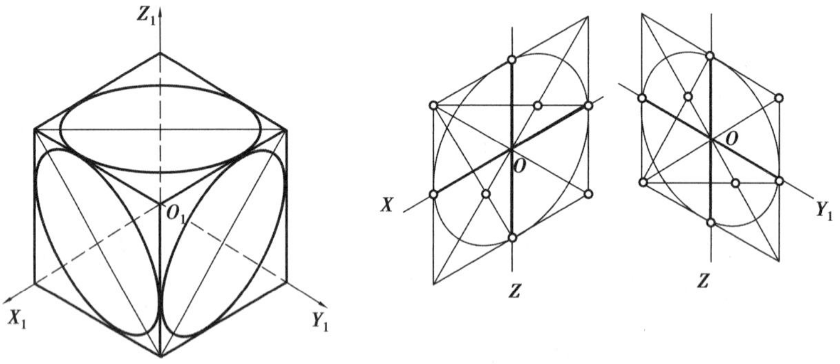

图 3.8　各投影面上的圆的正等测

(2)圆柱的正等测

圆柱的正等测如图 3.9 所示。

(3)平行于坐标面圆斜二轴测图的画法

各投影面上的圆的斜二轴测图如图 3.10 所示。

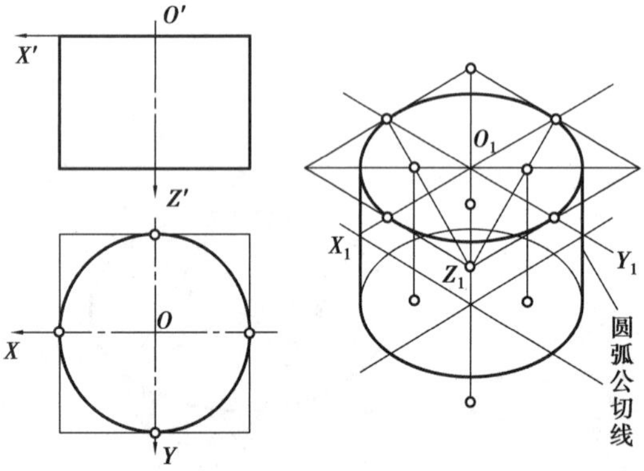

图 3.9　圆柱的正等测

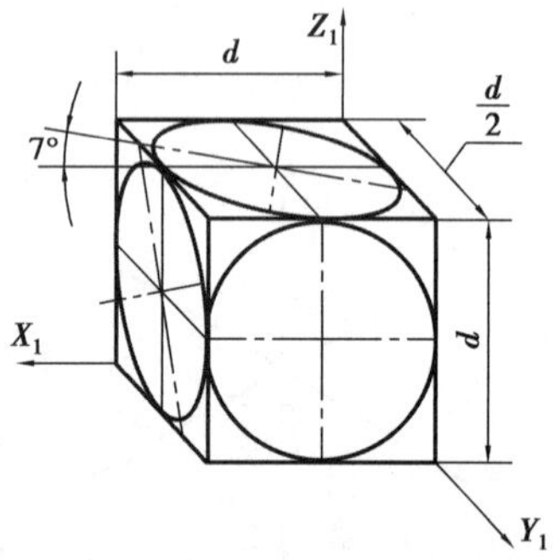

图 3.10　各投影面上圆的斜二轴测图

平行 $X_1O_1Z_1$ 面时为圆;平行 $X_1O_1Y_1$ 面时为椭圆;平行 $Y_1O_1Z_1$ 面时为椭圆。椭圆的短轴与长轴垂直。

物体上有比较多的平行于坐标面 $X_1O_1Z_1$ 的圆或曲线时,选用斜二轴测图。

如图 3.11 所示为带孔圆锥台的斜二轴测图。

斜二测画法

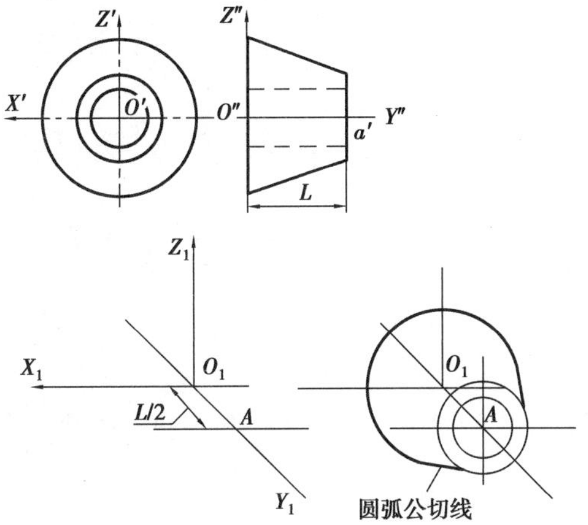

图3.11　带孔圆锥台的斜二轴测图

案例4　回转体尺寸标注

(1)基本体尺寸标注

基本回转体尺寸标注如图3.12所示。

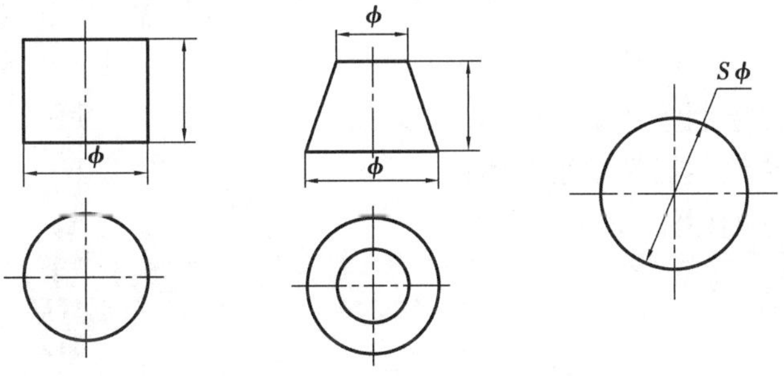

图3.12　基本回转体尺寸标注

(2)切割体尺寸标注

切割体要标注基本几何体的大小，还要标注截断面的定位尺寸，不要标注截断面的大小尺寸。切割回转体尺寸标注如图3.13所示。

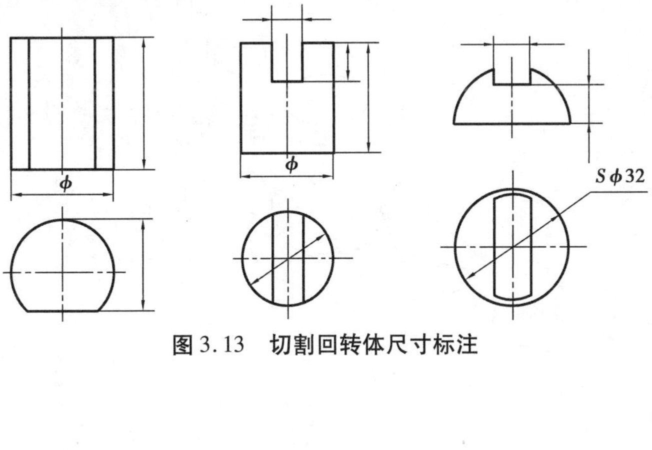

图3.13　切割回转体尺寸标注

项目 4
组合体

任务书

1. 目标
1)理解组合体的基本结构关系,提升学生化整为零,融会贯通的绘图能力;
2)理解组合体识读步骤的思维方式,培养学生严谨细致、一丝不苟的工作习惯。
2. 内容
1)表面连接方式的画图方法;
2)形体分析法绘制叠加型组合体;
3)线面分析法绘制切割型组合体;
4)组合体尺寸的标注。

案例 1　画组合体三视图

讲练题型 1　画叠加体支座三视图。

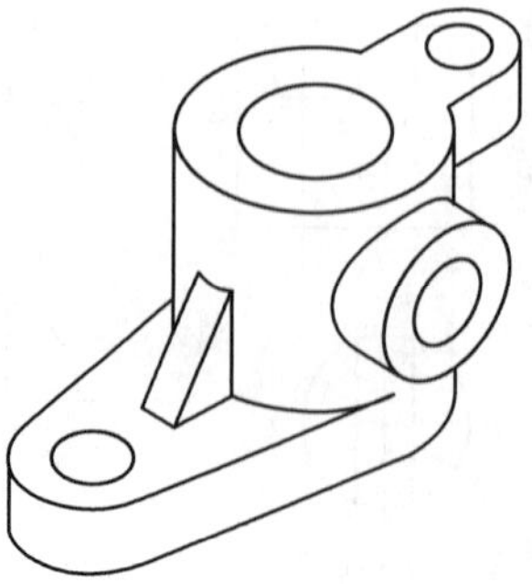

支座的画图步骤

分析要点：

①进行形体分析，根据形体特点，可将其分解为直立空心圆柱、底板、肋板、耳板及水平空心圆柱（即凸台）这5部分。

②底板的侧面与直立空心圆柱相切，两者底面平齐；耳板的侧面与直立空心圆柱相交，两者顶面平齐；水平空心圆柱与直立空心圆柱垂直相交；肋板与直立空心圆柱相交。

③选择主视图，选最能反映物体形状特征的方向作为主视图的投射方向。

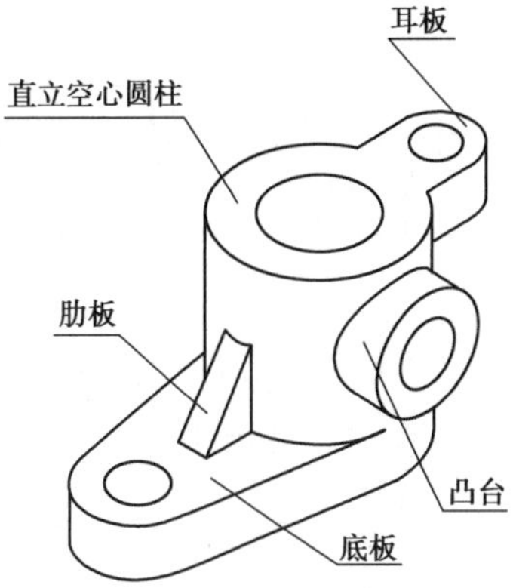

画图步骤：

①画基准线。

②画直立空心圆柱的三视图。

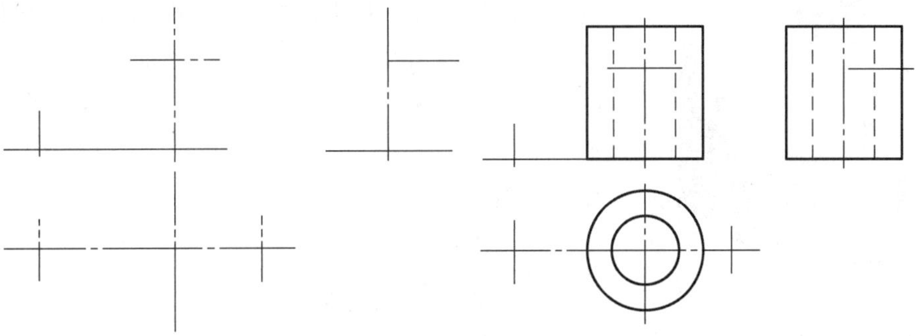

③画水平空心圆柱（即凸台）的三视图（外面两圆柱相贯，里面两圆柱相贯）。

④画底板三视图（注意相切的画法，见相关知识1）。

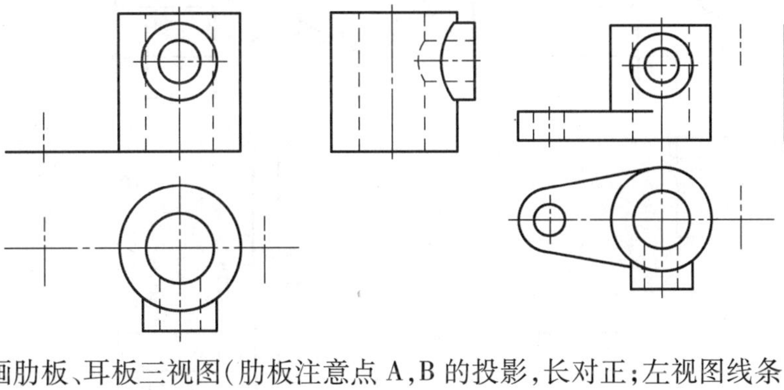

⑤画肋板、耳板三视图（肋板注意点A，B的投影，长对正；左视图线条1为斜切椭圆的一部分；耳板为相交的画法，见相关知识1）。

⑥擦去作图线，检查，加粗。

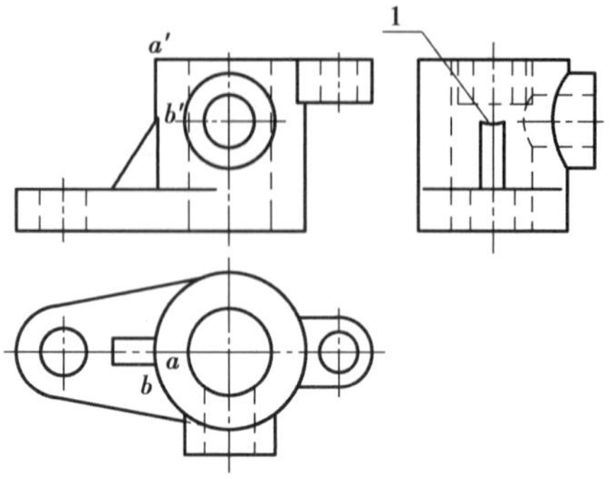

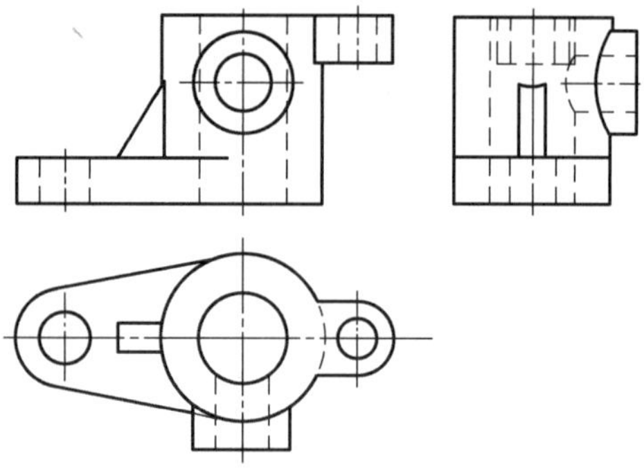

讲练题型 2　画切割体导向块三视图。

分析要点：

①分析物体的形成过程，确定切面的位置和形状。

②应先画出切面有积聚性的投影，再画出其他视图。

③如果切平面为投影面垂直面，该面的另两投影应为类似形（对于一个面，如果有一个投影为斜线，另外两个投影必定为类似形）。

作图步骤：

①画第一次切割后三视图。

②画第二次切割后三视图。

③画第三次切割后三视图。

④擦去作图线，检查，加粗。

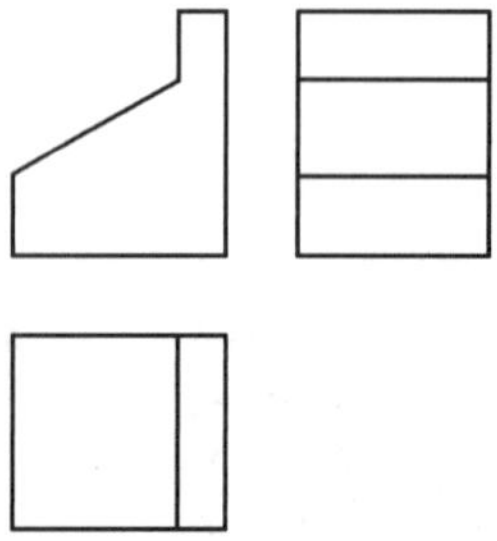

①

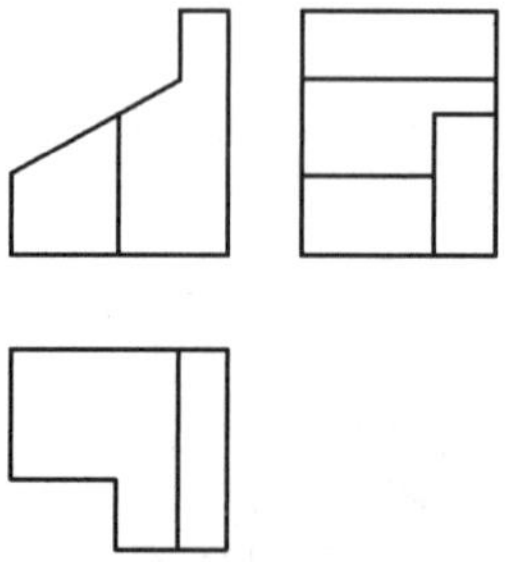

②

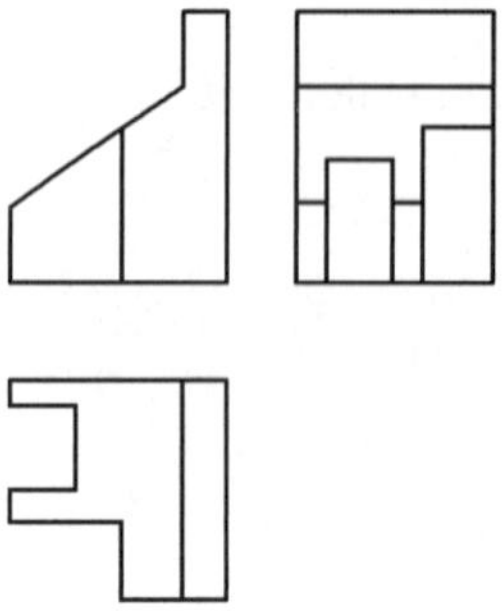

③

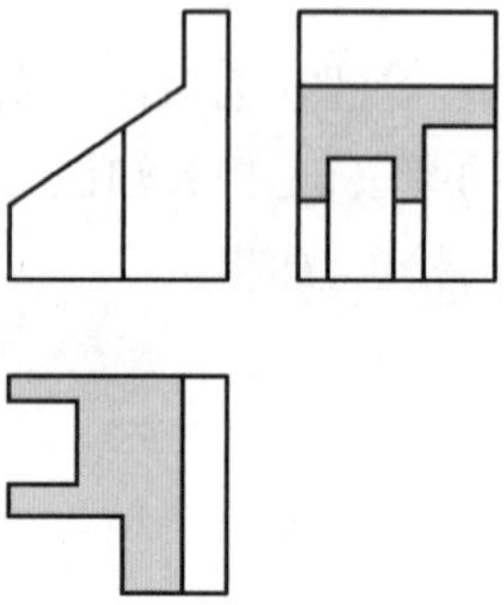

④

相关知识1　画组合体三视图

任何复杂的物体都可看成由若干个基本体组合而成的。由两个或两个以上基本体组成的物体，称为组合体。

(1)组合体的组合形式与表面连接关系

1)组合体的类型

组合体的类型有叠加、切割和综合3种，如图4.1所示。

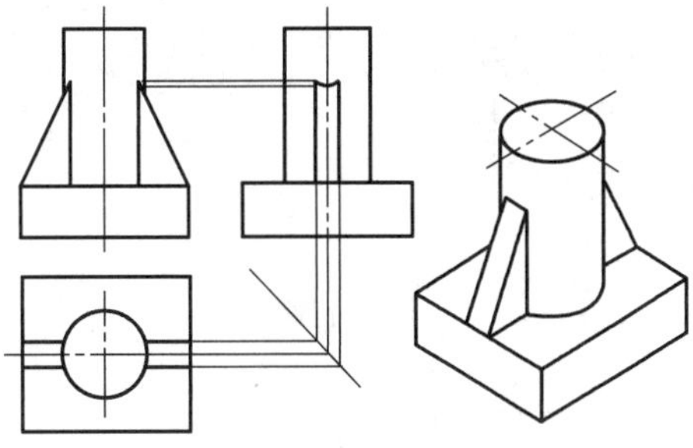

(a)

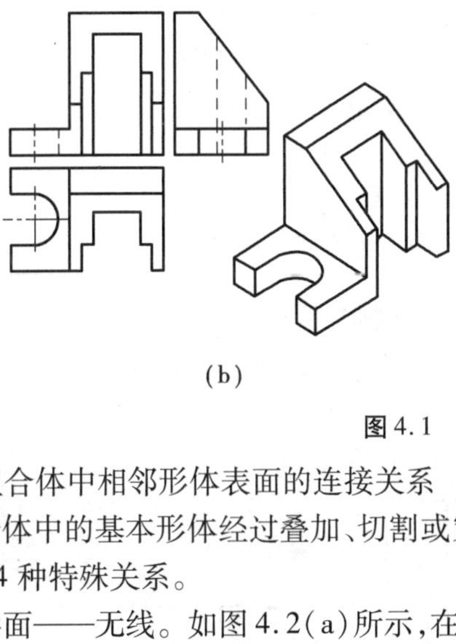

(b)

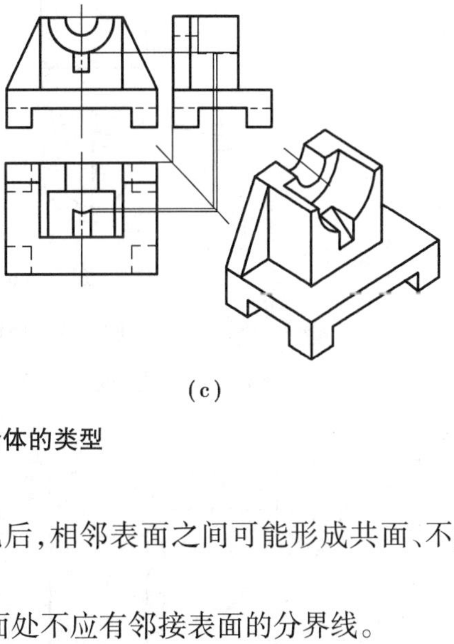

(c)

图4.1　组合体的类型

2)组合体中相邻形体表面的连接关系

组合体中的基本形体经过叠加、切割或穿孔后，相邻表面之间可能形成共面、不共面、相切、相交4种特殊关系。

①共面——无线。如图4.2(a)所示，在共面处不应有邻接表面的分界线。

②不共面——有线。如图4.2(b)所示，邻接表面不共面时，有线隔开。

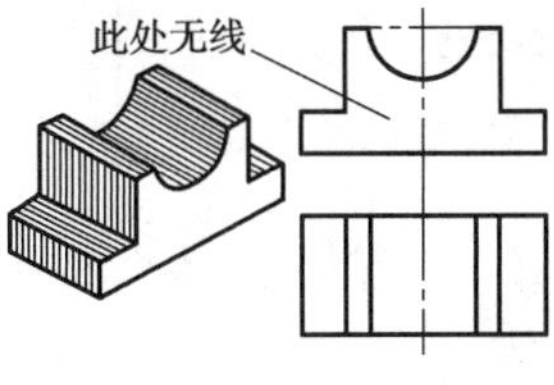

(a)共面

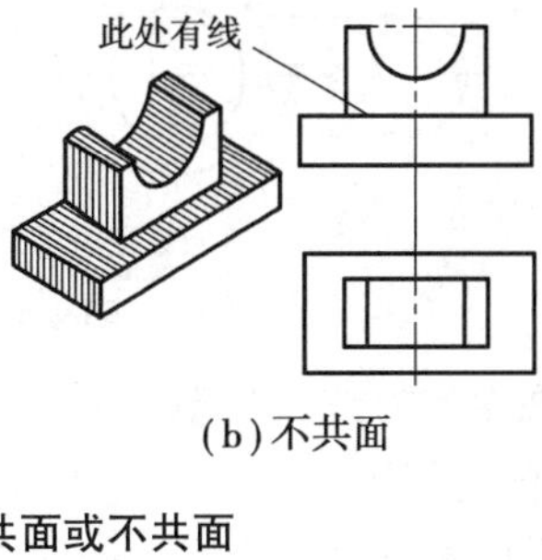

(b)不共面

图4.2　两表面共面或不共面

③相切——无线。如图 4.3(a)所示,切线的投影不画。相切处画线是错误的,如图4.3(b)所示。

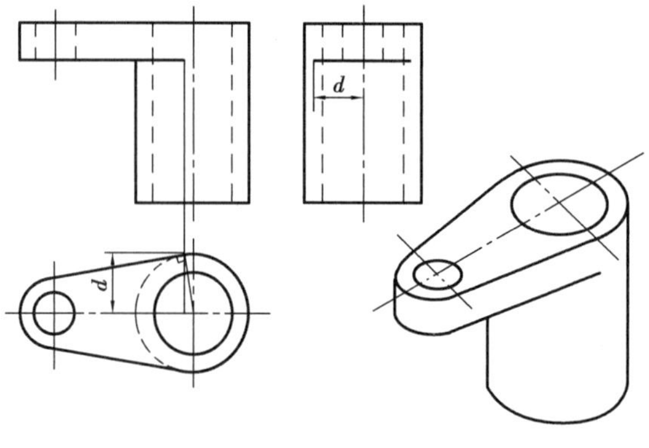

(a)正确

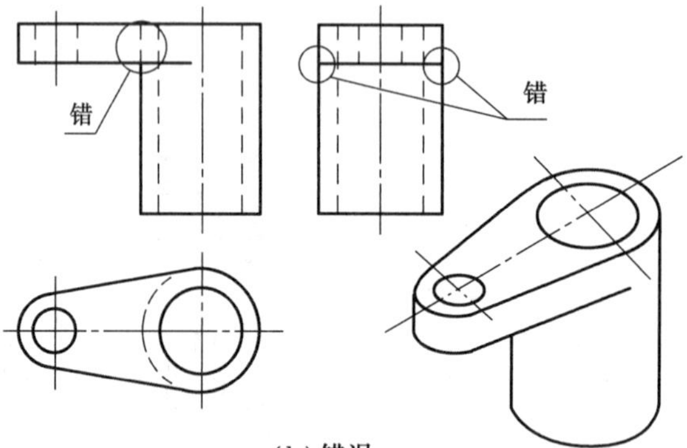

(b)错误

图4.3 相切画法正误对比

④相交——有线。如图4.4所示,两形体表面相交,相交处必须画出交线。两实形体相交时已融为一体,圆柱面上原来的一段轮廓线已经不存在了。

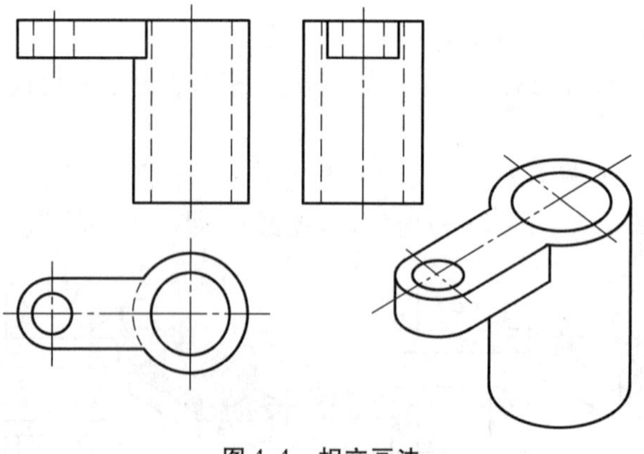

图4.4 相交画法

(2)画组合体视图的方法与步骤

1)叠加型组合体的视图画法

在组合体的画图、读图和标注尺寸过程中,通常假想将其分解成若干个基本体,弄清楚各基本体的形状、相对位置、组合形式以及表面连接关系，这种“化整为零”使复杂问题简单化的分析方法，称为形体分析法。

2）切割型组合体的视图画法

面形分析法是根据表面的投影特性来分析组合体表面的性质、形状和相对位置，从而完成画图和读图的方法。

作图时是由一个简单的投影开始，按切割的顺序逐次画完全图。切割类组合体的画图顺序：在画出组合体原形的基础上，按切去部分的位置和形状依次 画出切割后的视图。

切割型组合体画图技巧如下：

①分析物体的形成过程，确定切面的位置和形状。

②应先画出切面有积聚性的投影，再画出其他视图。

③如果切平面为投影面垂直面，该面的另两投影应为类似形。

案例2　看组合体三视图

讲练题型1　补画俯视图。

分析要点：

①进行形体分析，这是个叠加类组合体，根据形体特点，可将其分解为底板（底板两边有两个耳朵）1、直立空心圆柱2和水平空心圆柱3这3部分。

②水平空心圆柱与直立空心圆柱垂直相交，外面两圆柱等径相贯，里面不同直径相贯。

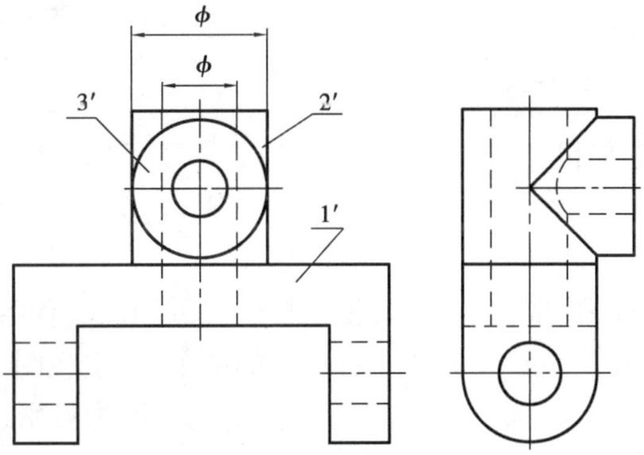

补俯视图

画图步骤：

①画俯视图基准线，画带耳朵的底板的俯视图。

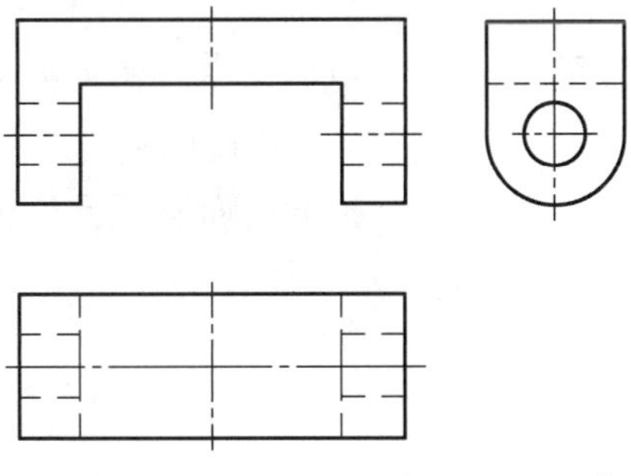

②画直立空心圆柱的俯视图,由左视图可知大圆柱直径与底板宽一样。

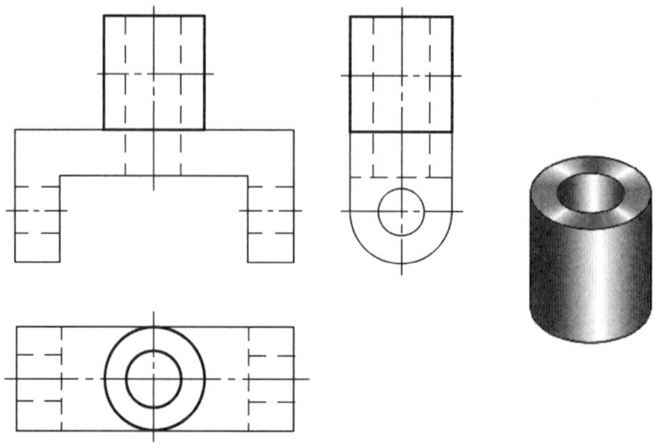

③补画水平空心圆柱的俯视图。

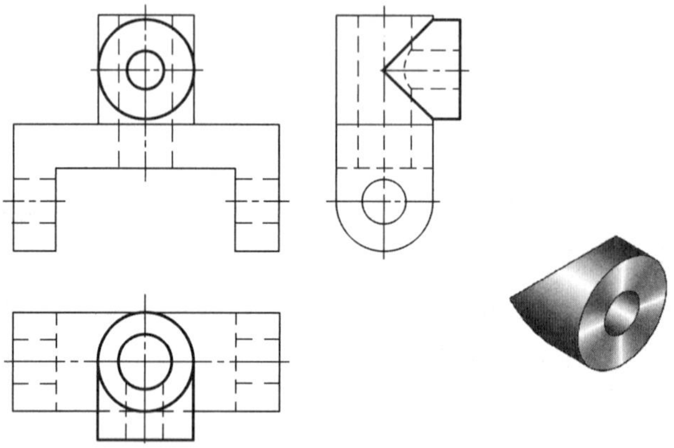

补漏线

④擦去作图线,检查,加粗。

讲练题型 2　补缺线。

分析要点:

①这是个由长方体切割而成的组合体,根据投影关系画出其他视图。组合体左视图被侧垂面切一个角,俯视图中被两个铅垂面切左右对称的两个角,主视图上部中间有一个缺口。

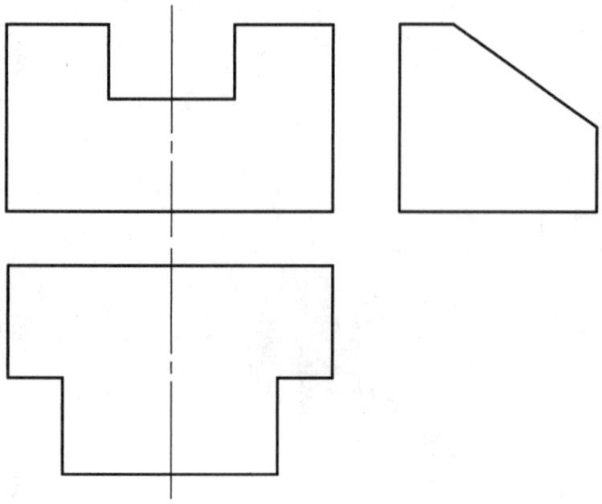

②切平面为投影面垂直面,该面的另两投影应为类似形(对于一个面,如果有一个投影为斜线,另外两个投影必定为类似形)。

作图步骤:

①根据切面有积聚性的左视图补画第一次切割后三视图的缺线。

②根据切面有积聚性的主视图画第二次切割后三视图。

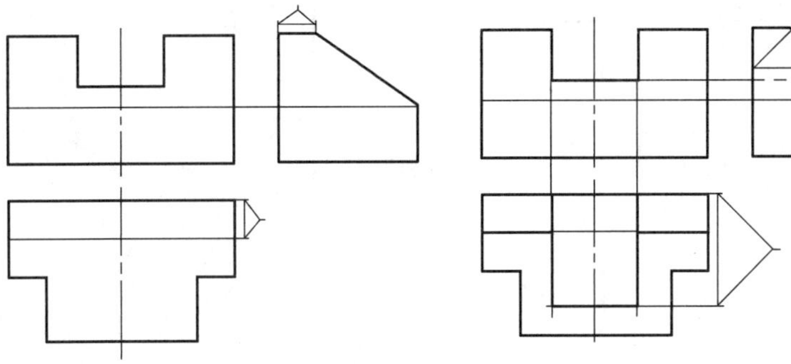

③根据两边切口在俯视图有积聚性,补画第三次切割后三视图。

④擦去作图线,检查,加粗,并用类似形分析 P 面。

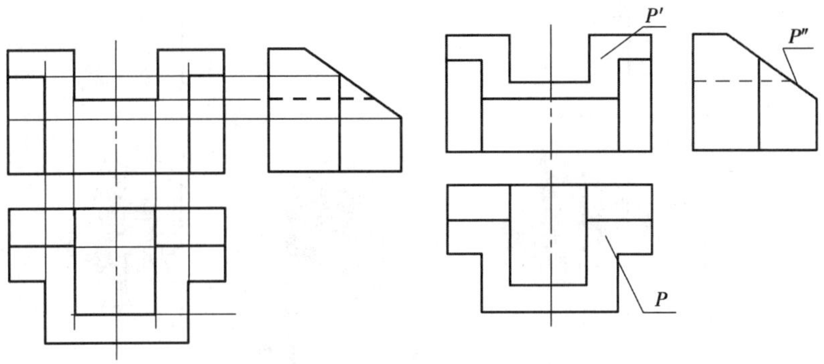

相关知识2　看组合体三视图

画图是将物体按正投影法用视图表示在图纸上,是将空间物体以平面图形的形式反映出来。读图则是由视图根据投影规律想象出物体的空间形状和结构。要正确、迅速地读懂视图,必须掌握读图的基本方法和步骤,培养空间想象力,逐步提高读图能力。

(1)读图的基本要领

1)几个视图联系起来读图

机件的形状一般是通过几个视图来表达的,每个视图只能反映机件一个方向的形状。仅由一个或两个视图往往不能唯一地表达机件的形状,如图4.5、图4.6所示。

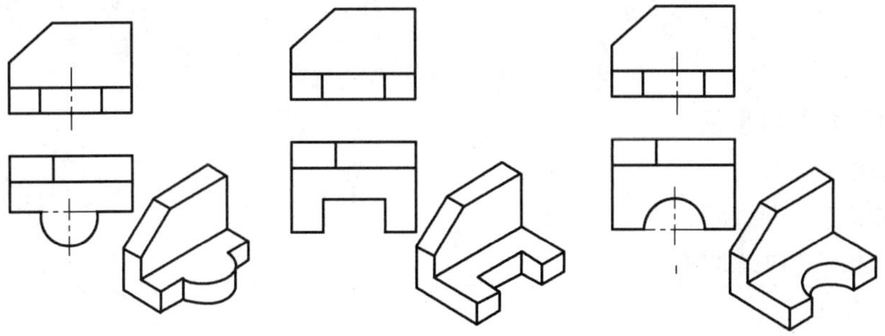

图4.5　一个视图不能唯一确定物体形状的示例

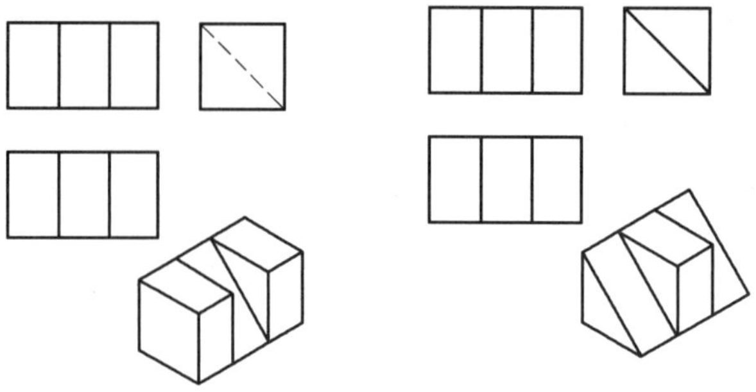

图 4.6　两个视图不能唯一确定物体形状的示例

2)注意抓特征视图

主、俯视图都相同,但有 3 种不同形状的物体,如图 4.7、图 4.8 所示。

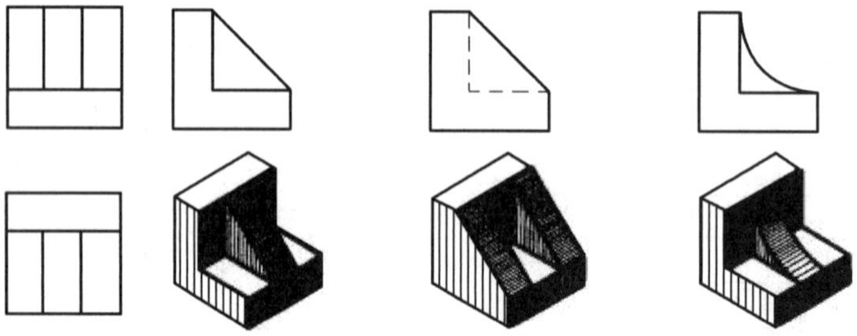

(a)　(b)　(c)

图 4.7　反映形状特征的视图

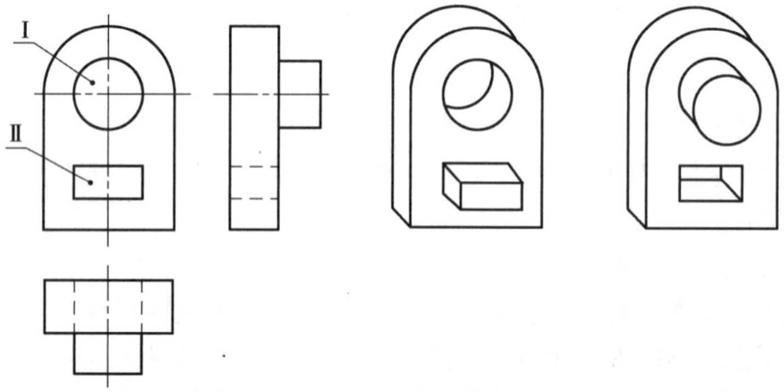

(a)　(b)　(c)

图 4.8　反映位置特征的视图

(2)读图的方法和步骤

1)读图方法

①形体分析法(讲练题型 1)。

②线面分析法(讲练题型 2)。

2)读图步骤

①初看视图,抓特征。

②分解形体,对投影。

③综合起来,想整体。

④面形分析,攻难点。

对于切割体组成的零件,单用形体分析法还不够,需采用面形分析法。

案例3　画组合体轴测图

讲练题型　作组合体正等轴测图。

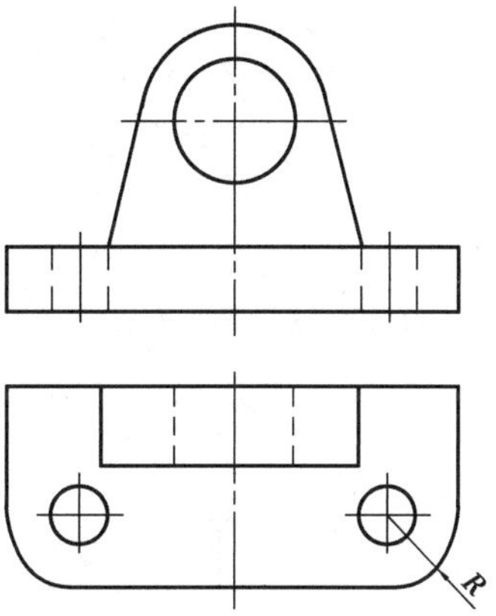

支架轴测图

分析要点:

这个组合体由两部分组合而成,只要将构成组合体的两个基本形体相对位置逐个画出即可。

作图步骤:

1)建立坐标

建立坐标,画出底板的原形长方体轴测图。

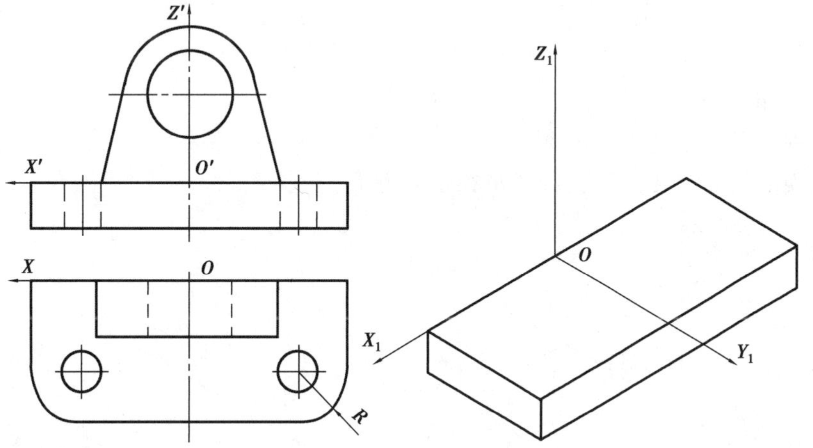

2)画底板圆角的轴测图

具体方法如下:

①分别以俯视图中半径 R 为长度在轴测图中两个角处量4个点 a,b,c,d。

②分别作这 4 点与四边垂直的线得两个交点，并分别以其两交点为圆心、交点到垂足的距离为半径画弧。

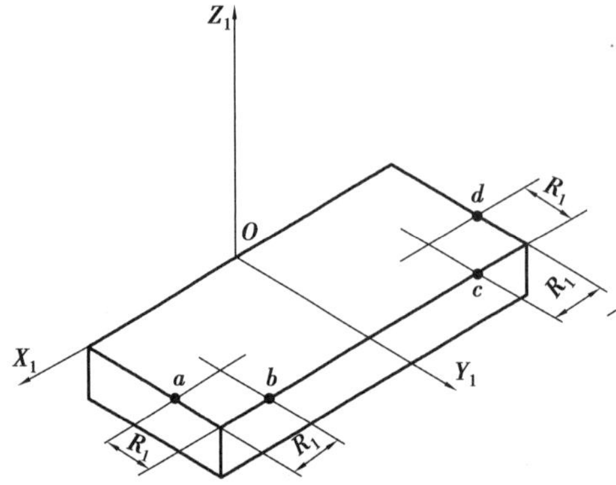

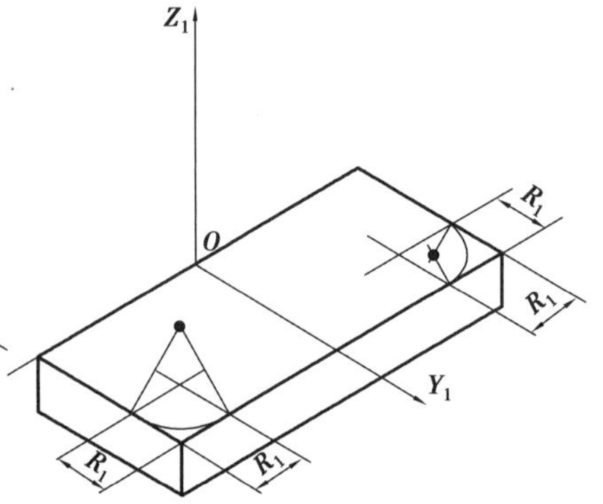

③底板下层重复上一步（或下移两圆心并作两弧），并作右边两弧的公切线。

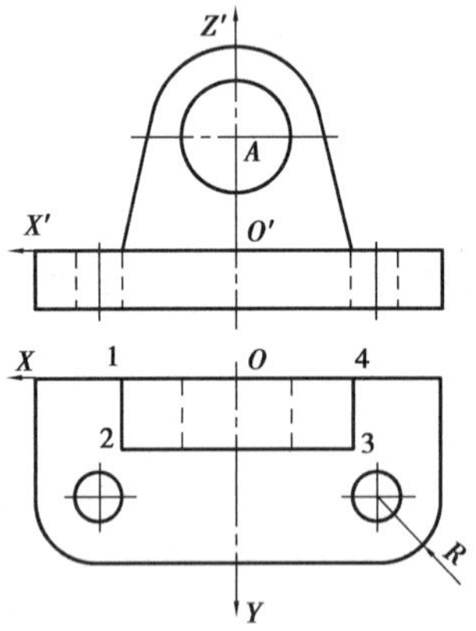

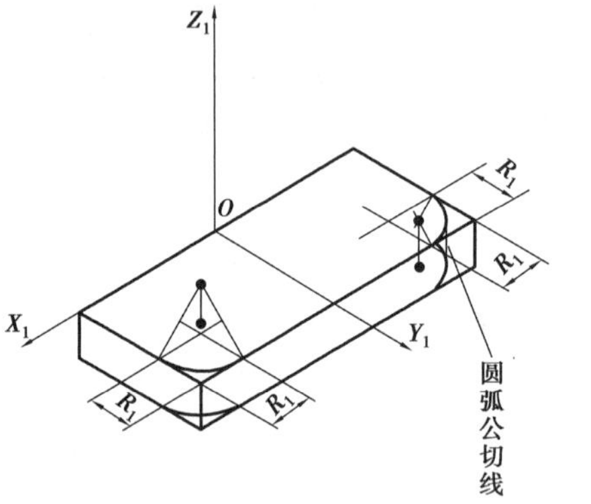

3）画立板的轴测图

具体方法如下：

①按俯视图尺寸定 1，2，3，4 点。

②按主视图尺寸定 A 点和大圆弧半径定长方形。

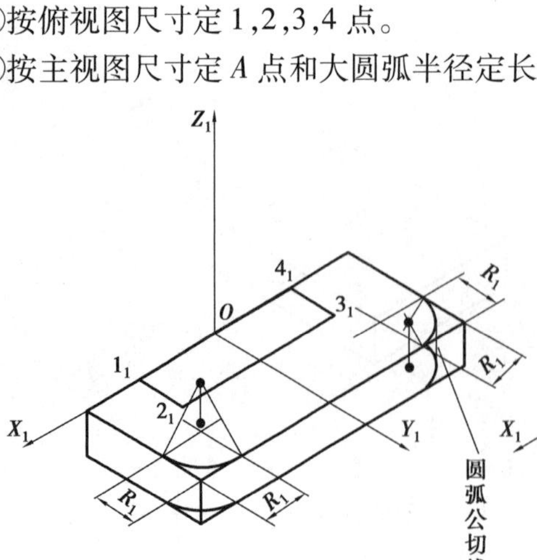

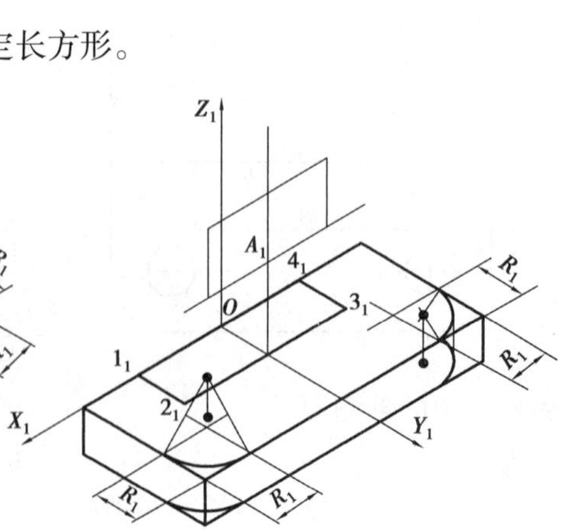

③过 e,f 作平行四边形两边平行线得交点 m;过 f,g 作平行四边形两边平行线得交点 n。以 m 为圆心,me 为半径画弧;以 n 为圆心,nf 为半径画弧。

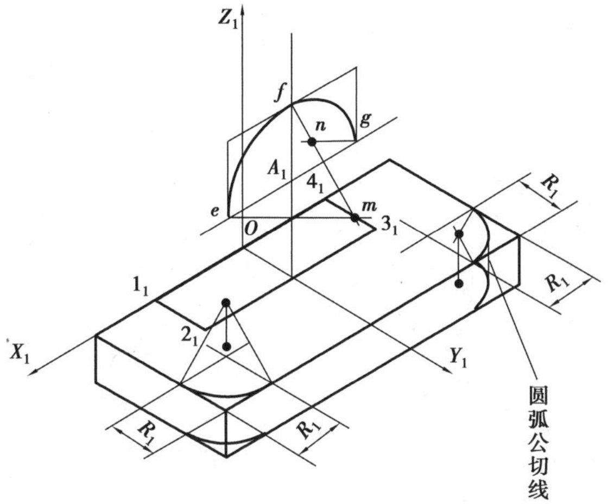

④后层重复上一步(或后移两圆心并作两弧),并作右边两弧的公切线。

⑤过1,2,3,4点作圆切线。

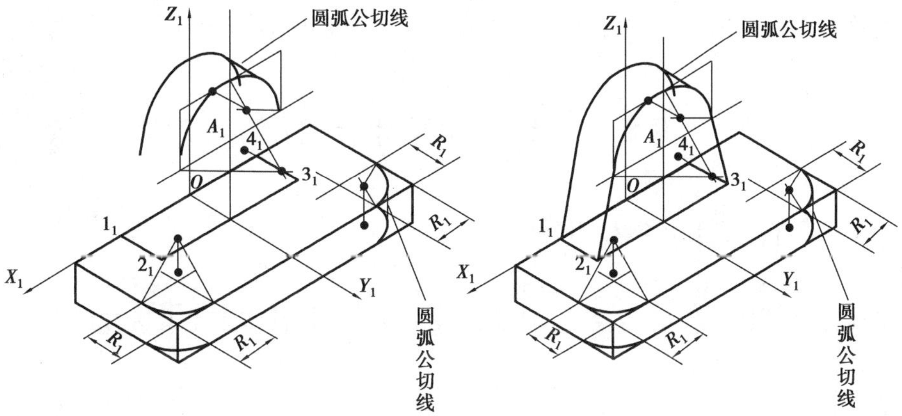

4)作内孔的正等测

具体方法如下:

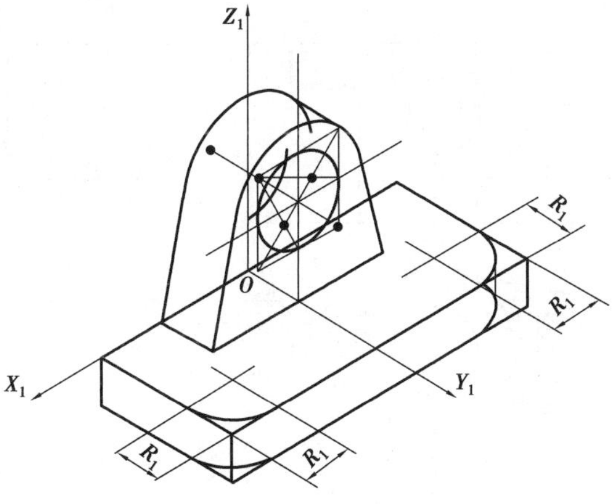

①作正面内孔的正等测。

②作水平面两小孔的正等测。

5)擦去作图线,检查,加粗。

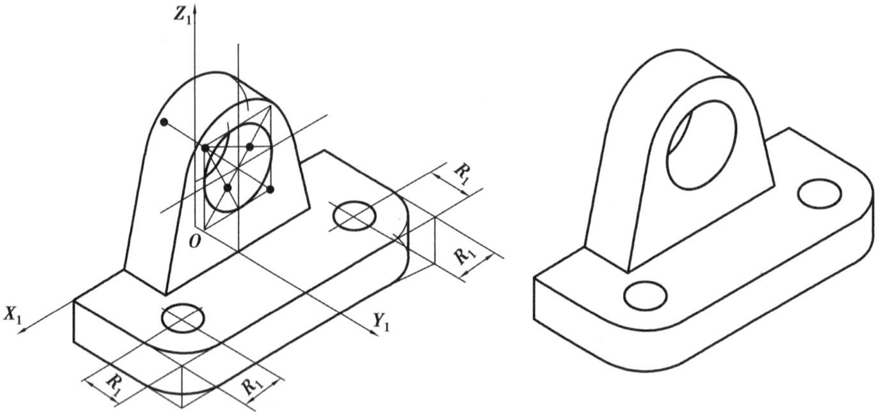

相关知识 3　画组合体轴测图

画组合体的轴测图也是采用形体分析法,将构成组合体的各基本形体按它们叠加或切割的相对位置逐个画出。因此,画组合体的轴测图实际上是常见形体轴测图画法的综合运用。

案例 4　组合体尺寸标注

组合体尺寸标注

讲练题型 1　标注支座组合体的尺寸。

分析要点:

进行形体分析,组合体由直立空心圆柱、底板、肋板、耳板及水平空心圆柱(即凸台)这五部分组成。标注尺寸时分五部分考虑。

标注步骤:

1)标注定形尺寸

具体步骤如下:

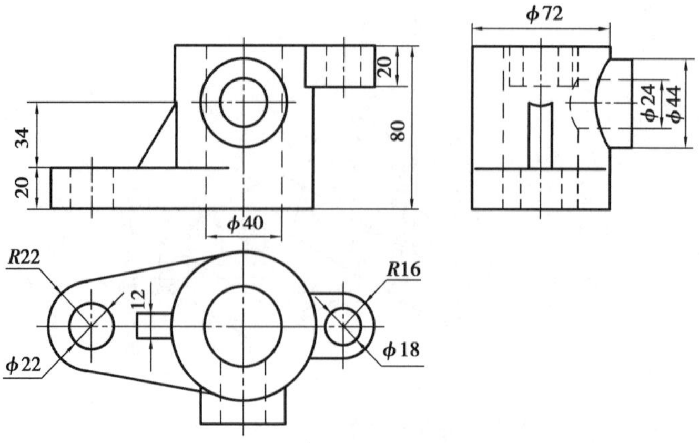

①直立空心圆柱:$\phi40$,$\phi72$,80。

②底板:20,$R22$,$\phi22$。

③肋板:34,12。

④耳板:20,$R16$,$\phi18$。

⑤水平空心圆柱(即凸台):$\phi24$,$\phi44$。

2)标注定位尺寸

具体步骤如下:

①先确定基准,一般选用底平面、端面、对称面及回转体的轴线。

②底板圆孔长方向定位尺寸80、肋板长方向定位尺寸56、耳板圆孔长方向定位尺寸52、水平空心圆柱(即凸台)长方向定位尺寸48、高方向定位尺寸28。

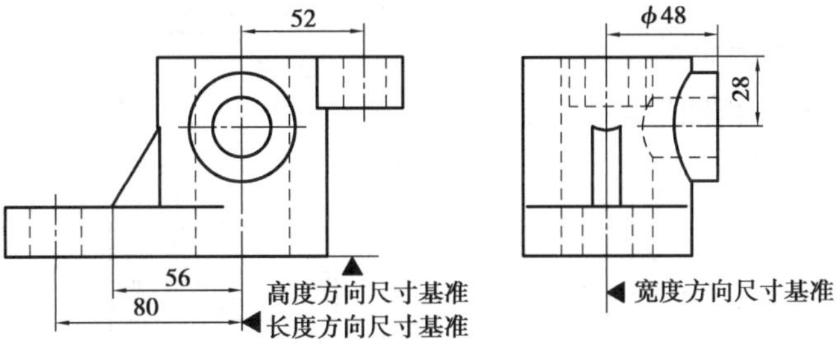

3)总体尺寸

根据组合体的结构特点注出总体尺寸。

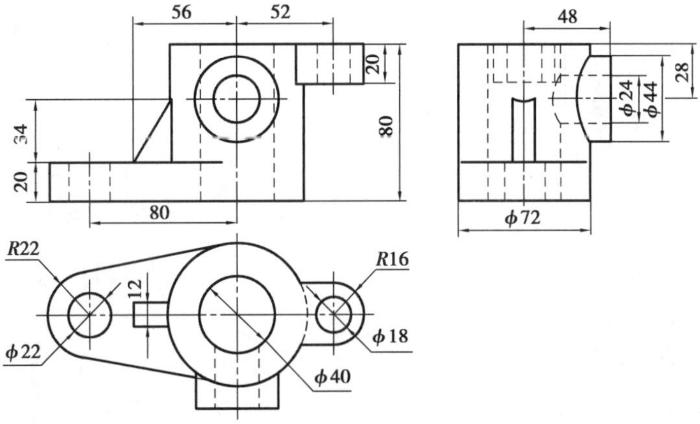

讲练题型2　补画组合体俯视图并标注尺寸。

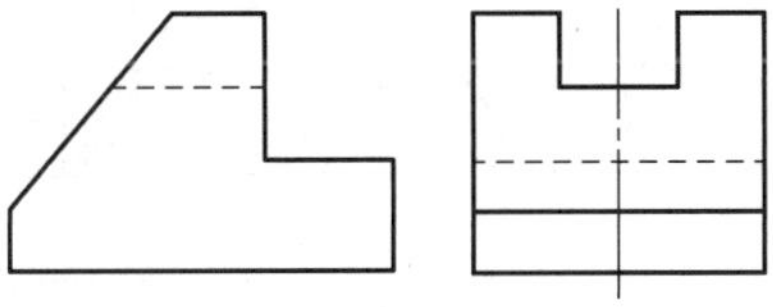

补图并标注尺寸

分析要点:

这是一个切割类组合体,原形为长方体(四棱柱),分3个切口补画视图和标注尺寸。

作图步骤:

1)补画视图步骤

补画视图步骤如下:

①先补画原形俯视图。

②长对正作左右两边切口的俯视图。

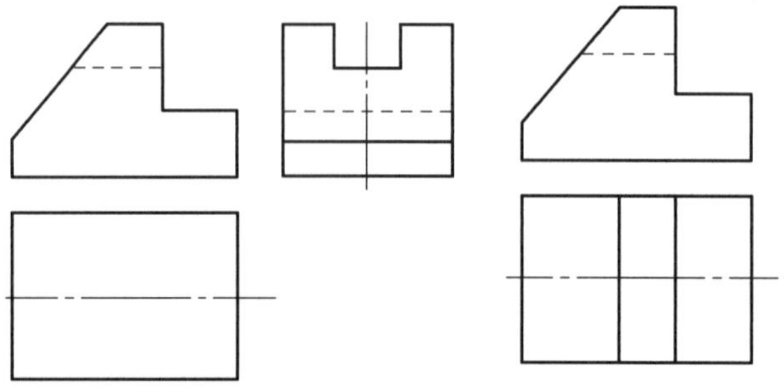

③宽相等、长对正作出凹形切口俯视图。

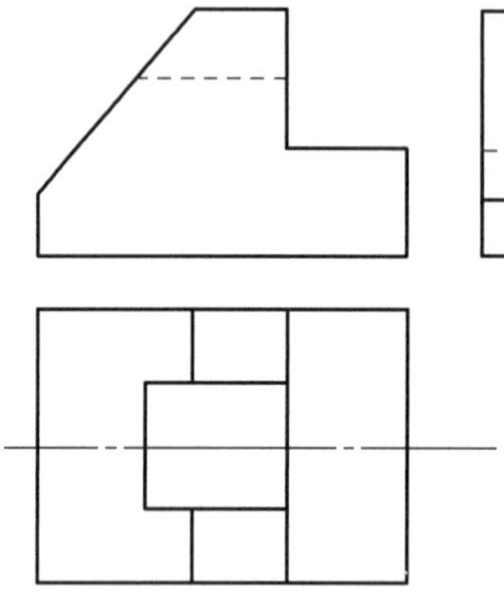

2)标注尺寸

步骤如下:

与补图步骤一样,先考虑原形尺寸,再考虑切口尺寸,最后进行核对、调整。

①标注原形(长方体)尺寸。

②标注两边切口尺寸。

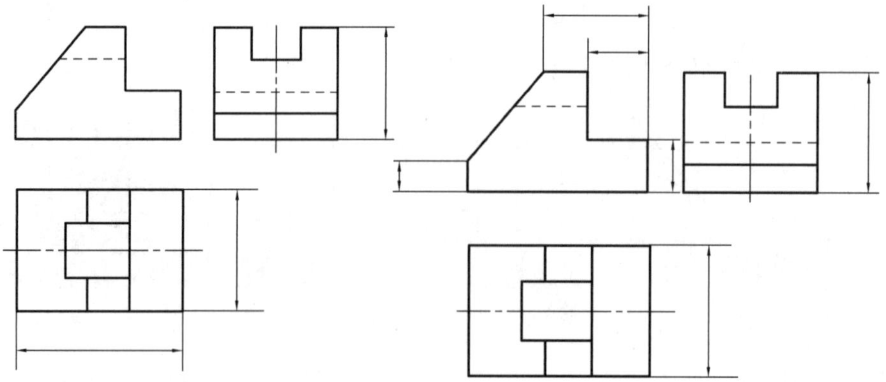

③标注凹形切口尺寸。

④进行核对、调整，最后标注数字，注意方向。

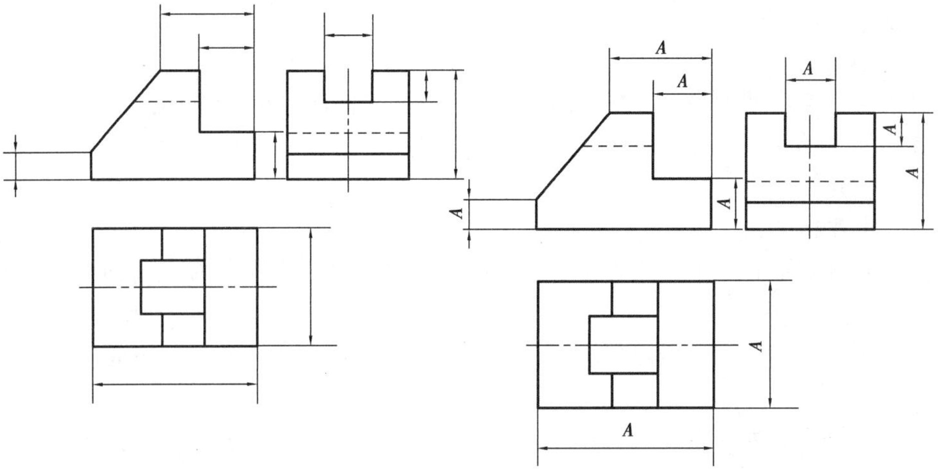

相关知识4　组合体尺寸标注

组合体尺寸标注的基本要求有以下三个：

①正确。标注尺寸要符合国家标准规定。

②齐全。所有尺寸齐全，既不多余，也不遗漏。

③清晰。尺寸布局要整齐、清晰，便于看图。

(1)尺寸完整

要完整地标注尺寸，应正确选择尺寸基准，注全三类尺寸。

1)尺寸种类

①定形尺寸。是指确定组合体中各形体形状大小的尺寸。

②定位尺寸。是指确定组合体中各形体之间相对位置的尺寸。组合体一端或两端为回转体时，通常只需标注回转体轴线的定位尺寸和外端圆柱面的半径，而不直接注出总体尺寸，否则就会出现重复尺寸，如图4.9所示。

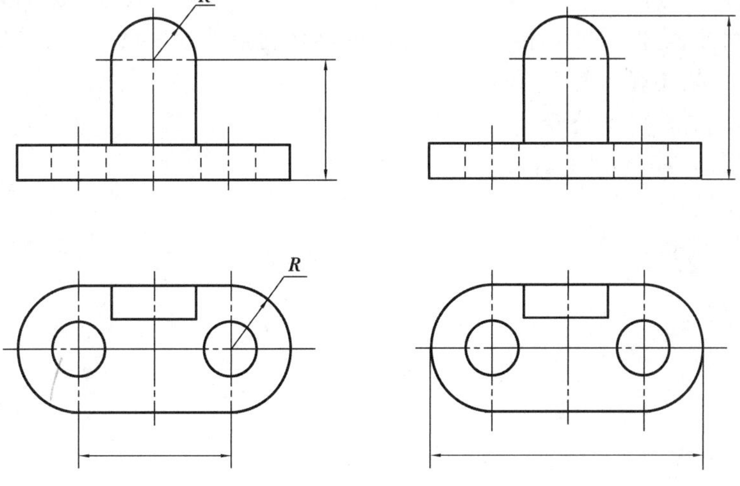

(a)正确注法　(b)错误注法

图4.9　总体尺寸的注法

③总体尺寸。根据组合体的结构特点注出总体尺寸，最后进行核对、调整，所标注的尺寸要正确、完整、清晰。

2）尺寸基准

标注尺寸的起点即为基准。组合体的长、宽、高3个方向，每个方向至少应有一个尺寸基准。通常以零件的底面、端面、对称面和轴线作为基准。基准一旦确定，组合体的主要尺寸就应从基准出发进行标注。

（2）尺寸清晰

①同一形体定形和定位尺寸要集中，并尽量标注在反映该形体形状特征和位置特征较为明显的视图上。

②尽量将尺寸标注在视图外面，保证图形的清晰，与两视图有关的尺寸最好注在两视图中间。

③同方向平行并列尺寸，应使小尺寸在内、大尺寸在外，间隔均匀，以免尺寸界线与尺寸线相交。

④尺寸应尽量避免标注在虚线上。

尺寸注法的清晰性如图4.10所示。

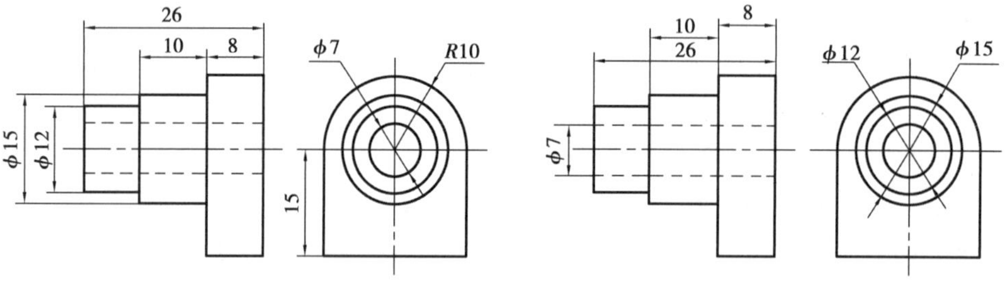

（a）清晰　　（b）不清晰和错误注法

图4.10　尺寸注法的清晰性

（3）尺寸标注的方法和步骤

标注组合体的尺寸时，首先也应使用形体分析法进行形体分析，正确选择尺寸基准，然后依次注出定形尺寸、定位尺寸。再根据组合体的结构特点注出总体尺寸，最后进行核对、调整，所标注的尺寸要正确、完整、清晰。

①形体分析，选择尺寸基准。

②标注各形体的定形尺寸。

③标注定位尺寸。

④标注总体尺寸。

项目 5
图样的基本表达方法

任务书

1. 目标

1)理解图样的基本表达方法与标注，培养学生灵活运用、求真务实的职业素养；

2)理解并识读常用图形的简化画法，培养学生遵守规定、辨认取舍的学习习惯。

2. 内容

1)视图和剖视图的表达方法与标注；

2)移出断面图和重合断面图的表达方法与标注；

3)局部放大图和常用图形的简化画法；

4)第一角画法和第三角画法。

案例 1 视　图

讲练题型 1　根据轴测图画出机件的 6 个基本视图。

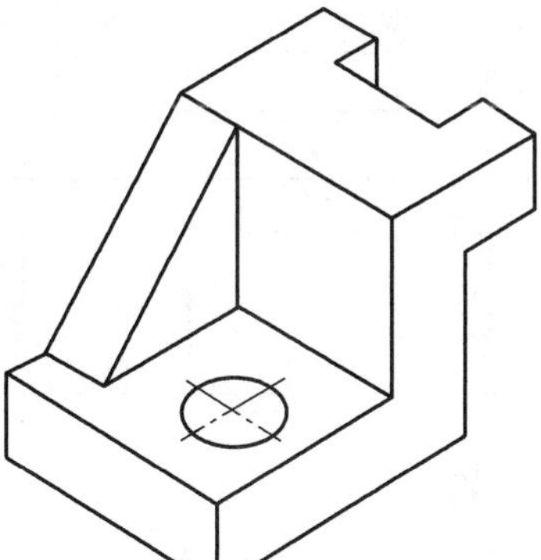

基本视图和向视图

分析要点：

在三视图的基础上学习基本视图，先画出三视图，再按投影规律画出其他 3 个视图，按投影关系配置的图称为基本视图，不按投影关系配置的图称为向视图。

作图步骤：

①作三视图。

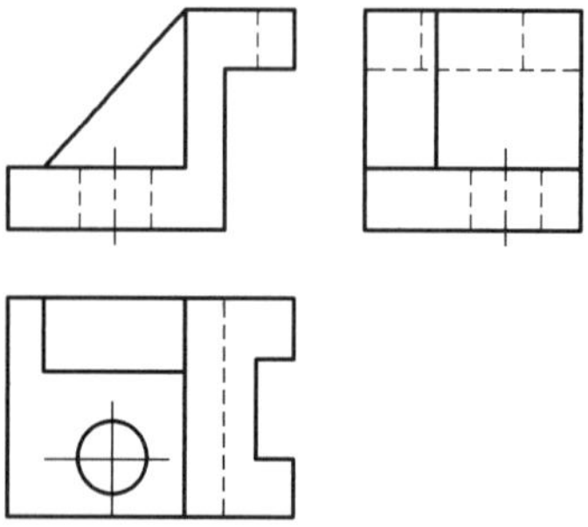

②完成 6 个基本视图。

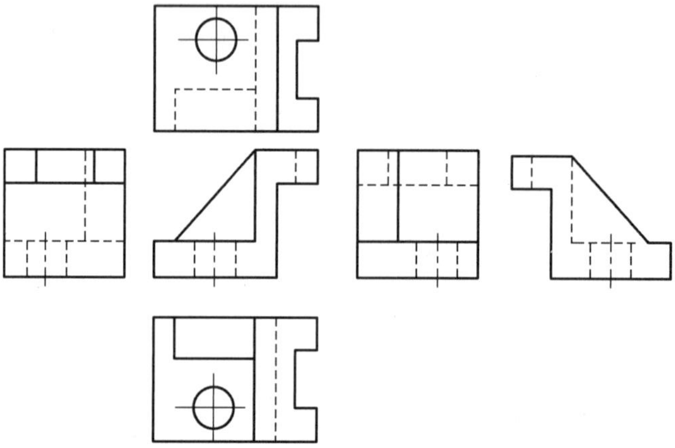

③以两个视图之间分别有近似对称关系进行检查，并分析各部分的可见性。

④也可移动图形位置，画成向视图，但必须标注。

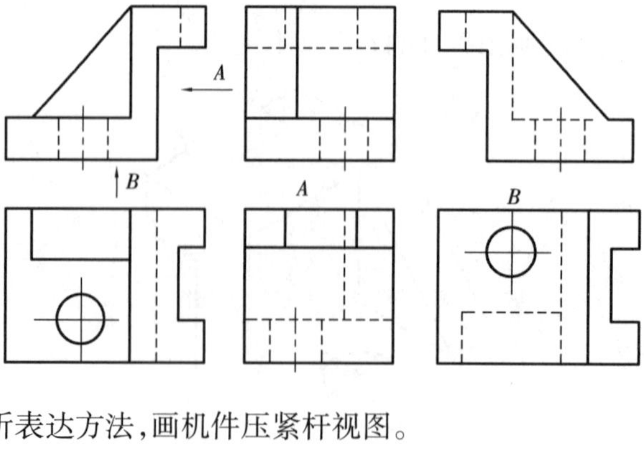

讲练题型 2　分析表达方法，画机件压紧杆视图。

分析要点：

压紧杆的左端耳板与投影面倾斜，故不能反映实形（见图（a）），画图困难，表达不清晰。如图（b）所示为压紧杆的一种表达方案，采用一个主视图，*B* 向视图的局部视图，*A* 向斜视图和一个右视图。如图（c）所示的方案更加紧凑。

作图步骤（以图（c）为例）：

①长对正作俯视图（局部视图）。

②改变投影方向作 *A* 向斜视图并标注。

③作右视图并标注。

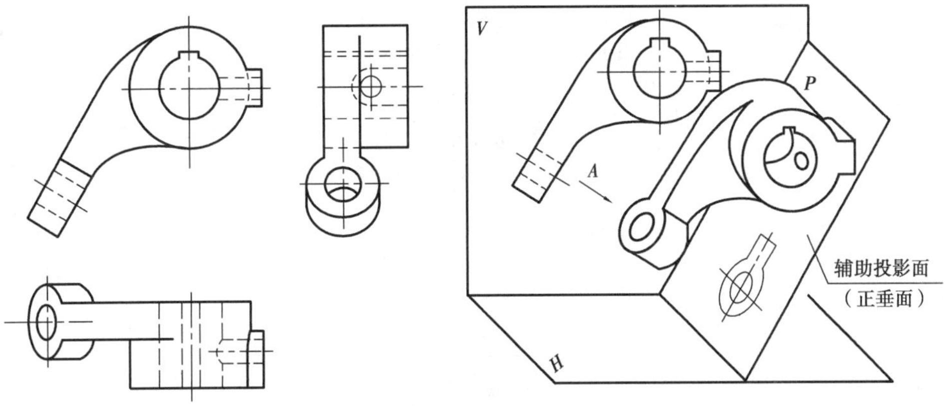

（a）

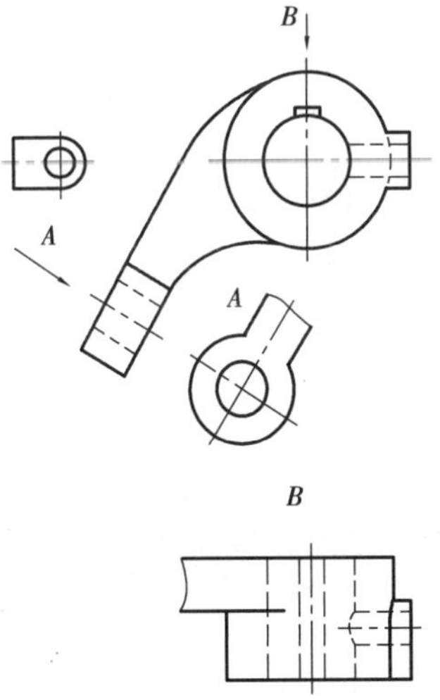

（b）

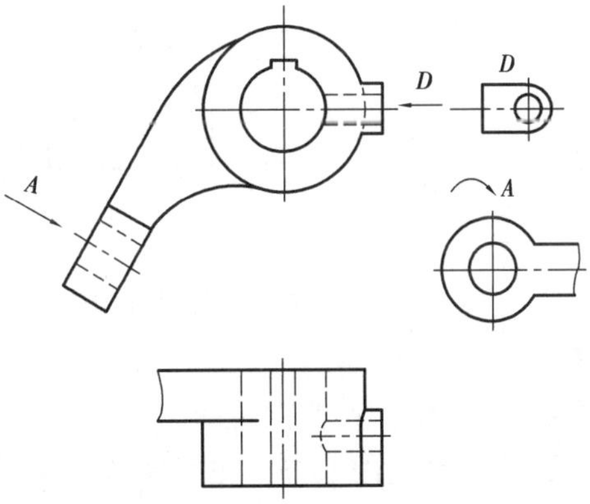

（c）

相关知识1　视　图

用正投影法将机件向投影面投影所得的图形，称为视图。

常用视图的种类有基本视图、向视图、局部视图及斜视图。

（1）基本视图

1）基本投影面

用正六面体的6个面作为投影面，称为基本投影面。

六个基本视图

2)基本视图

机件向基本投影面投影所得的视图,称为基本视图。基本视图有主视图、俯视图、左视图、右视图、仰视图及后视图 6 个,如图 5.1 所示。

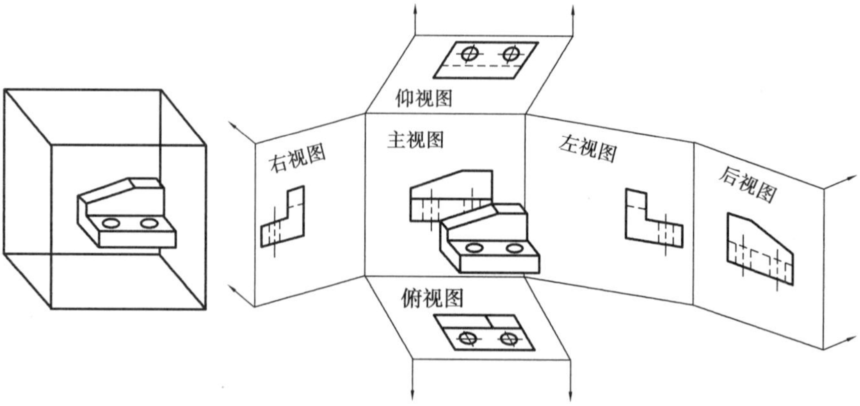

(a)

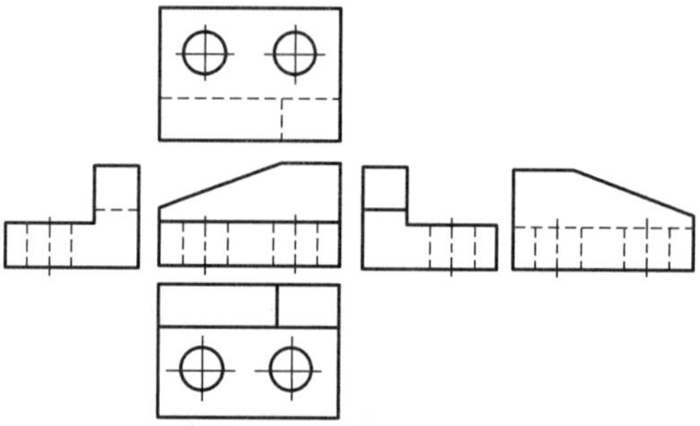

(b)

图 5.1 基本视图

(2)向视图

不按投影关系配置的图称为向视图。

向视图的标注:向视图的上方标注字母,并在相应视图的附近用箭头指明投影方向,同时标注相同的字母,如图 5.2 所示。

(3)局部视图

将机件的某一部分向基本投影面投射所得的视图,称为局部视图。

当机件的主体形状已表达清楚,只有局部形状尚未表达清楚,不必再增加一个完整的基本视图,可采用局部视图,如图 5.3 所示可以简化作图,避免表达重复。

局部视图配置与标注

画局部视图,一般在局部视图上方标注出视图的名称"×向",在相应的视图附近用箭头指明方向,并标注同样的字母。当局部视图按投影关系配置时,中间又没有其他图形隔开,可省略标注。

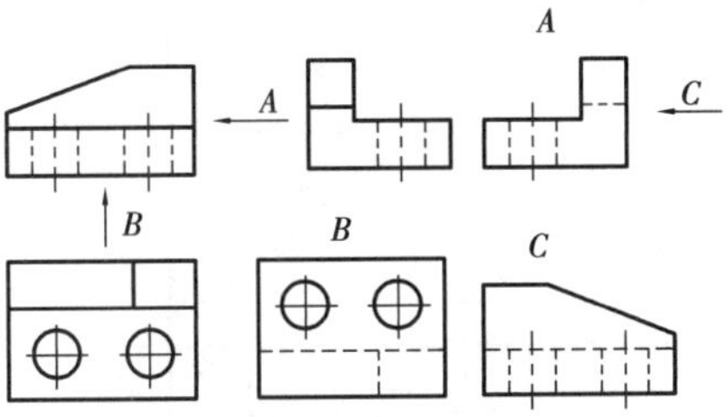

图5.2 向视图

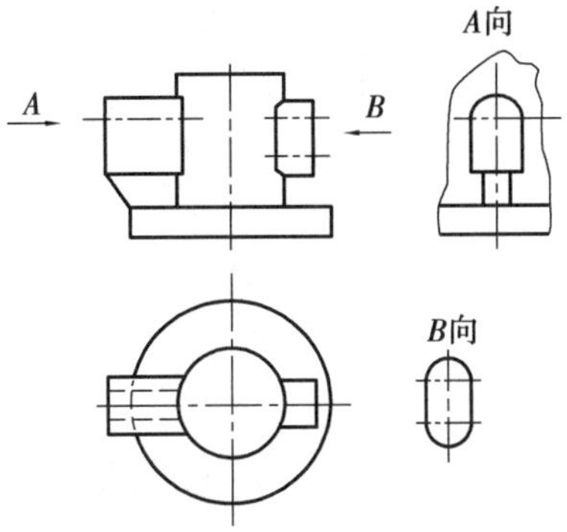

图5.3 局部视图

局部视图的断裂边界应以波浪线或双折线表示。当所表示的局部视图结构是完整的，且外轮廓线又成封闭时，波浪线可省略不画。

(4)斜视图

向不平行于任何基本投影面的平面投影所得的视图，称为斜视图。斜视图一般只用于表达机件倾斜部分的形状，断裂边界应以细波浪线表示，如图5.4所示。

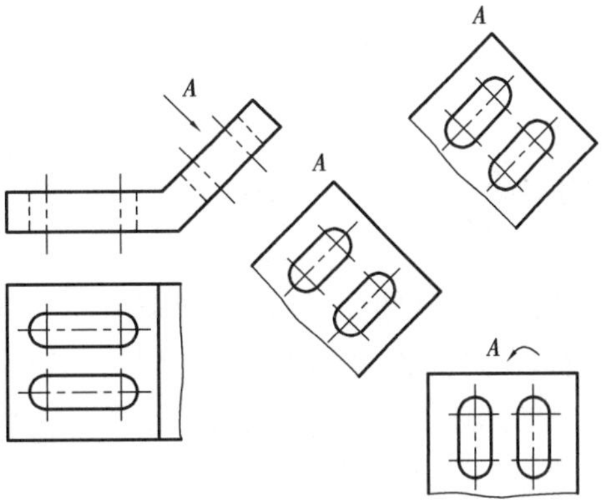

图5.4 斜视图

斜视图的标注：

①斜视图要标注投影方向和视图名称。

②斜视图允许旋转，但旋转后视图的视图名称后需加注旋转符号。旋转符号的箭头与旋转方向一致。大写拉丁字母应紧靠旋转符号的箭头端。如果要加角度，角度应注写在字母之后。

案例2 剖视图

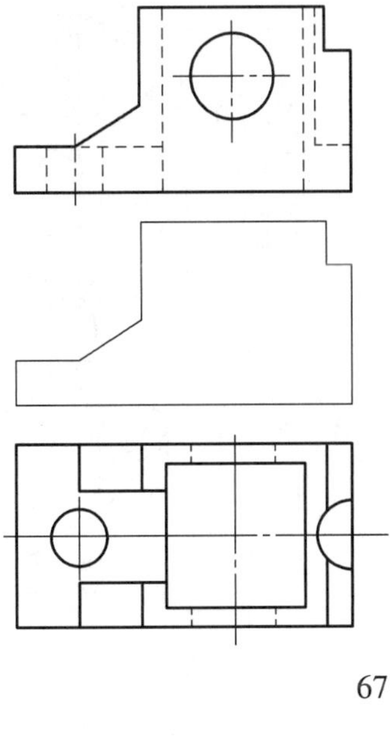

讲练题型1 把主视图改画成全剖视。

分析要点：

进行形体分析，根据定义沿俯视图对称中心面假想剖开机件，将处在观察者与剖切面之间的部分移去，而将剩下的部分向投影面进行投影。

作图步骤：

①分析组合体形体。

②作沿俯视图对称中心面全剖切开的形状。

③剖切面切到的部分画上剖面线，剖面线要求为相互平行、方向一致的细实线。

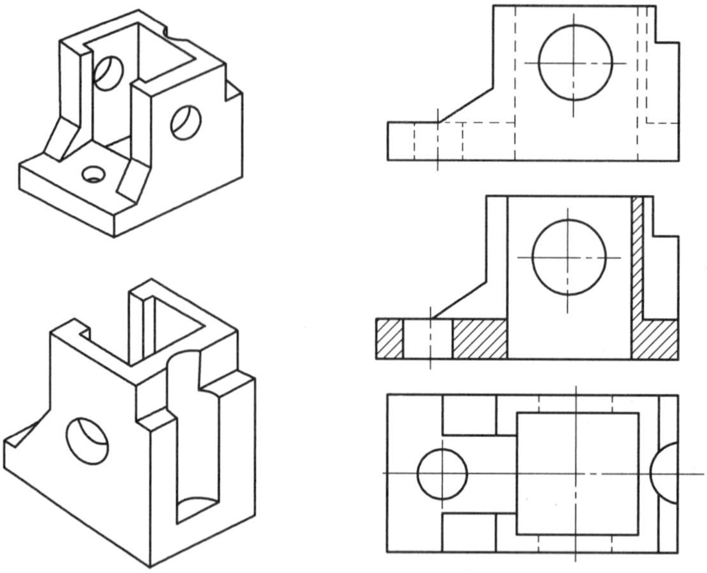

讲练题型 2　把主、俯视图画成半剖视。

分析要点：

该机件主视图如果用全剖视前凸耳没有表示形状，采用半剖视合理，为表达凸耳内通孔的形状，在俯视图作一次半剖视，由于作主视图时的剖切面是对称中心面，不用标注，而作俯视图时的剖切面不是对称中心面，要进行标注，若是按投影关系配置的，中间没有图形隔开，箭头不用标注。

作图步骤：

①进行形体分析；标注剖切位置和名称。

②机件的一边按视图作图，一边按剖视作图，并画上剖面线。

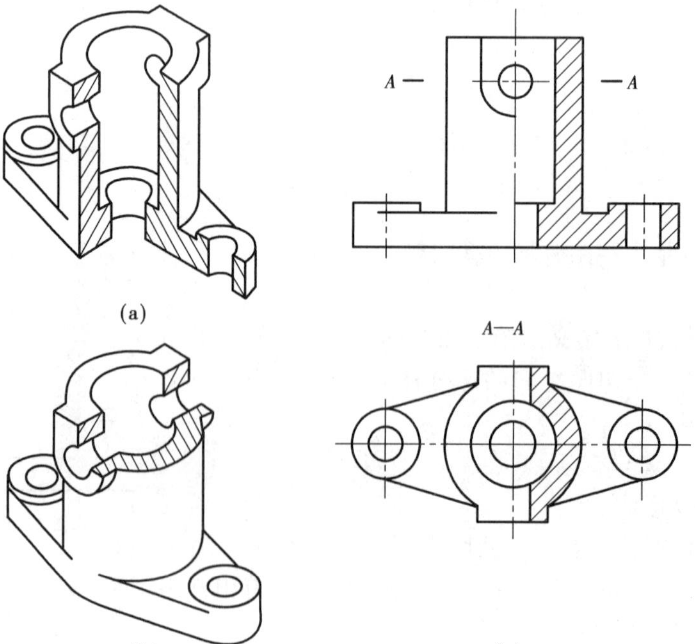

(a)　(b)　(c)

讲练题型3　把主视图改画成全剖视。

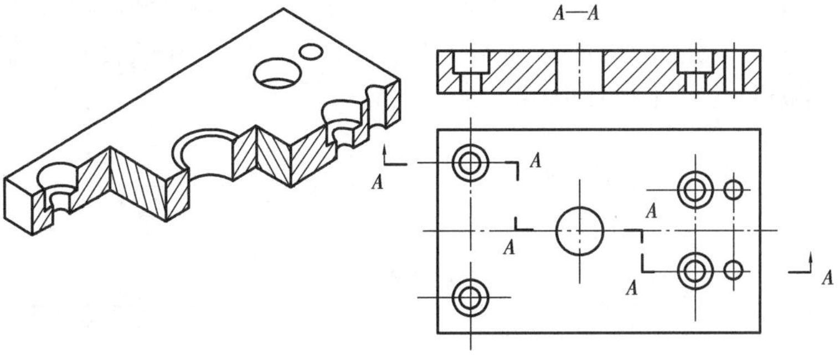

分析要点：

该机件有3种不同结构的孔，要全部表达采用几个平行的剖切面合理。

作图步骤：

①标注剖切位置和名称。

②沿俯视图所切的剖切面切开的形状作全剖视图，并画上剖面线。

剖视图的形成

相关知识2　剖视图

(1)剖视图的基本知识

1)剖视图的形成

假想沿着剖切面(平面或曲面)剖开机件，将处在观察者与剖切面之间的部分移去，而将剩下的部分向投影面投影所得到的图形，称为剖视图。剖视图的形成如图5.5所示。

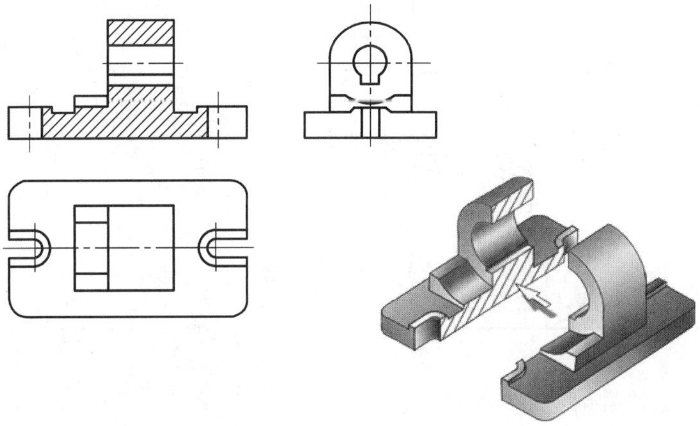

图5.5　剖视图的形成

2)剖视图的画法

①确定剖切方法及剖面位置。选择最合适的剖切位置，以便充分表达机件的内部结构形状，剖切面一般应通过机件上孔的轴线、槽的对称面等结构。

②画出剖视图。应把断面及剖切面后方的可见轮廓线用粗实线画出。

③画剖面符号。为了分清机件的实体部分和空心部分，在被剖切到的实体部分上应画剖面符号。

④剖切位置与剖视图的标注。一般应在剖视图的上方用大写的拉丁字母标注剖视图的名称如“A—A”，在相应的视图上用剖切符号表示剖切位置，同时在剖切符号的外侧画出与它

垂直的细实线和箭头表示投影方向。字母一律水平方向书写。

a. 当剖视图按投影关系配置中间又没有其他图形隔开时,可只画剖切符号,省略箭头。

b. 当单一剖切平面通过机件的对称平面或基本对称平面,且剖视图按投影关系配置中间又没有其他图形隔开时,可不加任何标注。

⑤剖面符号的画法。

剖切面与机件接触的部分要画出剖面符号,并且规定了不同材料采用不同的剖面符号,见表 5.1。

表 5.1　各种材料的剖面符号

材料名称		剖面符号	材料名称	剖面符号
金属材料、通用剖面线（已有规定剖面符号者除外）		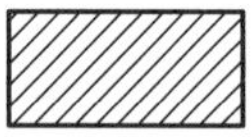	木质胶合板（不分层数）	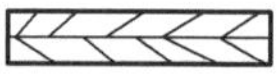
线圈绕组元件		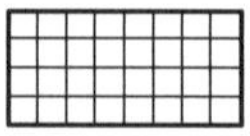	基础周围的泥土	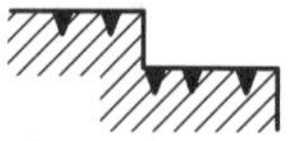
转子、电锯、变压器和电抗器等的叠钢片			混凝土	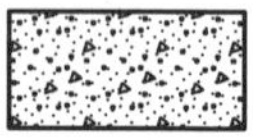
非金属材料（已有规定剖面符号者除外）		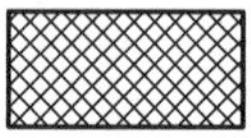	钢筋混凝土	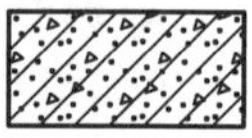
型砂、填砂、粉末冶金、砂轮、硬质合金刀片等		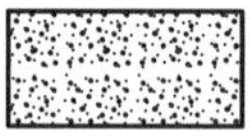	砖	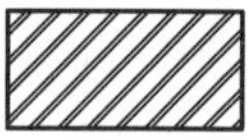
玻璃及供观察用的其他透明材料		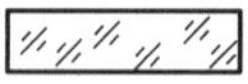	格网（筛网、过滤网等）	
木材	纵剖面	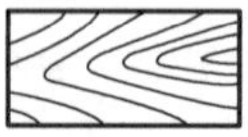	液体	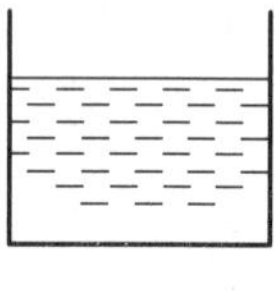
	横剖面			

金属材料的剖面符号(剖面线)的画法:

a. 剖面线为与水平成 45°且间隔相等的细实线。

b. 同一机件所有各剖视图中的剖面线应方向相同、间隔相等。

c. 当图形的主要轮廓线与水平成 45°或接近 45°时,该图形的剖面线改为与水平成 30°或 60°的平行线,但倾斜方向和间隔仍应与同一机件其他图形的剖面线一致。

d. 允许用点阵或涂色代替剖面线。

(2) 剖视图的种类

剖视图可分全剖视图、半剖视图和局部剖视图。

1) 全剖视图

用剖切面完全地剖开机件所得的剖视图,称为全剖视图。

适用范围:外形较简单,内形较复杂而图形又不对称。

全剖视图如图5.6所示。

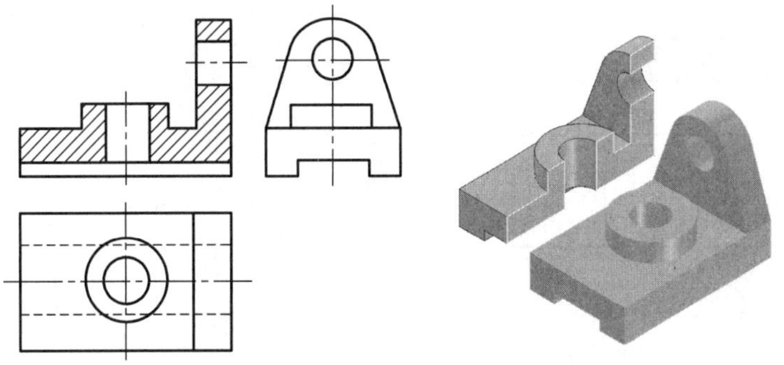

图5.6　全剖视图

2)半剖视图

当机件具有对称平面时,在垂直于对称平面的投影面上投影所得的图形,以对称中心线为界,一半画成剖视,另一半画成视图。

画半剖视图时,应注意:半个剖视图与半个视图之间的分界线应是点画线,不能画成粗实线;机件的内部结构在半个剖视图中已表示清楚后,在半个视图中就不应再画出虚线。

半剖视图如图5.7所示。

当机件的结构接近于对称,而且不对称的部分另有图形表达清楚时,可画成半剖视。

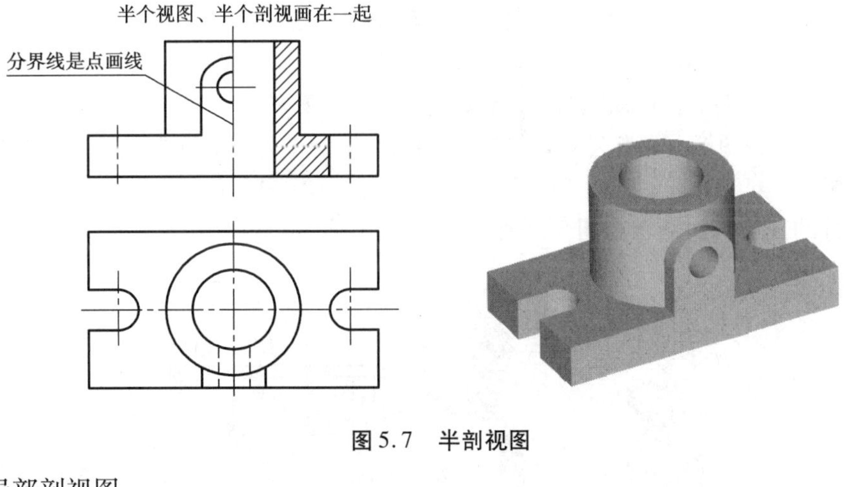

图5.7　半剖视图

3)局部剖视图

用剖切面局部地剖开机件所得的剖视图称为局部剖视图。

局部剖视图不受图形是否对称的限制,在何部位剖切,剖切面有多大,均可根据实际机件的结构选择。

局部视图适用于以下几种情况:

①机件中仅有部分内形需要表达,不必或不宜采用全剖视图。

②不对称机件既需要表达机件的内部结构形状,又要保留机件的某些外形。

③当图形的对称中心线或对称平面与轮廓线重合,要同时表达内外结构形状,又不宜采用半剖视。

局部剖视图如图 5.8 所示。

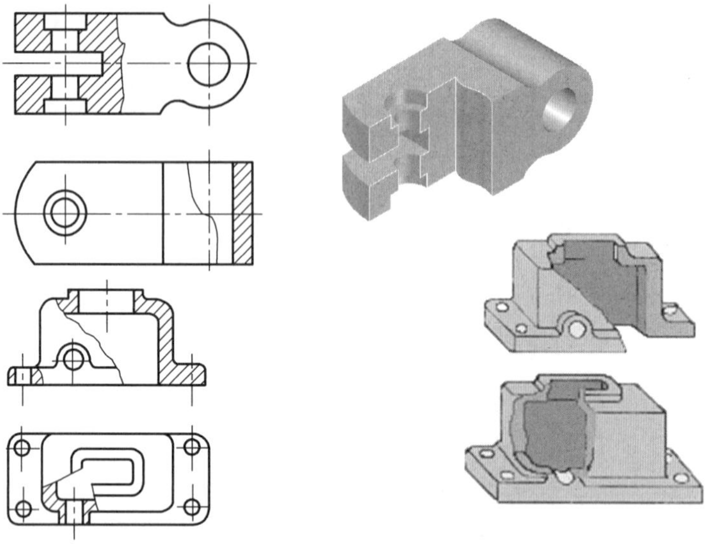

图 5.8　局部剖视图

(3)剖切面的种类及剖切方法

①单一剖切面剖切。

②用几个平行的剖切平面剖切。

采用几个平行的剖切平面画剖视图时,应注意以下 4 点:

a. 在剖视图上不应画出剖切平面各转折处的投影。

b. 选择剖切位置时,应注意在图形上不要出现不挖完整的要素。

c. 当两个要素在图形上具有公共对称线或轴线时,剖视图可以对称中心线为界各画一半。

d. 必须标注。

几个平行的剖切平面剖切如图 5.9 所示。

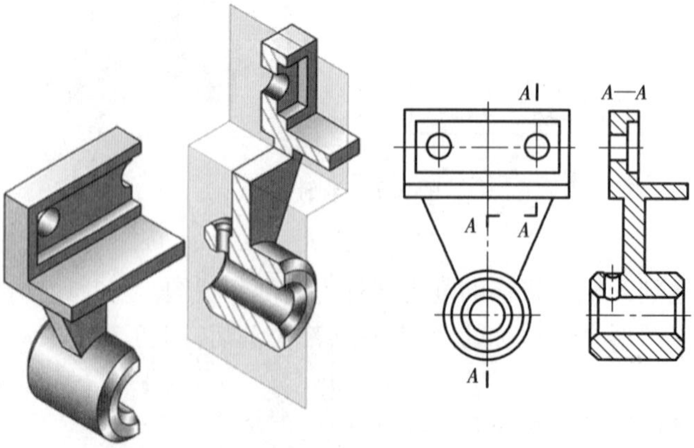

图 5.9　几个平行的剖切平面剖切

③用几个相交的剖切平面剖切

采用几个相交的剖切平面剖开机件时,应注意以下 3 点:

a. 几个相交的剖切平面必须保证其交线垂直于某一投影面。首先假想按剖切位置剖开机件，然后将被剖切的结构及有关部分旋转到与选定的投影面平行后再投影。

b. 当剖切后产生不完整要素，应将此部分按不剖绘制。

c. 必须标注。

几个相交的剖切平面剖切如图 5.10 所示。

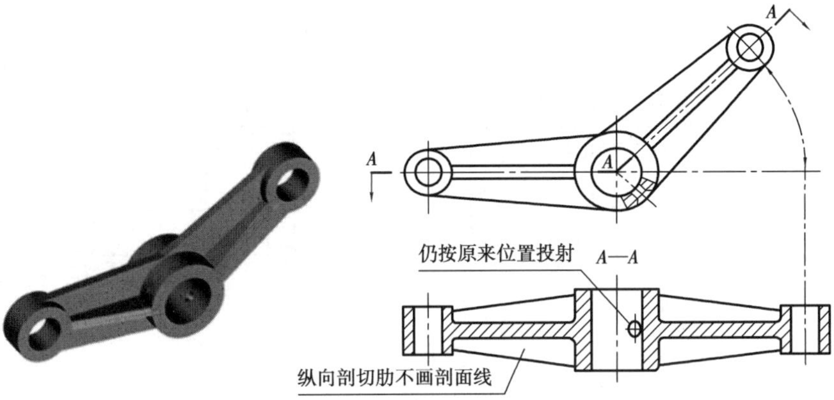

图 5.10　几个相交的剖切平面剖切

注意：

①用途。视图主要用来表达零件的外形轮廓。对零件的内部结构，就要用剖视的方法，才能清楚地表达。

②剖切方式。单一剖、阶梯剖（几个平行剖切面）、旋转剖（几个相交剖切面）、复合剖（组合的剖切面）、斜剖（倾斜的剖切面）。

③剖切分类（范围）。全剖、半剖、局部剖等。

案例 3　断面图

讲练题型　在指定位置作断面图（键槽深 4 mm）。

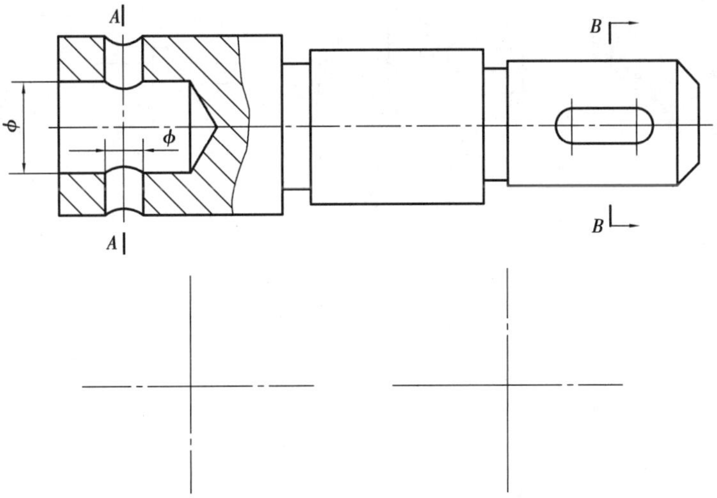

分析要点：

没有配置在延长线上的移出断面（剖面）要标注名称（字母），不对称的移出断面（剖面）要标注方向（箭头）。

作图步骤：

①标注字母 A—A，B—B。

②画两个断面图，尺寸从主视图得到，键槽深已知，注意剖面线方向。

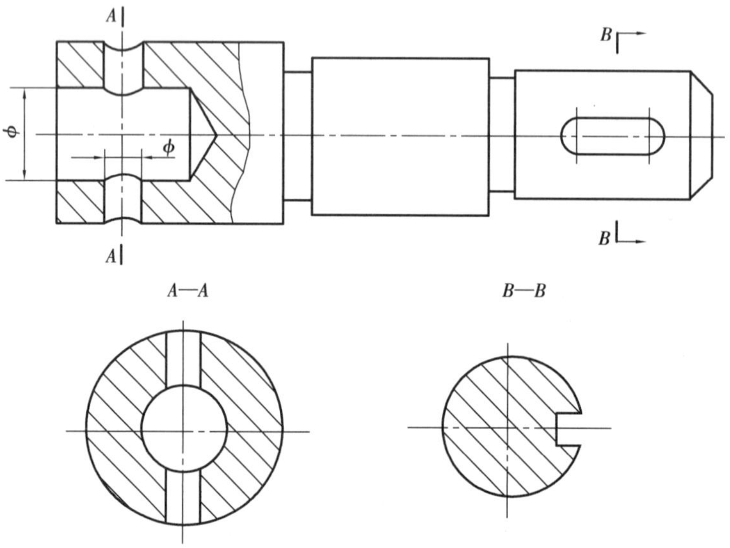

相关知识 3　断面图

断面图

（1）断面图的概念

用剖切面将机件的某处切断，仅画出该剖切面与机件接触部分的图形，称为断面图，简称断面。

断面与剖视的区别：断面图只画出断面形状，而剖视图除了需要画出断面形状外，还要画出剖切面后机件的完整投影，如图 5.11 所示。

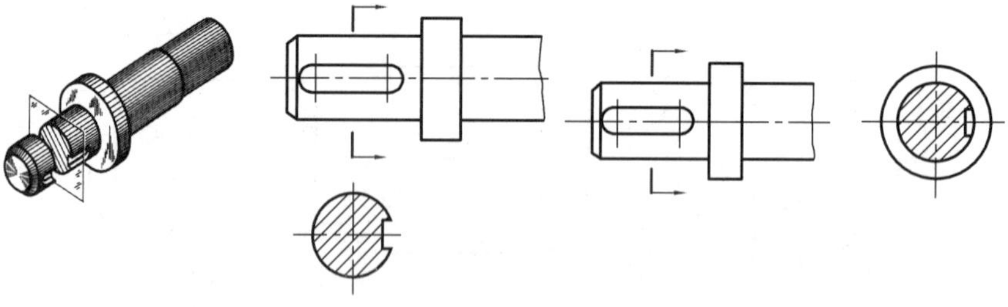

图 5.11　断面图和剖视图

（2）断面图的种类

1）移出断面图

画在被切断部分的投影轮廓外面的断面图，称为移出断面。

①画法

a. 画在视图之外，轮廓线用粗实线绘制。配置在剖切线的延长线上或其他适当的位置，

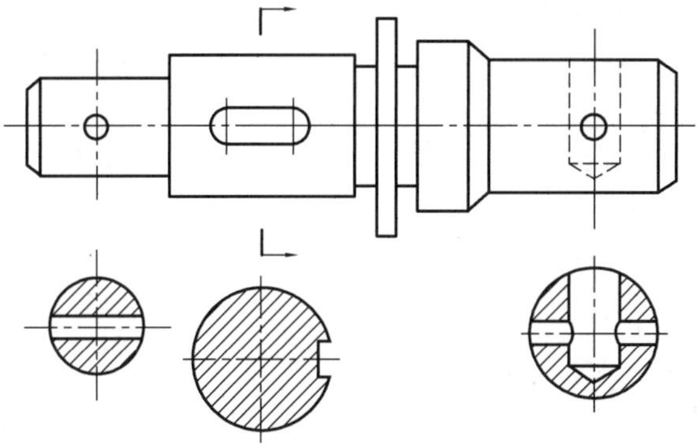

图 5.12　移出断面图

如图 5.12 所示。

b. 当剖切面通过由回转面组成的孔或凹坑的轴线时,断面图应按剖视绘制。

c. 当剖切平面通过非回转面形成的孔或凹坑会导致完全分离的两个断面时,这些结构也应按剖视画。

d. 断面图形对称时也可画在中断处,如图 5.13 所示。

e. 由两个或多个剖切平面得到的移出断面,中间一般断开,如图 5.14 所示。

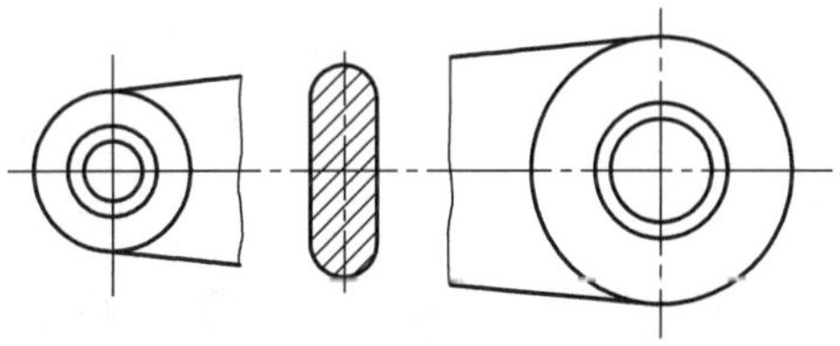

图 5.13　移出断面图

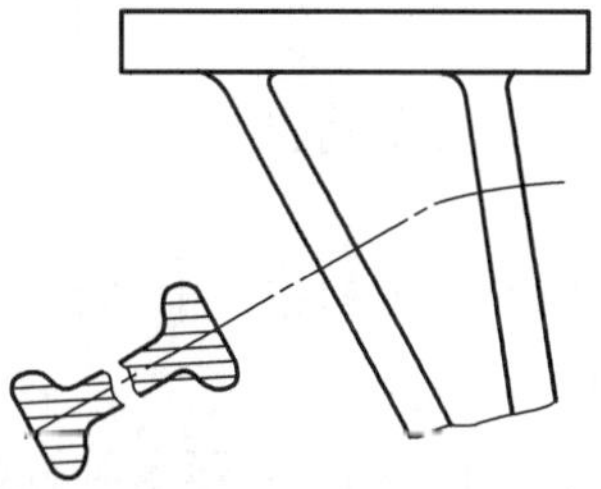

图 5.14　移出断面

②标注

标注内容有剖切符号、断面图的名称。

a. 配置在剖切线延长线上的不对称移出断面图,可省略名称(字母)。

b. 配置在剖切线延长线上的对称移出断面图,可不标注,其剖切线为细点画线,应超出轮廓线,如图 5.12 所示。

c. 其余情况需全部标注。

移出断面图的配置与标注

2)重合断面图

画在被切断部分的投影轮廓内的断面图,称为重合断面。

①画法

画在视图之内,轮廓线用细实线绘制。当视图中的轮廓线与断面图的图线重合时,视图中的轮廓线仍应连续画出,如图 5.15 所示。

②标注

a. 配置在剖切符号上的不对称重合断面,不必标注名称(字母),不对称的重合断面当不致引起误解时,可省略标注。

b. 对称重合断面图,不必标注。

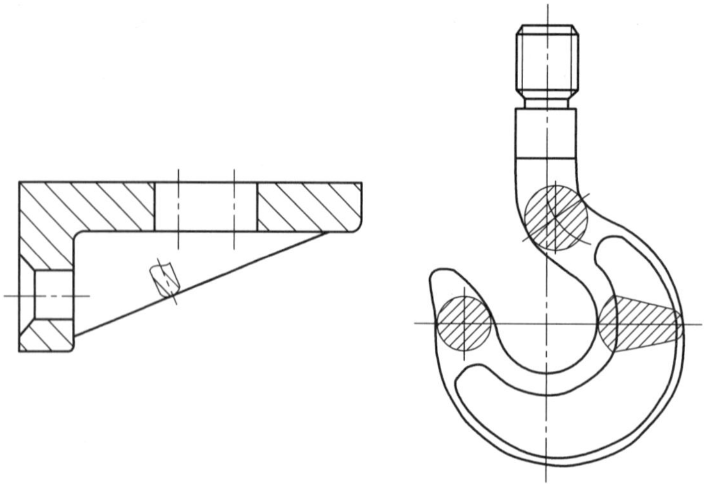

图 5.15　重合断面

案例 4　其他表达方法

讲练题型　更正剖视图。

分析要点:

该题主要是在画剖视图中,肋板画法错误。

作图要求:

对于机件的肋、轮辐及薄壁等,这些结构纵向剖切时都不画剖面符号,而用粗实线将它们与其邻接部分分开。

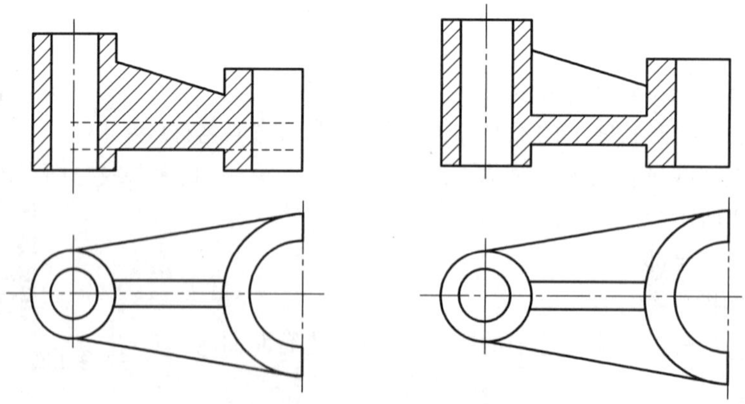

相关知识 4　其他表达方法

(1) 局部放大图

将图样中所表示机件的部分结构用大于原图形的比例所绘出的图形,称为局部放大图。局部放大图如图 5.16 所示。

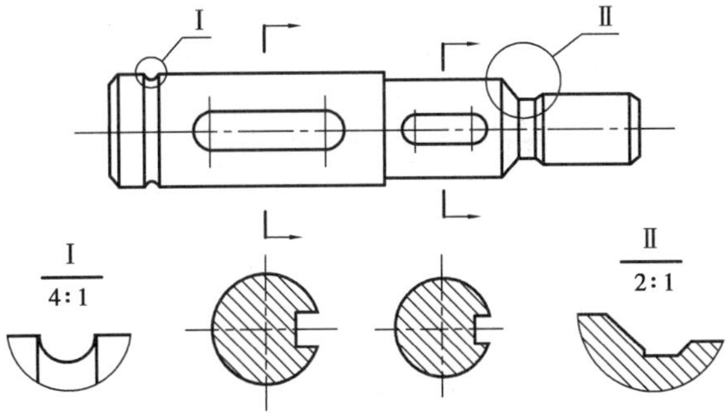

图5.16　局部放大图

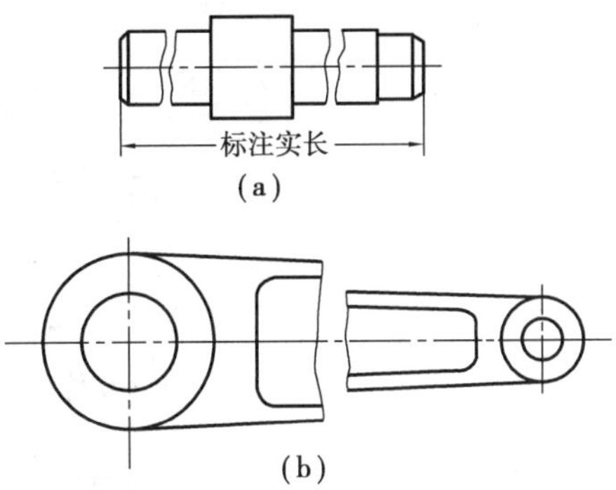

图5.17　断开画法

(2)规定与简化画法

1)断开画法

较长机件沿长度方向的形状一致或按一定规律变化时,可断开后缩短绘制,但尺寸仍按机件的设计要求标注。断开画法如图5.17所示。

2)相同结构的简化画法

当机件上具有相同结构(齿、槽等)并按一定规律分布时,应尽可能减少相同结构的重复绘制,只需画出几个完整的结构,其余可用细实线连接。

当机件具有若干直径相同且按规律分布的孔(圆孔、螺孔、沉孔等)时,可仅画出一个或几个,其余只需表示出其中心位置即可。

相同结构的简化画法如图5.18所示。

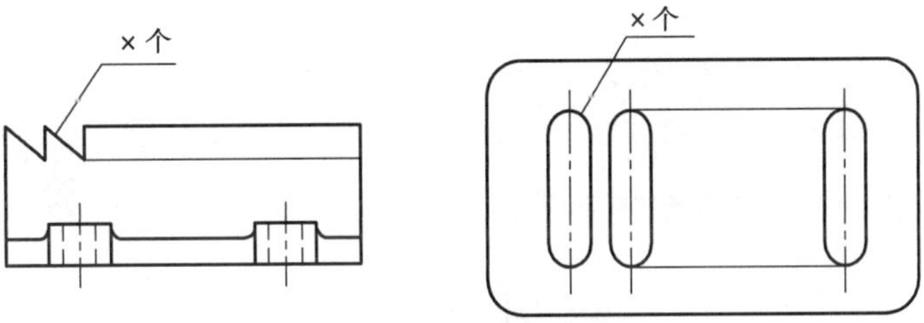

图5.18　相同结构的简化画法

3)机件上肋、轮辐等的剖切画法

对于机件的肋、轮辐及薄壁等,这些结构纵向剖切时都不画剖面符号,而用粗实线将它们与其邻接部分分开。当零件回转体上均匀分布的肋、轮辐、孔等结构不处于剖切平面上时,可将这些结构旋转到剖切平面上画出,如图5.19所示。

4)平面的表示法

当不能充分表达回转体零件表面上的平面时,可用平面符号(相交的两条细实线)表示,如图5.20所示。

5)较小结构的简化画法

在不致引起误解时,图形中用细实线绘制的过渡线和用粗实线绘制的相贯线,可用圆弧或直线代替非圆曲线,也可用模糊画法表示相贯线,如图5.21所示。

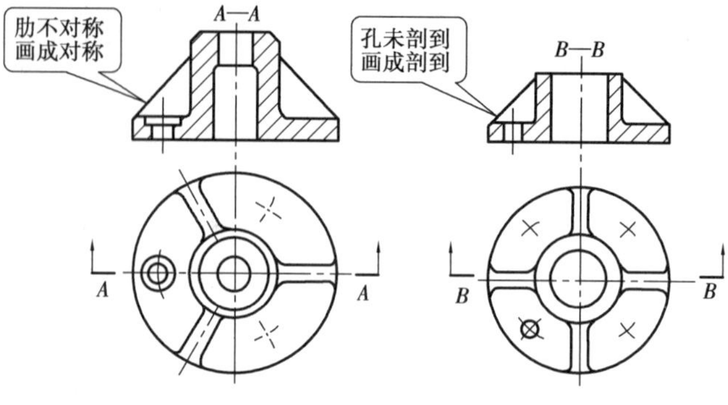

图 5.19　机件上肋等的剖切画法

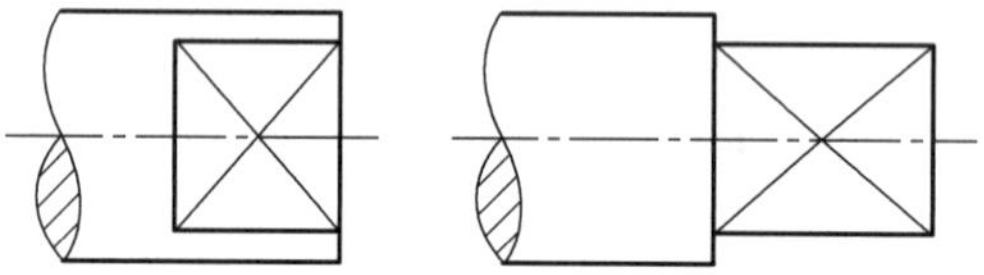

图 5.20　平面的表示法

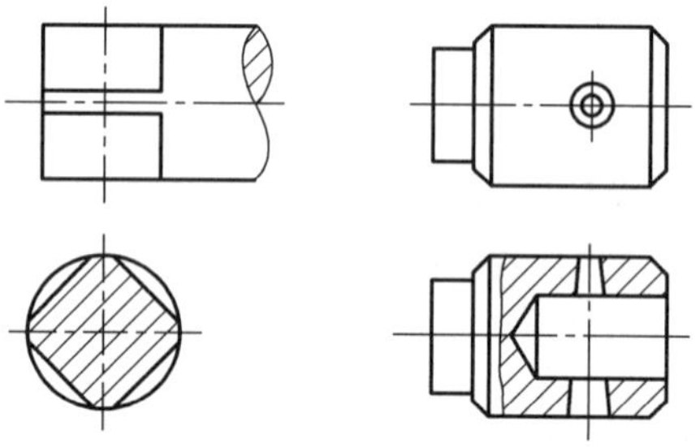

图 5.21　较小结构的简化画法

案例 5　第三角画法简介

讲练题型　分别用第一角和第三角投影画三视图。

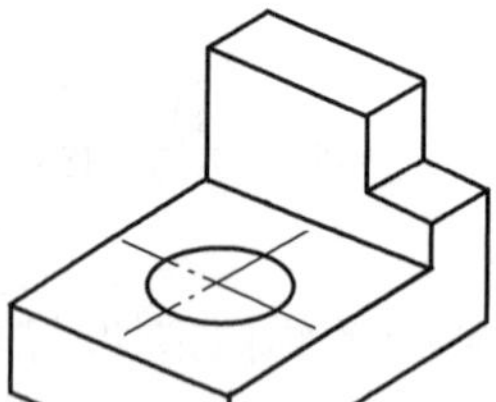

分析要点：

第一角和第三角作图时仍然是三视图投影规律：长对正、高平齐、宽相等。一般第一角画主、俯、左视图，第三角画主、俯、右视图。

作图步骤：

同画三视图。

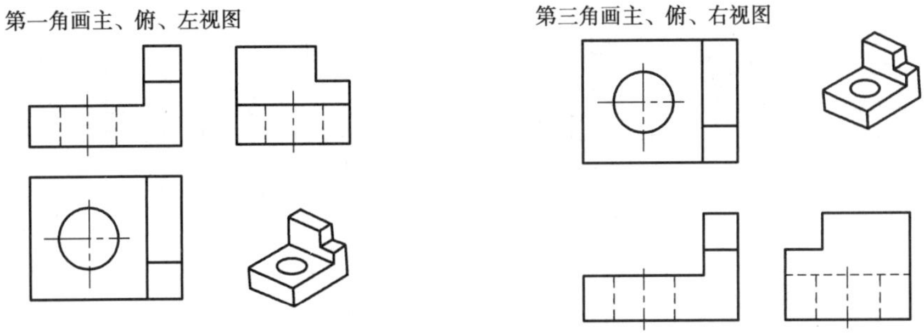

相关知识5 第三角画法简介

第三角投影——将物体放在第三角中所得到的投影。

中国、德国、法国等国采用第一角投影。

美国、日本等国采用第三角投影。

第三角投影法如图5.22所示。

第三角画法

(1)第三角投影法的概念

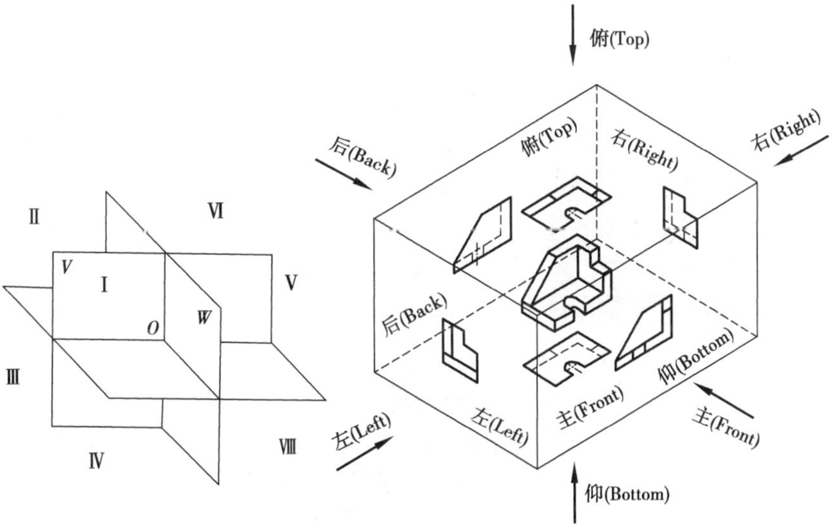

图5.22 第三角投影法

①凡将物体置于第三象限内,以“视点(观察者)”→“投影面”→“物体”关系而投影视图的画法,即称为第三角投影法,也称第三象限法。

②第三角投影箱的展开方向,以观察者而言,为由远而近的方向翻转展开。

③第三角投影法展开后的6个视图排列如下:以常用的三视图而言,其右侧视图位于前视图的右侧,而俯视图则位于前视图的正上方。

(2)第一角投影法与第三角投影法的区别

第三角投影法与第一角投影法比较如图5.23所示。

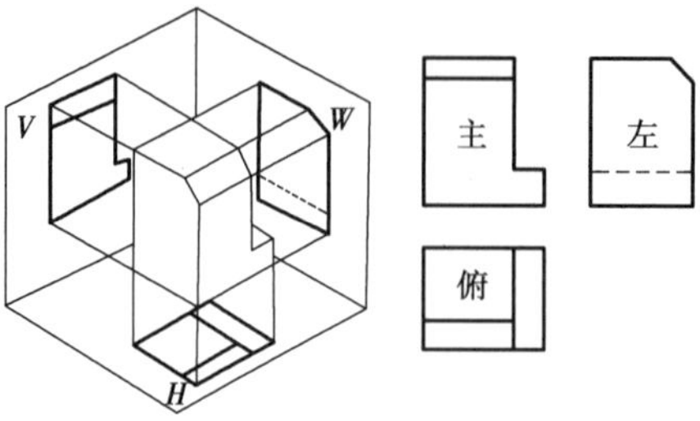

(a)第一角画法

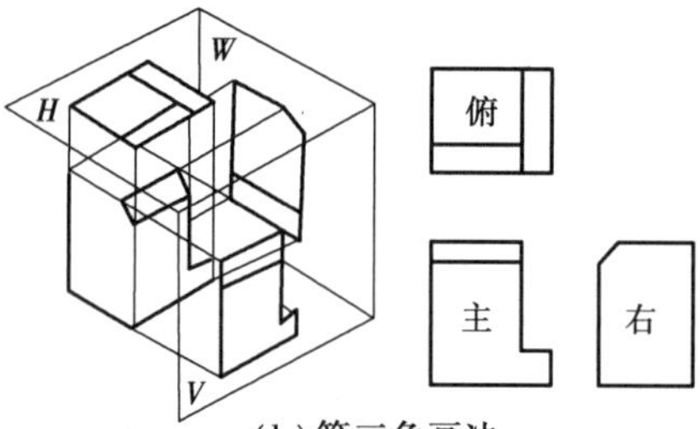

(b)第三角画法

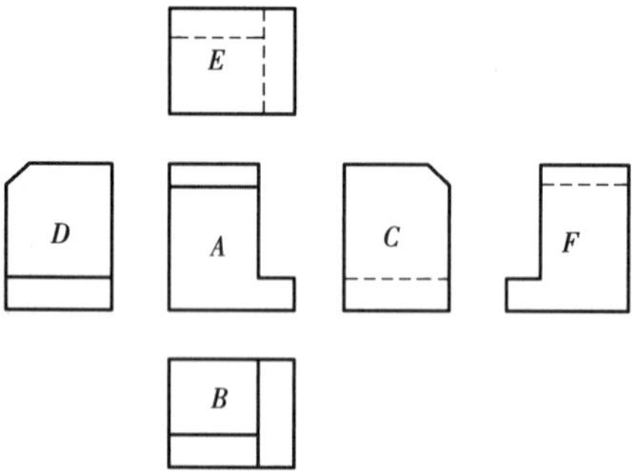

第一角画法

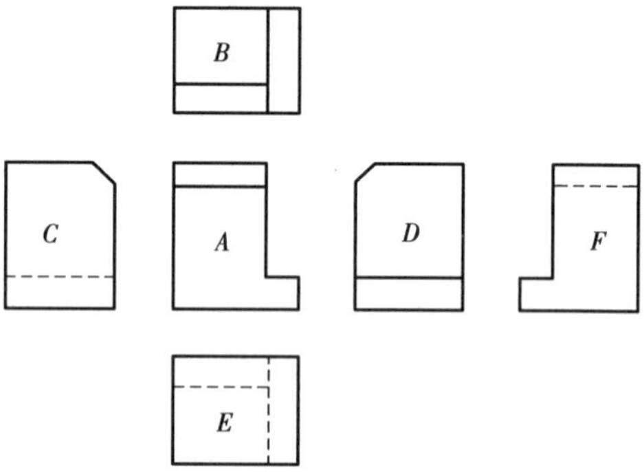

第三角画法

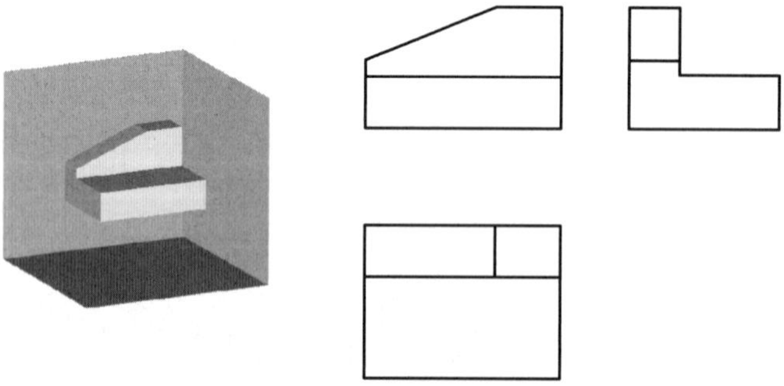

第一角投影法

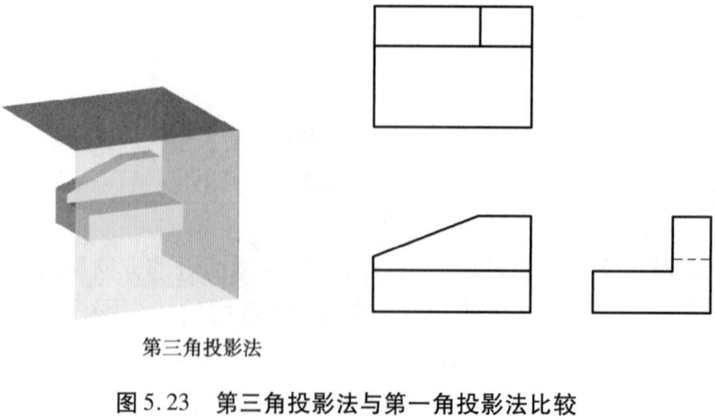

第三角投影法

图 5.23　第三角投影法与第一角投影法比较

第三角与第一角一样，除了6个基本视图外，也有各种表达方法，主要是视图放置位置不同。

第一角视图：左视图放右边，右视图放左边，俯视图放下面，以此类推。

第三角视图：左视图放左边，右视图放右边，俯视图放上面，以此类推。

第三角的识别符号如图5.24所示。

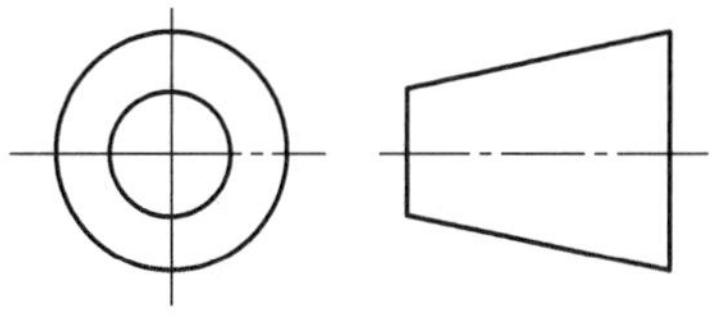

图5.24　第三角的识别符号

(3)第一角投影法与第三角投影法实例

第一角投影法与第三角投影法实例如图5.25所示。

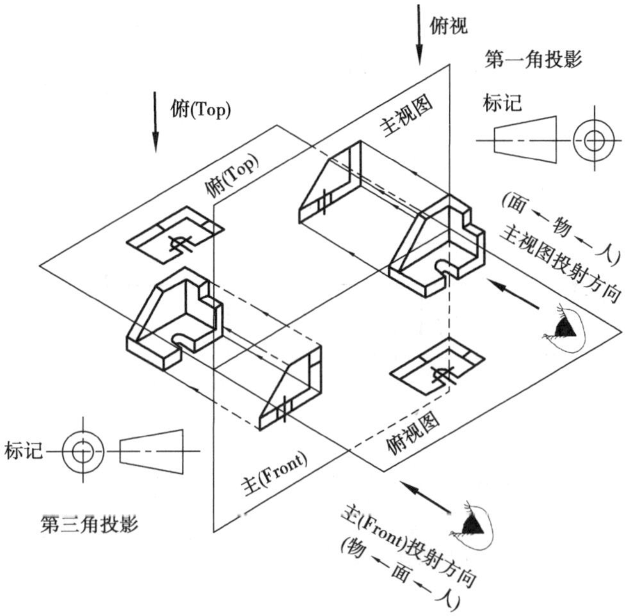

(a)第一角投影法与第三角投影法

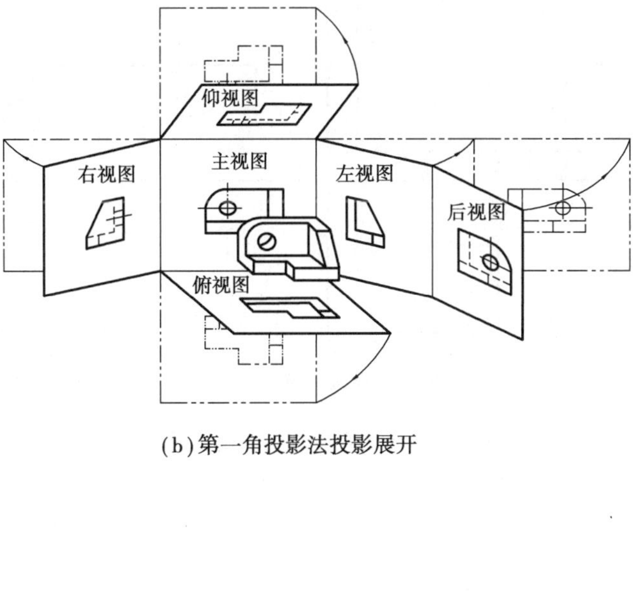

(b)第一角投影法投影展开

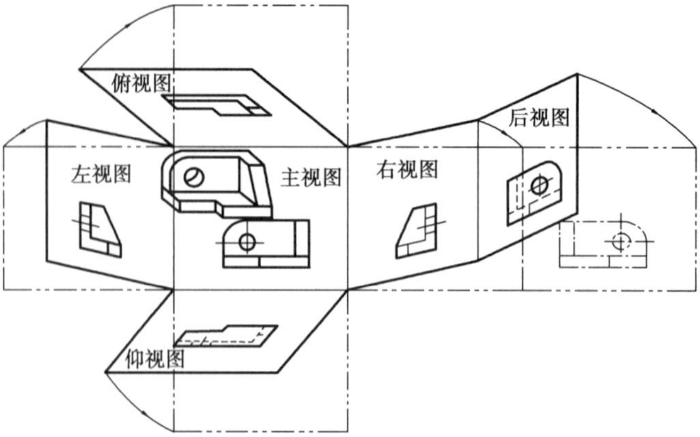

(c)第三角投影法投影展开

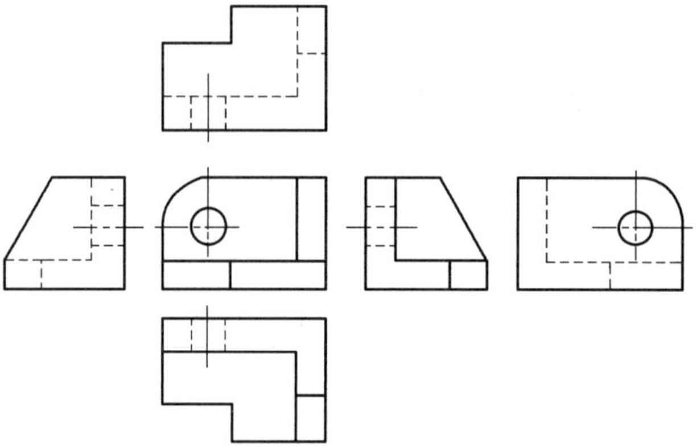

(d)第一角投影法基本视图

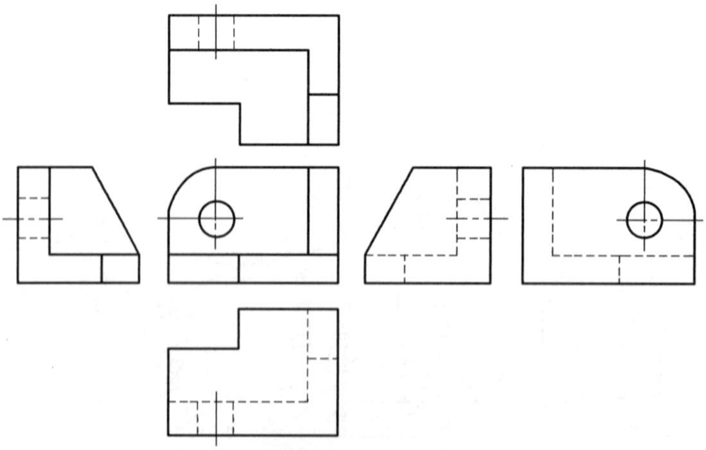

(e)第三角投影法基本视图

图 5.25　第一角投影法与第三角投影法实例

项目 6
标准件和常用件

任务书

1. 目标
1）理解标准件的规定画法，培养学生查表、计算等方面的学习方法综合能力；
2）应用标准件和常用件进行识图，培养学生遵守职业道德、知行合一的职业素养。
2. 内容
1）螺纹的规定画法、标注和查表方法；
2）单件和啮合的标准直齿圆柱齿轮的绘制方法；
3）键、销的标记，平键和平键连接规定画法；
4）滚动轴承的代号、规定画法。

案例 1　螺　纹

讲练题型 1　画外螺纹（大径 20 mm、螺纹长 25 mm）。

分析要点：

大径线（牙尖）画粗实线，小径线（牙底）画细实线且画到倒角内，螺纹终止线画粗实线，小径圆约画 3/4 圈。

作图步骤：

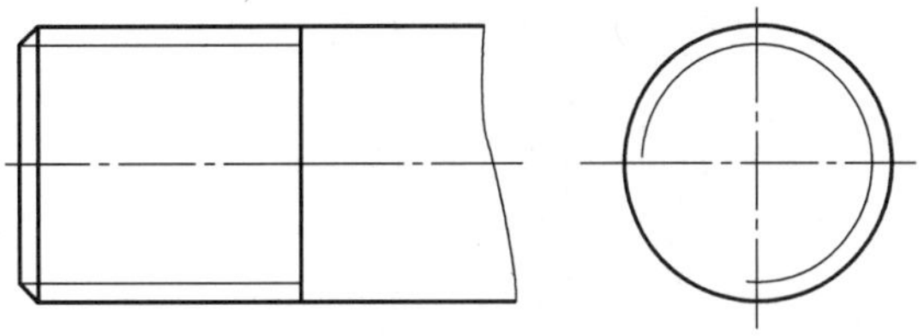

螺纹的画法

①画一个直径为 20 mm、长度大于 30 mm（长度波浪线断开、尺寸不用定）圆柱的主、左视图。

②定长度为 25 mm 画螺纹终止线。

③0.85 倍大径尺寸 17(20×0.85=17)画小径线。

④画 3/4 圈小径圆。

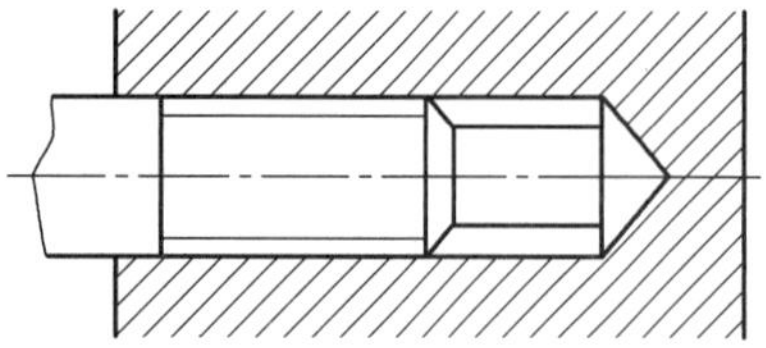

讲练题型 2　改正螺纹连接。

分析要点：

倒角、剖面线、螺纹终止线以及内螺纹大径、小径等都出错。

更正图形：

作螺纹连接图时，大径线和大径线对齐；小径线和小径线对齐，旋合部分按外螺纹画；其余部分按各自的规定画。

可作成图(a)答案，也可作成图(b)答案(外螺纹终止线只能在机件外或平齐机件，内螺纹终止线可平齐钻孔形成的底线，这时螺孔深等于钻孔深)。

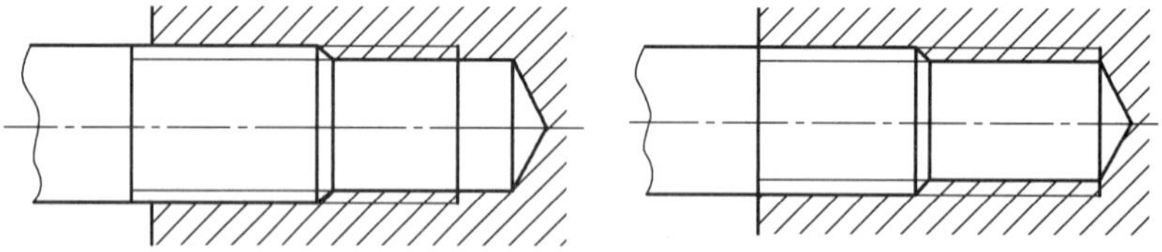

(a)　　(b)

相关知识 1　螺　纹

在圆柱或圆锥表面上，刀具作螺旋线运动所留下的轨迹——螺旋体，呈连续的凸起和沟槽的结构，称为螺纹。在圆柱(圆锥)外表面形成的称为外螺纹，在内表面形成的称为内螺纹。

(1)螺纹的加工

螺纹的加工方法如图 6.1、图 6.2 所示。

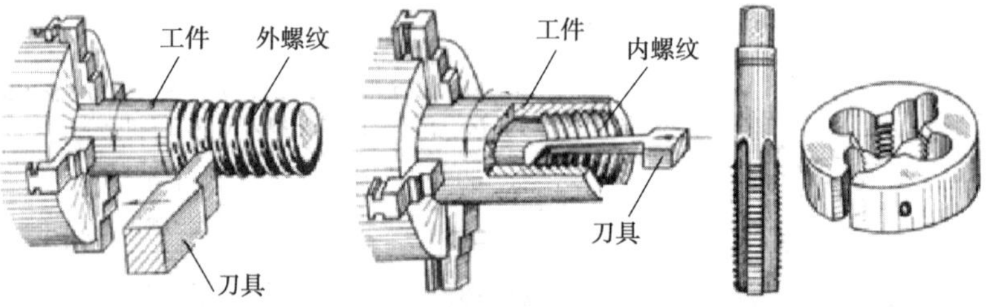

(a)车床加工外螺纹　(b)车床加工内螺纹　(c)丝锥和板牙

图 6.1　螺纹加工方法

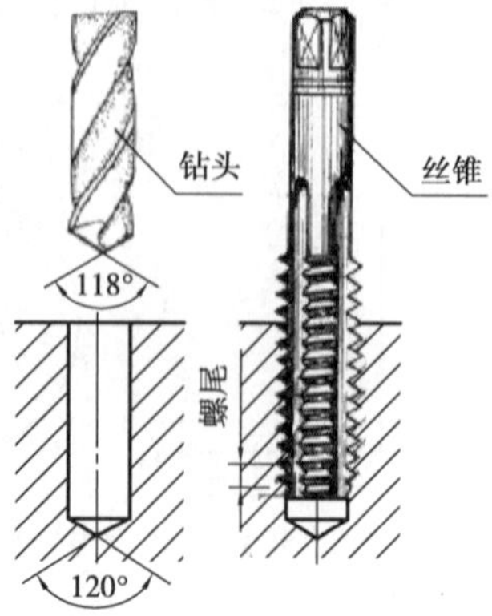

图 6.2　丝锥加工内螺纹

(2) **螺纹要素**

螺纹由牙型、直径、线数、螺距与导程、旋向 5 个要素确定。

1) 牙型

螺纹牙型如图 6.3 所示。

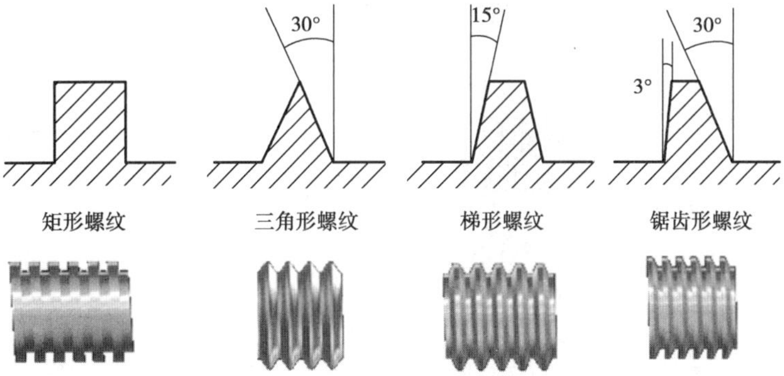

图 6.3　螺纹牙型

2) 螺纹的结构要素

螺纹的结构要素如图 6.4 所示。

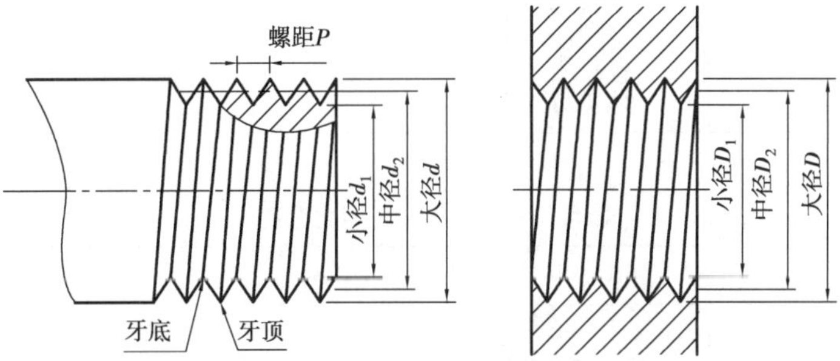

图 6.4　螺纹的结构要素

3) 线数 n

线数是形成螺旋线的条数。

4) 螺距 P 和导程 P_h

其计算公式为

$$P_h = P \times n$$

5) 旋向

螺纹按其形成时的旋向，可分为右旋螺纹和左旋螺纹两种，如图 6.5 所示。

在螺纹五要素中，凡是螺纹牙型、大径和螺距都符合标准的螺纹，称为标准螺纹；螺纹牙型符合标准，而大径、螺距不符合标准的，称为特殊螺纹；若螺纹牙型不符合标准，则称为非标准螺纹。

螺纹的种类按用途可分为连接螺纹和传动螺纹，见表 6.1、表 6.2。

图 6.5　螺纹的旋向

表 6.1　连接螺纹牙型角及符号

<table>
<tr><th colspan="4">螺纹分类</th><th>牙型及牙型角</th><th>牙型符号</th><th>说　明</th></tr>
<tr><td rowspan="7">连接螺纹</td><td rowspan="2">普通螺纹</td><td colspan="2">粗牙</td><td rowspan="2">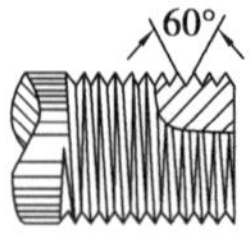</td><td rowspan="2">M</td><td>用于一般零件的连接</td></tr>
<tr><td colspan="2">细牙</td><td>用于精密零件、薄壁零件或负荷大的零件</td></tr>
<tr><td rowspan="4">管螺纹</td><td colspan="2">非螺纹密封</td><td>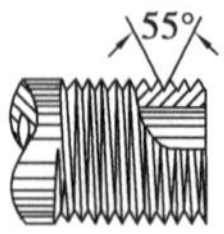</td><td>G</td><td>用于非螺纹密封的低压管路的连接</td></tr>
<tr><td rowspan="3">用螺纹密封的管螺纹</td><td>圆锥外</td><td>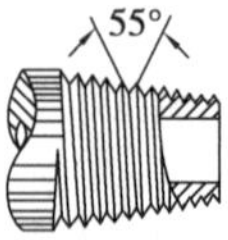</td><td>R</td><td rowspan="3">用于螺纹密封的中高压管路的连接</td></tr>
<tr><td>圆锥内</td><td>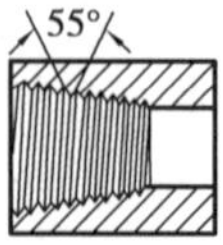</td><td>Rc</td></tr>
<tr><td>圆柱内</td><td>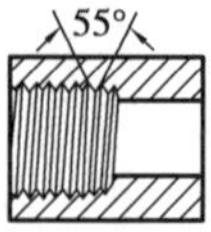</td><td>Rp</td></tr>
</table>

表 6.2　传动螺纹牙型角及符号

<table>
<tr><th colspan="2">螺纹分类</th><th>牙型及牙型角</th><th>牙型符号</th><th>说　明</th></tr>
<tr><td rowspan="2">传动螺纹</td><td>梯形螺纹</td><td>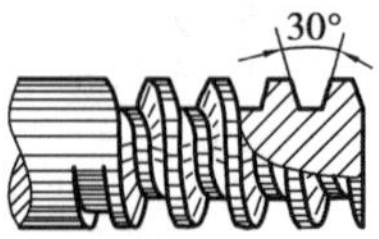</td><td>Tr</td><td>可双向传递运动和动力</td></tr>
<tr><td>锯齿形螺纹</td><td></td><td>B</td><td>只能传递单向动力</td></tr>
</table>

(3)螺纹的规定画法

1)外螺纹的画法

外螺纹的画法如图 6.6 所示。

2)内螺纹的画法

内螺纹的画法如图 6.7 所示。

3)内外螺纹旋合的画法

内外螺纹旋合的画法如图 6.8 所示。

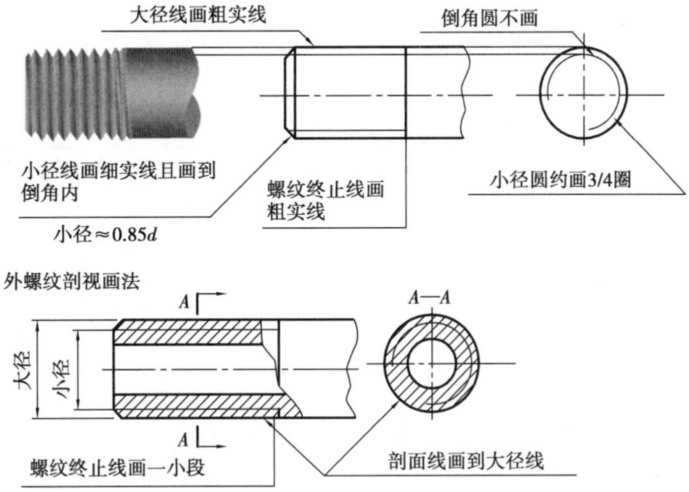

图 6.6　外螺纹的画法

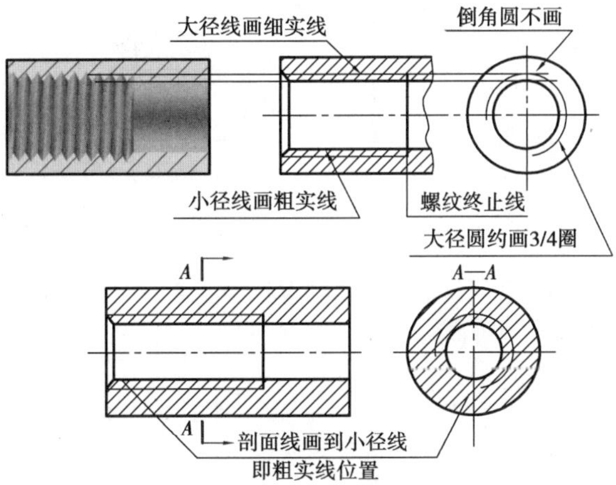

图 6.7　内螺纹的画法

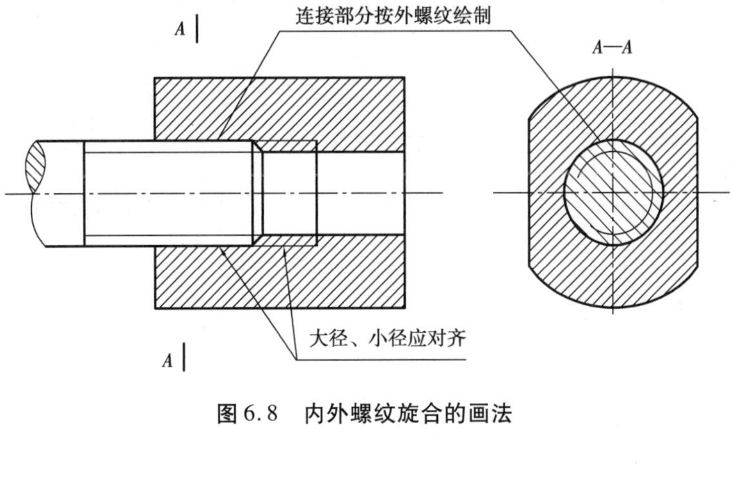

图 6.8　内外螺纹旋合的画法

(4)螺纹的标注

1)普通螺纹和梯形螺纹的标注

普通螺纹和梯形螺纹的标注格式为

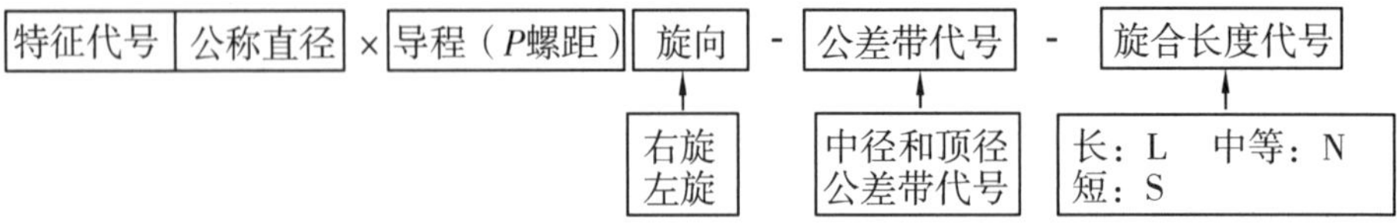

例如：

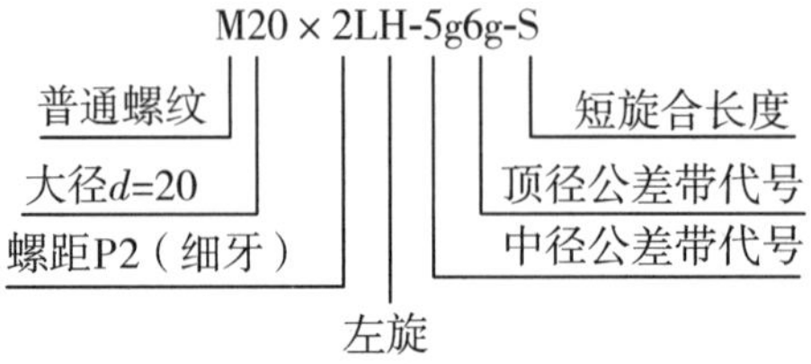

又如：

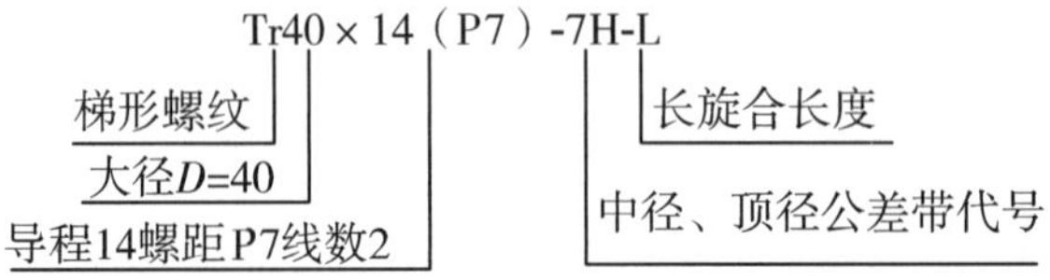

①粗牙螺纹不标注螺距。

②右旋螺纹不标注旋向,左旋时则标注 LH。

③公差带代号应按顺序标注中径、顶径公差带代号。

④旋合长度为中等时,“N”可省略。

螺纹的标注示例如图 6.9 所示。

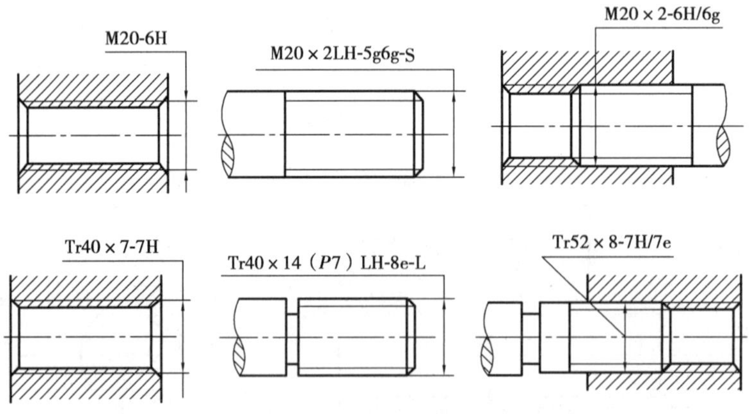

图 6.9　螺纹的标注示例

2)管螺纹的标注

管螺纹标注为

螺纹特征代号　尺寸代号　公差等级-旋向

例如：

G1 1/2-LH

表示用于非螺纹密封的圆柱管螺纹，尺寸代号为 1 1/2，左旋。

又如：

Rc 1/2-LH

表示用于螺纹密封的圆锥内管螺纹，尺寸代号为 1/2，左旋。

管螺纹的标记一律注在引出线上，引出线应由螺纹大径处引出或中心线引出，如图 6.10 所示。

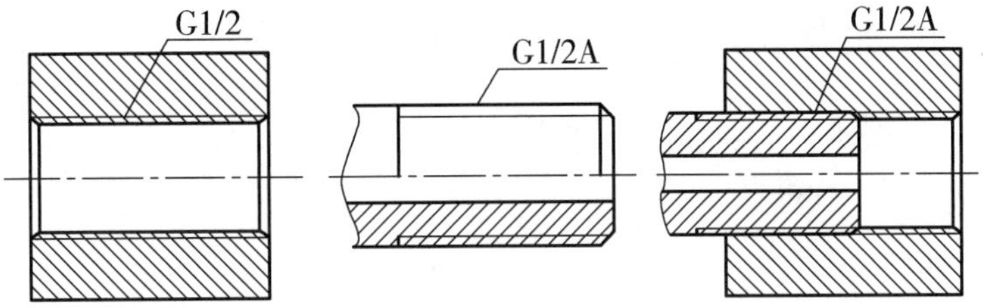

图 6.10　管螺纹的标注

(5) 螺纹紧固件及其连接的画法

1) 常用螺纹紧固件及其标记

常用螺纹紧固件标记为

名称　国家标准编号　规格和性能尺寸

常见螺纹紧固件简化画法见表 6.3。

表 6.3　常见螺纹紧固件简化画法

名　称	规定标记	简化画法
六角螺母	螺母 GB/T 6172　M11	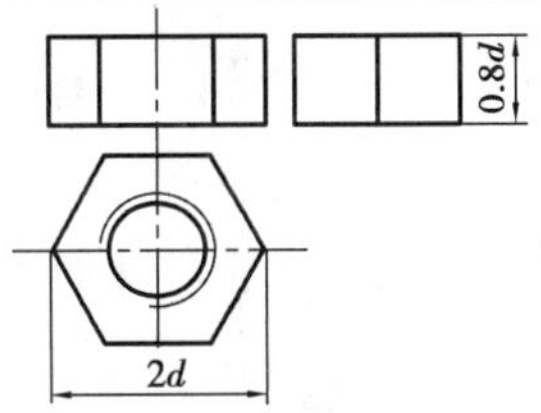
六角头螺栓	螺栓 GB/T 5780　M11×80	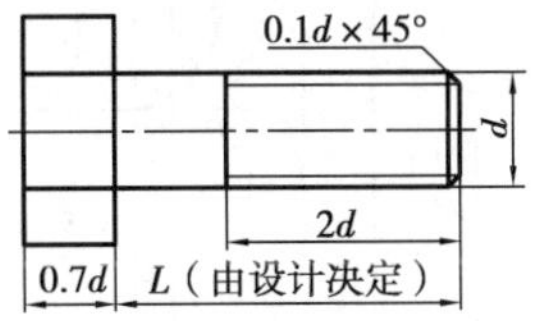
垫圈	垫圈 GB/T 95　11	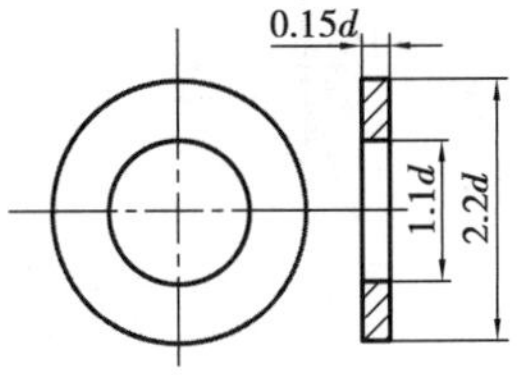

续表

名　称	规定标记	简化画法
螺钉	螺钉 GB/T 65　M11×L	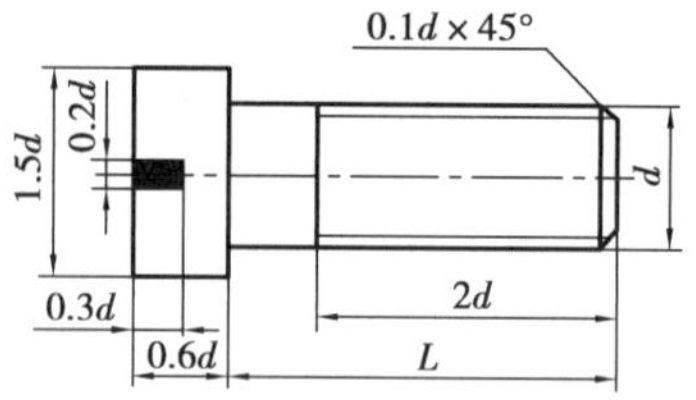

常见螺纹紧固件如图 6.11 所示。

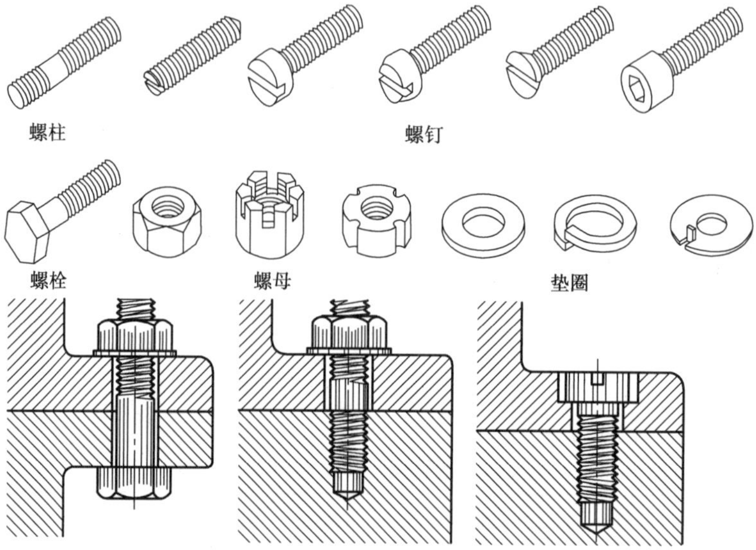

图 6.11　常用螺纹紧固件

2)螺栓、螺母、垫圈比例画法尺寸

螺栓、螺母、垫圈比例画法尺寸如图 6.12 所示。

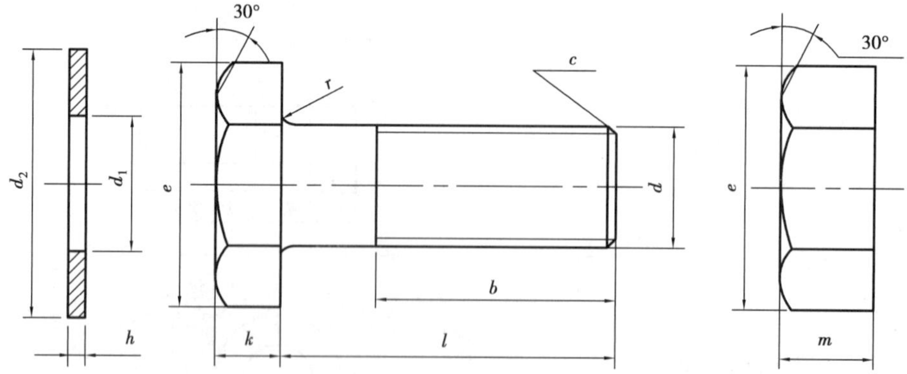

图 6.12　螺栓、螺母、垫圈比例画法尺寸

①六角头螺栓

d, l 由结构确定, $b=2d$($l\leqslant 2d$ 时 $b=l$), $e=2d$, $k=0.7d$, $c=0.15d$。

②六角螺母

$e=2d, m=0.8d$。

③垫圈

$d_2=2.2d, h=0.15d, d_1=1.1d$。

3)螺母及螺栓头部(两处)比例的画法

螺母及螺栓头部(两处)比例的画法如图6.13所示。

螺母

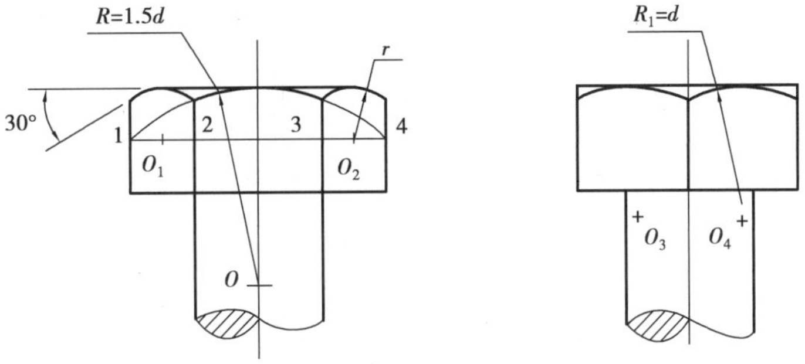

图6.13　螺母及螺栓头部比例的画法

4)螺纹紧固件连接的画法

螺纹紧固件连接的基本形式如图6.14所示。

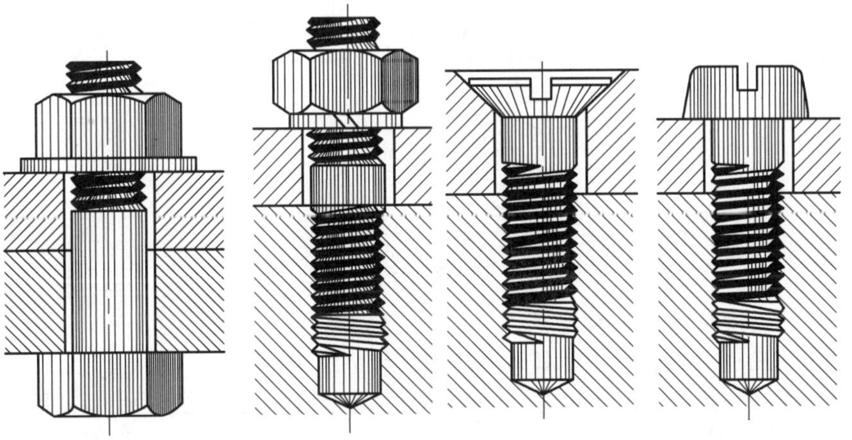

(a)螺栓连接　(b)双头螺柱连接　(c)螺钉连接

图6.14　螺纹紧固件连接的基本形式

①规定画法

a.两零件的接触面画一条线,不接触面画两条线。

b.相邻两零件的剖面线应不同(方向相反或间隔不等)。但同一个零件在各视图中的剖面线方向和间隔应一致。

c.剖视图中,若剖切平面通过螺纹紧固件的轴线,这些紧固件按不剖绘制。

②螺栓连接及其装配画法

螺栓连接常用的紧固件有螺栓、螺母和垫圈。

螺栓连接用于被连接件都不太厚,能加工成通孔且要求连接力较大的情况。a 取 $(0.2\sim0.4)d$。

螺栓连接画法如图 6.15 所示。

螺栓连接画法

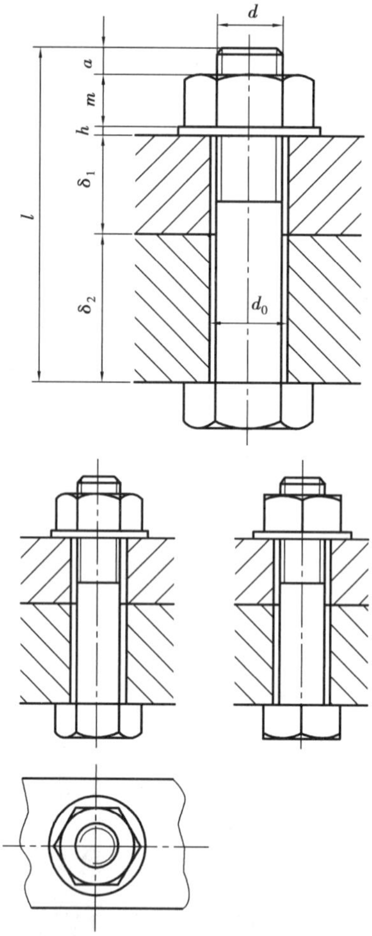

图 6.15　螺栓连接画法

③双头螺柱连接及其装配画法

双头螺柱连接常用的紧固件有双头螺柱、螺母、垫圈。

双头螺柱连接一般用于被连接件之一较厚，不适合加工成通孔，其上部较薄零件加工成通孔，且要求连接力较大的情况。

双头螺柱的旋入端长度 b_m 值与带螺孔的被连接件的材料有关，见表 6.4。

表 6.4　旋入端长度 b_m 与被旋入零件材料的关系

被旋入零件的材料	旋入端长度 b_m
钢、青铜	$b_m = d$
铸铁	$b_m = (1.25 \sim 1.5)d$
铝	$b_m = 2d$

螺柱画法

双头螺柱连接画法如图 6.16 所示。

④螺钉连接及其装配画法

螺钉连接画法如图 6.17 所示。螺钉头部比例画法如图 6.18 所示。

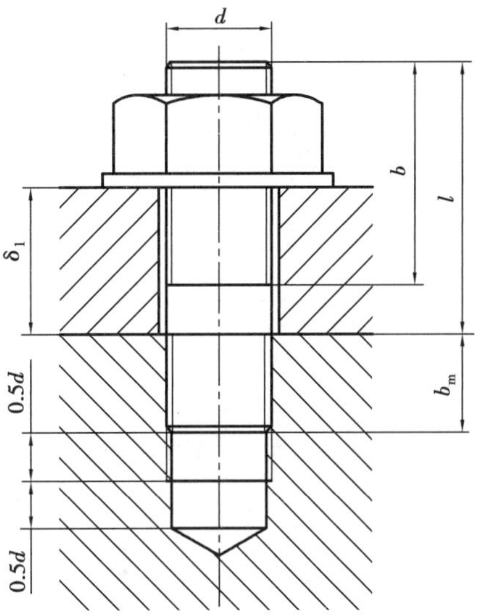

图 6.16　双头螺柱连接画法

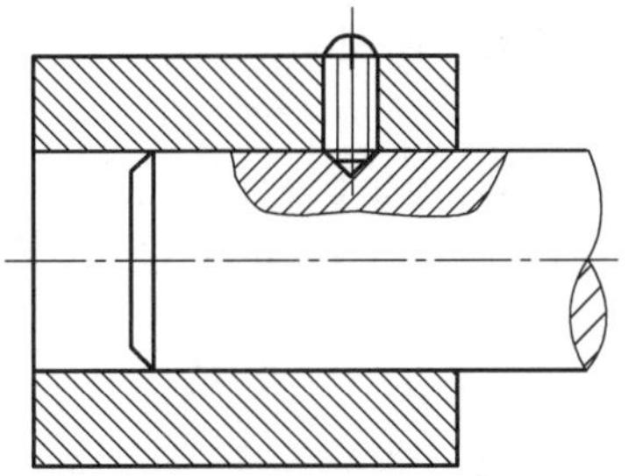

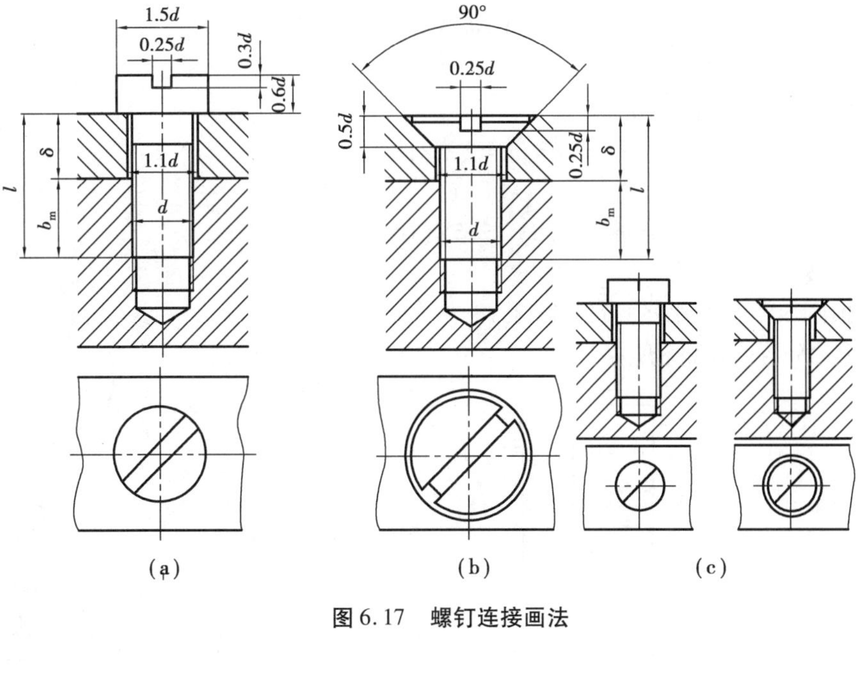

(a)　　(b)　　(c)

图 6.17　螺钉连接画法

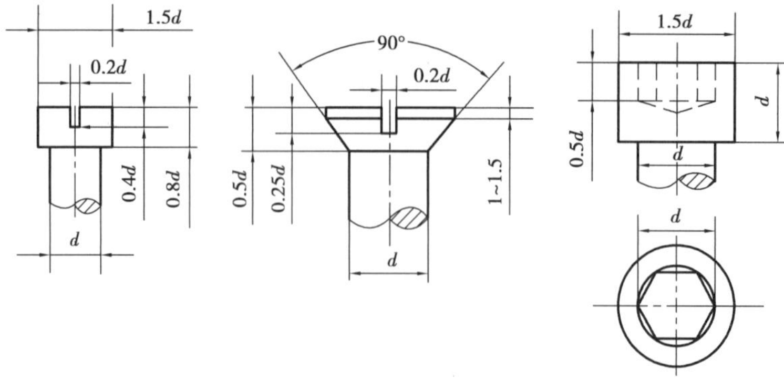

图 6.18　螺钉头部比例画法

案例 2　齿　轮

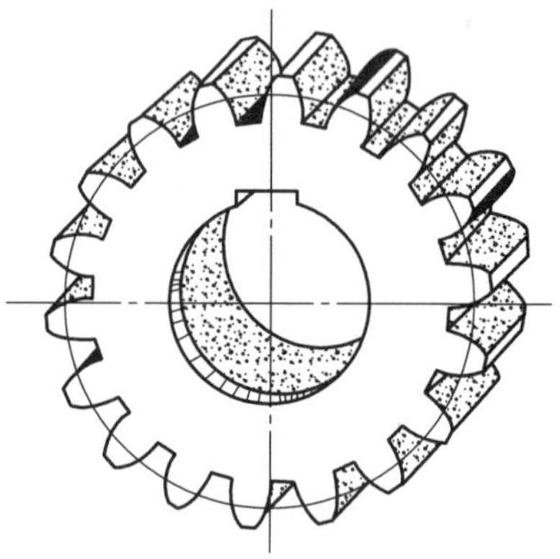

讲练题型　已知 $z=18$，齿顶圆直径 $d_a=50$ mm，齿宽 $B=22$ mm，轴孔直径 $d=25$ mm，画出两面视图。

分析要点：

画齿轮必须计算出分度圆、齿顶圆、齿根圆，计算公式中都与模数 m 和齿数 z 有关，现在已知 $z=18$，m 要根据已知齿顶圆求出。

作图步骤：

①计算为

由 $d_a=50$ 代入公式 $d_a=m(z+2)$ 得 m 值，即

$$50=m(18+2)$$

$$m=2.5$$

将 $m=2.5$ 代入公式得 d，d_f 值，即

$$d=mz=2.5\times18=45$$

则

$$d_f=m(z-2.5)=2.5\times(18-2.5)=38.75$$

②作基准线。

③画齿顶圆 50，分度圆 45，齿根圆 38.75 的二面视图。

④画孔径 25，查表画键槽。

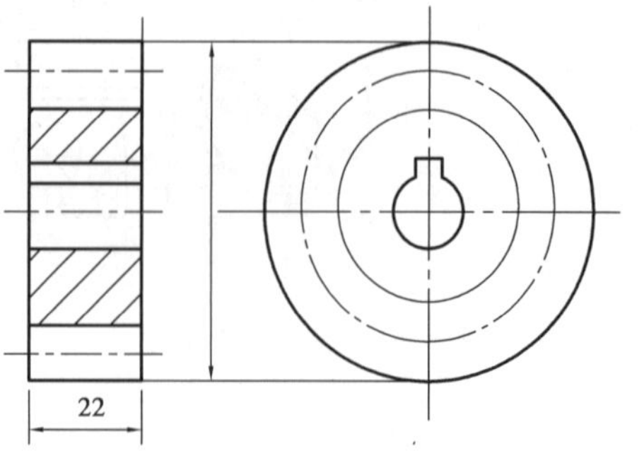

齿轮画法

相关知识2　齿　轮

(1)直齿圆柱齿轮各部分名称和尺寸关系

①分度圆直径为

$$d=mz$$

②齿顶圆直径为

$$d_a=m(z+2)$$

③齿根圆直径为

$$d_f=m(z-2.5)$$

(2)单个齿轮的画法

齿轮的轮齿部分,按 GB/T 4459.2—2003 规定绘制,如图 6.19 所示。

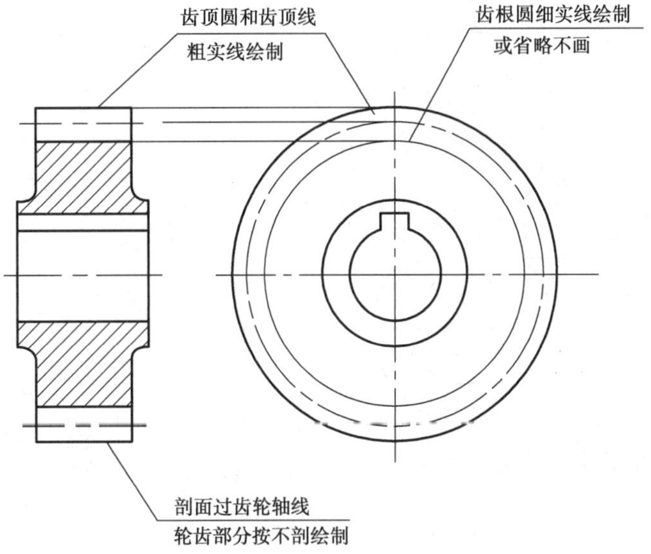

图 6.19　直齿圆柱齿轮的画法

画图要点:

①齿顶圆和齿顶线用粗实线绘制。

②分度圆和分度线用细点画线绘制(分度线应超出轮齿两端面 2 ~3 mm)。

③齿根圆和齿根线用细实线绘制(也可省略不画)。

④在剖视图中,轮齿一律按不剖处理,齿根线画成粗实线(见图 6.20)。

⑤当需要表示斜齿或人字齿的齿线形状时,可用 3 条与齿线方向一致的细实线表示,如图 6.20 所示。

(3)圆柱齿轮啮合的画法。

圆柱齿轮啮合的画法如图 6.21 所示。

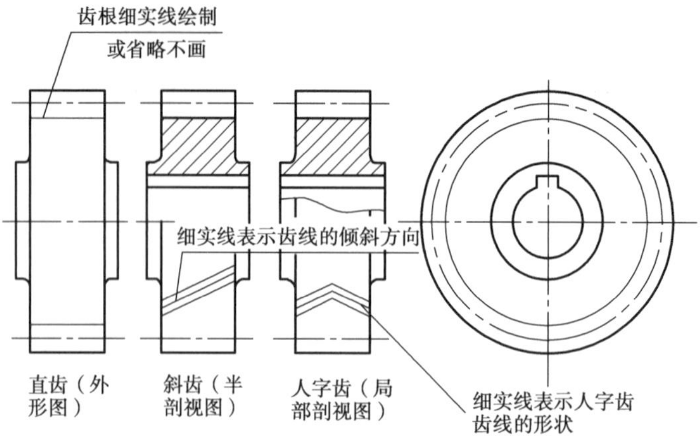

图 6.20　人字齿圆柱齿轮的画法

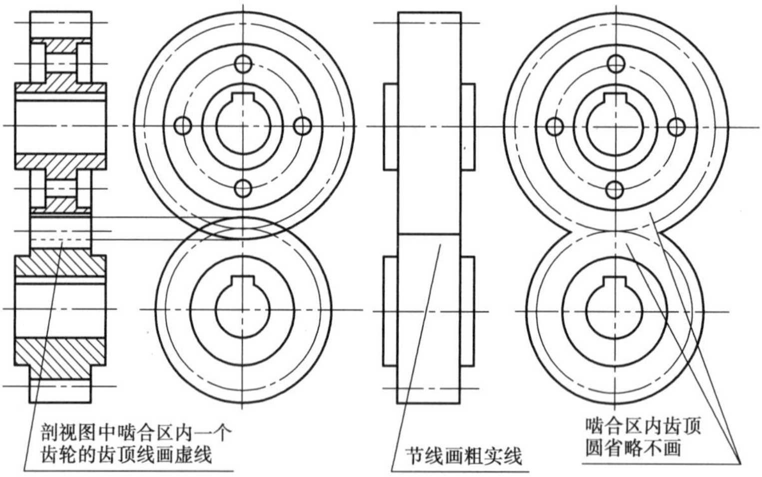

图 6.21　圆柱齿轮啮合的画法

案例 3　键连接和销

讲练题型 1　抄画下图。

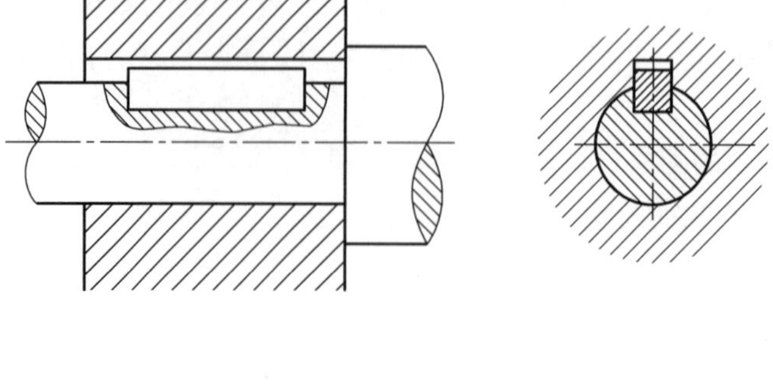

讲练题型2　按1∶1尺寸画出轴端图，并作A—A断面图，查表定键槽尺寸。

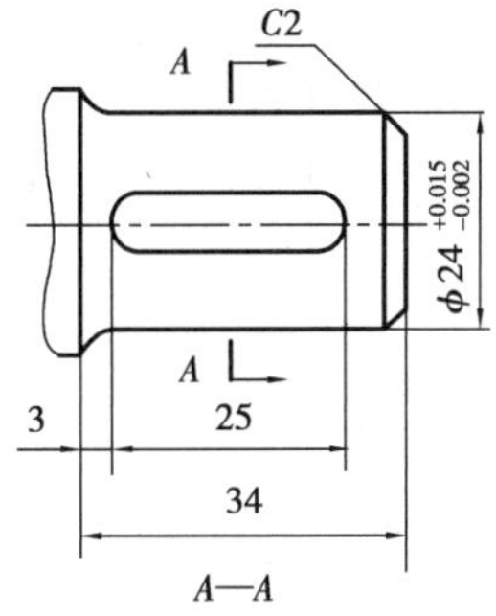

相关知识3　键与销

(1)键连接

键连接是一种可拆连接。它用来连接轴及轴上的传动件（如齿轮、带轮等），以便于轴与传动件一起转动传递扭矩和旋转运动。键连接如图6.22所示。

1)键的形式和规定标记

键可分为普通平键、半圆键和钩头楔键等形式，如图6.23所示。普通平键分A型、B型、C型。

2)键连接的画法

键连接的画法如图6.24所示。

图6.22　键连接

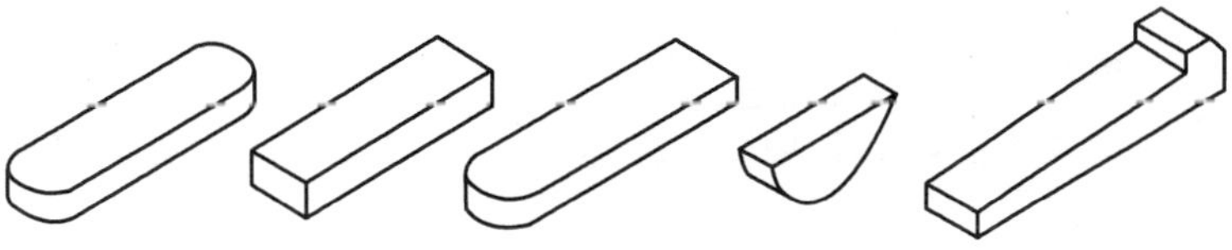

图6.23　键的形式

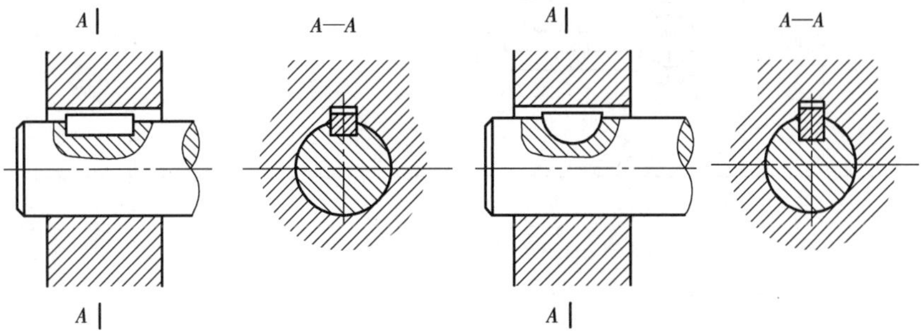

图6.24　键连接的画法

(2)销连接

销是连接件，通常用于零件间的连接与定位。销连接如图6.25所示。

销的种类和标记见表6.5。

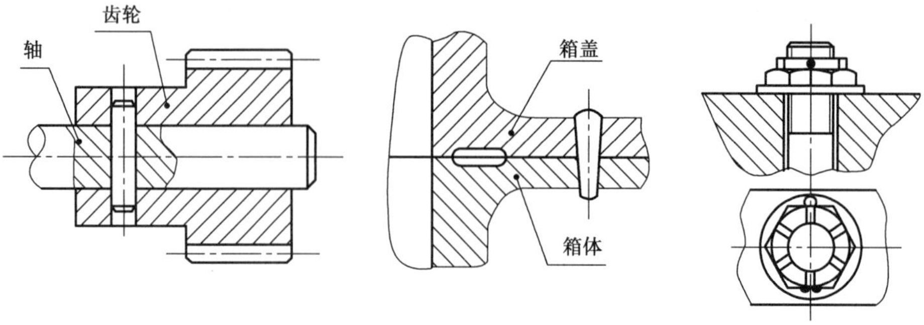

(a)圆柱销连接　(b)圆锥销连接　(c)开口销连接

图 6.25　销连接

表 6.5　销的简图和简化标记

名称及标准编号	简　图	标记示例
圆柱销 GB/T 119.1—2000	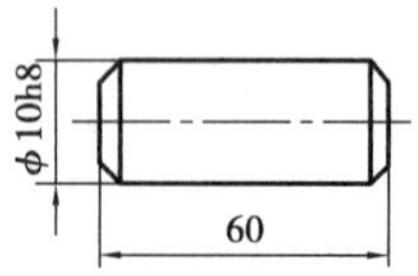	销 GB/T 119.1　10×60 
圆锥销 GB/T 117—2000	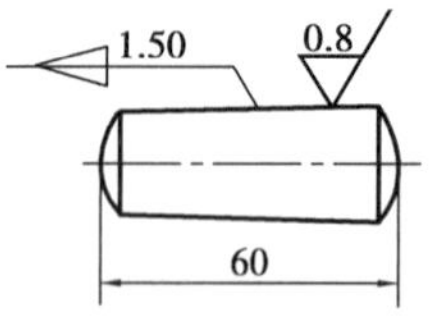	销 GB/T 117　10×60 
开口销 GB/T 91—2000	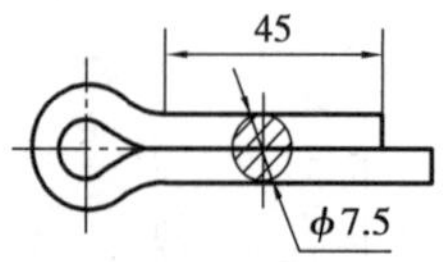	销 GB/T 91　8×45 

案例4　滚动轴承和弹簧

讲练题型　抄画下图。

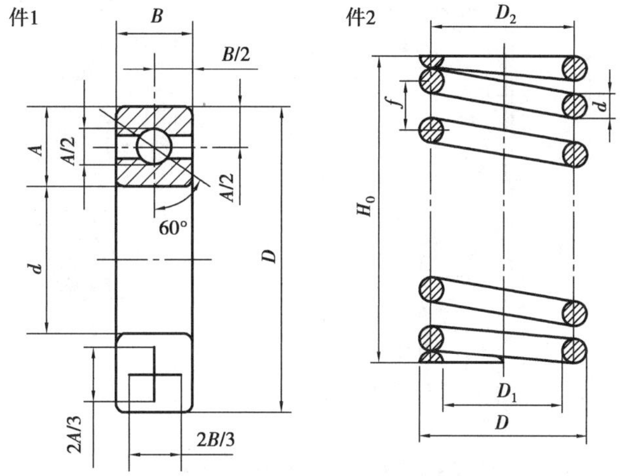

相关知识4　滚动轴承和弹簧的画法

(1)滚动轴承

1)滚动轴承的画法

滚动轴承是标准件,不需要画零件图。在装配图中,可根据国家标准所规定的画法或简化画法表示。深沟球轴承如图6.26所示,圆锥滚子轴承如图6.27所示。

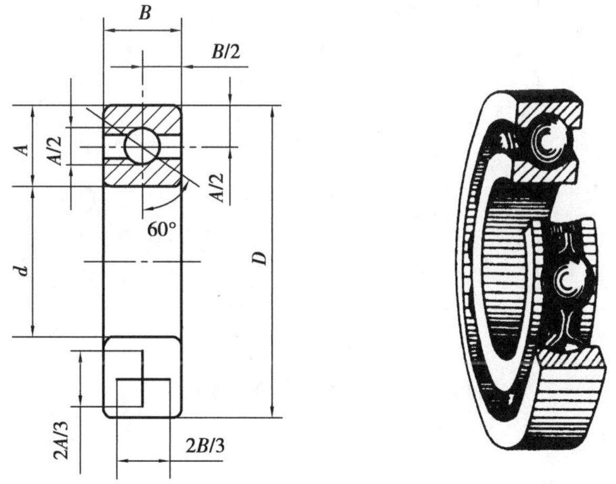

图6.26　深沟球轴承

2)滚动轴承的标记

例如,轴承代号6206的意义如下:

6——类型代号,表示深沟球轴承。

2——尺寸系列代号,原为02,对此种轴承首位0省略。

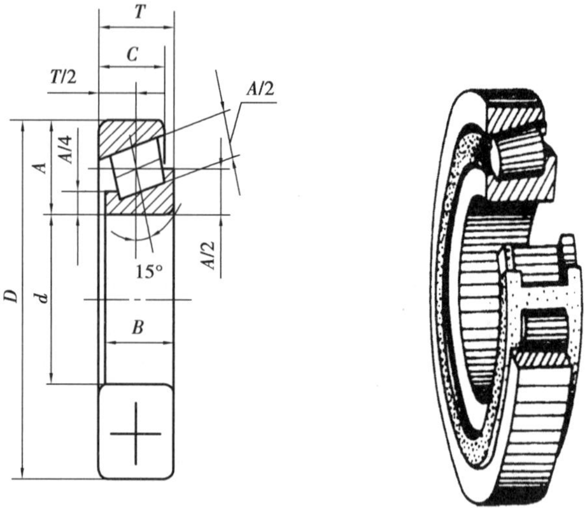

图 6.27　圆锥滚子轴承

06——内径代号(内径尺寸=6×5=30 mm)。

(2)弹簧

弹簧是一种常用件,它是一种能储存能量的零件,在机器、仪表和电器等产品中起到减振、储能和测量等作用。

1)圆柱螺旋压缩弹簧的画法和形状

圆柱螺旋压缩弹簧的画法和形状如图 6.28、图 6.29 所示。

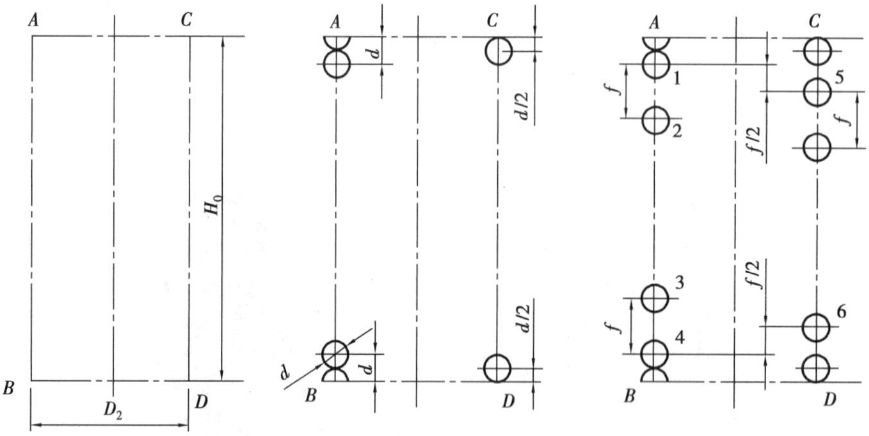

图 6.28　圆柱螺旋压缩弹簧的画法

2)装配图弹簧的画法

装配图弹簧的画法如图 6.30 所示。

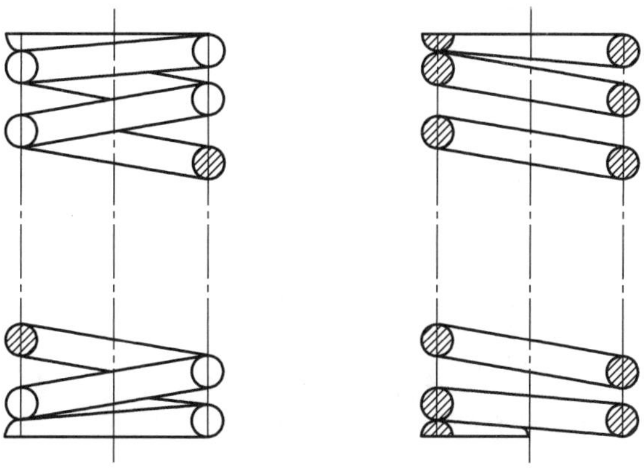

图6.29　圆柱螺旋压缩弹簧的形状

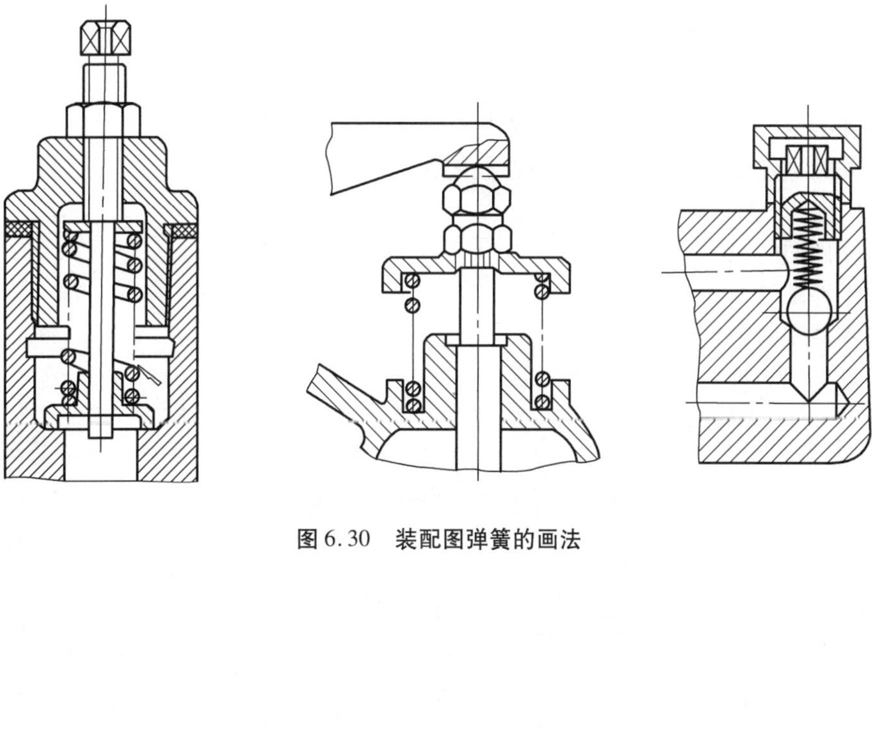

图6.30　装配图弹簧的画法

项目 7
零件图

任务书

1. 目标
1)理解零件图的识读方法,培养学生全面分析的识图习惯;
2)掌握零件图的绘图技巧,养成绘图的大局统筹意识。
2. 内容
1)零件图的识读方法和步骤;
2)零件图的绘图步骤;
3)零件图的工艺结构;
4)零件图的尺寸标注。

零件图基础知识

案例 1　轴类零件

讲练题型　分析轴的零件图填空,并抄画零件图。

读图填空:

①该零件名称是 主轴 ,属于 轴类 零件。采用的比例为 1∶1 ,属于 原值 比例。

②该零件共用了 3 个图形表达。其中,主视图采用了 局部剖视 ,*B*—*B* 为 移出断面图 ,另一个图形为 局部放大图 。

③主轴上的键槽的长度是 25 ,宽度是 8 ,深度是 4 。其定位尺寸为 15 。

④轴上沉孔的定位尺寸为 110 。

⑤图中,2×1.5 表示 退刀槽宽 2、深 1.5 。

⑥图中 $\phi40h6(^{0}_{-0.016})$ 表示其基本尺寸为 $\phi40$,上极限偏差为 0 ,下极限偏差为 −0.016 ,上极限尺寸为 $\phi40$,下极限尺寸为 $\phi39.984$,公差为 0.016 。这段的长度为 160 ,表面结构代号是 $\sqrt{Ra3.2}$ 。

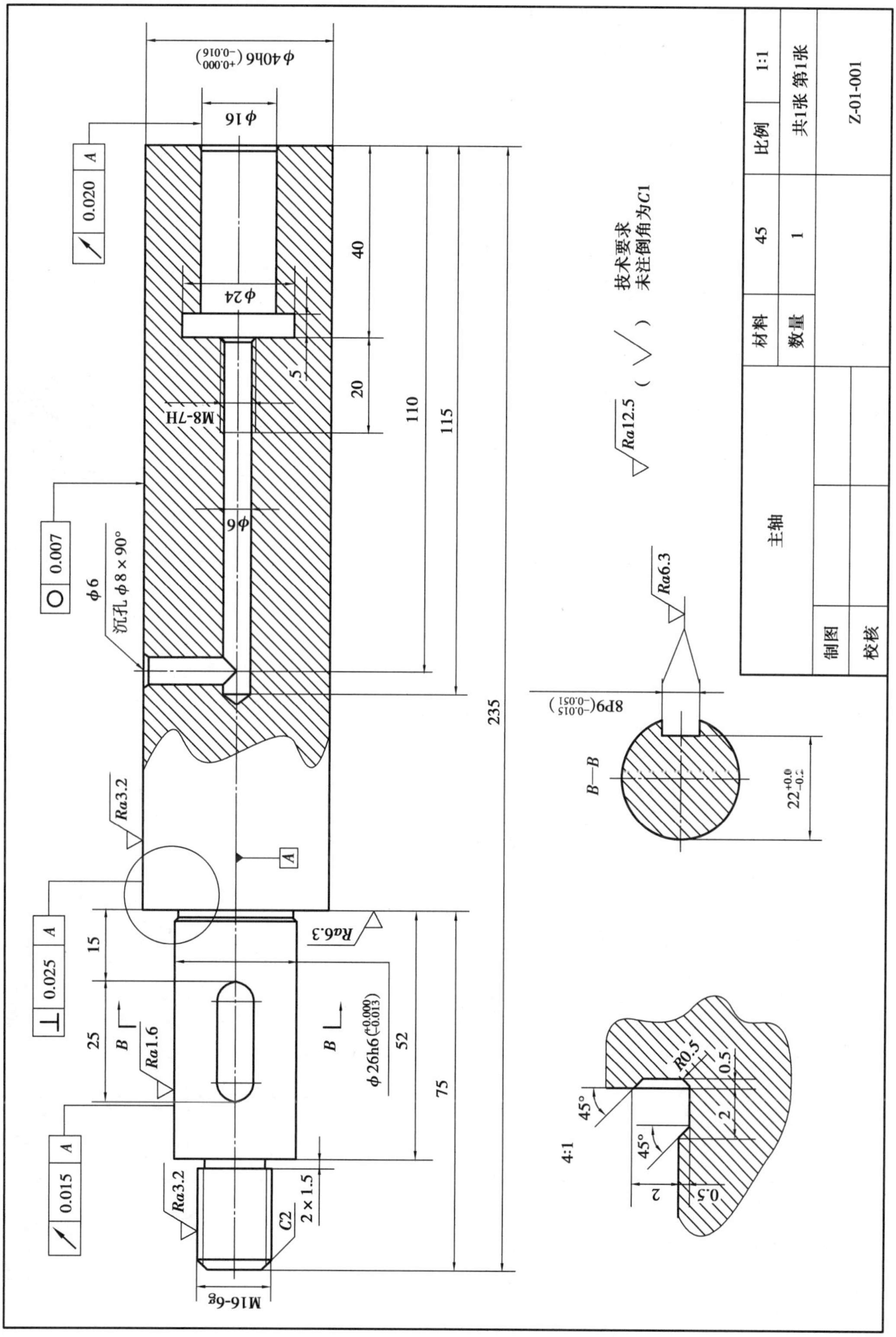
技术要求
未注倒角为C1
主轴
材料
45
数量
1
比例
1:1
共1张 第1张
Z-01-001
制图
校核
B—B
4:1
沉孔 φ8×90°
M8-7H
M16-6g
Ra12.5
Ra6.3
Ra3.2
Ra1.6

⑦解释 M16-6g 的含义：M 表示 普通螺纹 ，16 表示 大径 ，6g 表示 中径、顶径公差带代号 ，螺距为 2（粗牙，见附录 1 查得） 。

⑧解释图中形位公差框格的意义：

⊥	0.025	*A*

它的基准要素是 $\phi40h6(^{\ \ 0}_{-0.016})$的轴线 ，被测要素是 左起 75 处端面 ，公差项目是 垂直度 ，公差值为 0.025 。

○	0.007

它的被测要素是 $\phi40h6(^{\ \ 0}_{-0.016})$圆柱任意正截面 ，公差项目是 圆度 ，公差值为 0.007 。

⑨图中，左端标注的 *C*2 表示 倒角 2×45°（宽 2、角度 45°） ，左端面表面粗糙度 *Ra* 值为 12.5 μm（ $\sqrt{Ra12.5}$ ） 。

抄画主轴

填空题答完后，用 A4 纸 1∶1 抄画零件图。

作图步骤：

①画边框、标题栏、基准线。

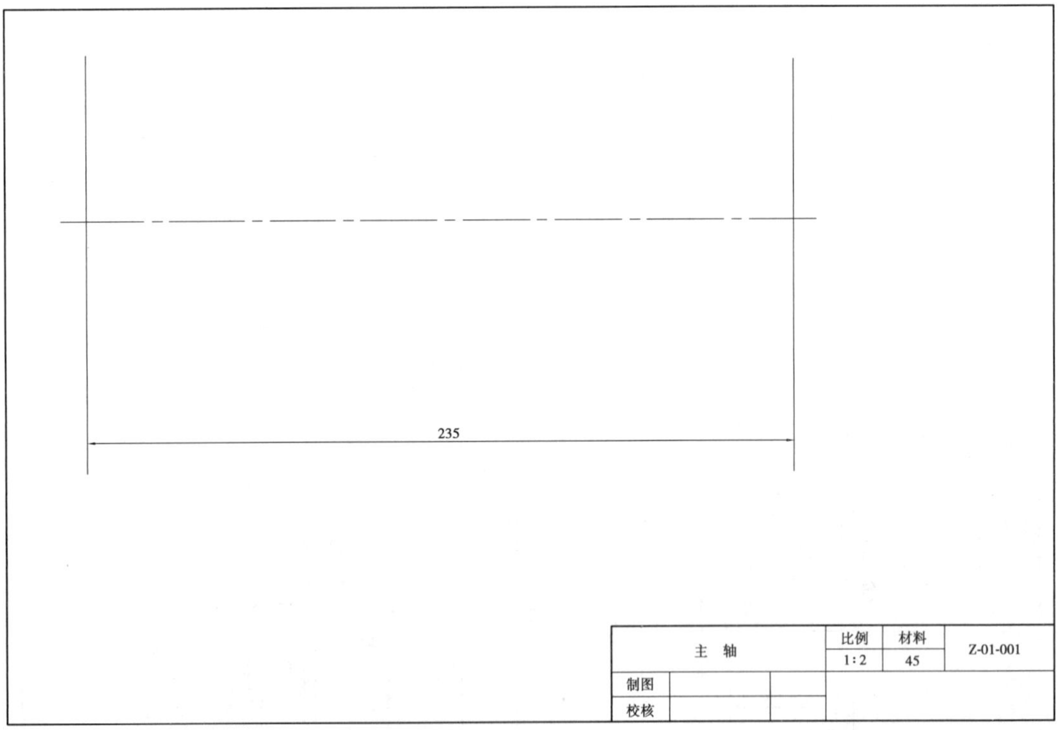

②画出主视图。

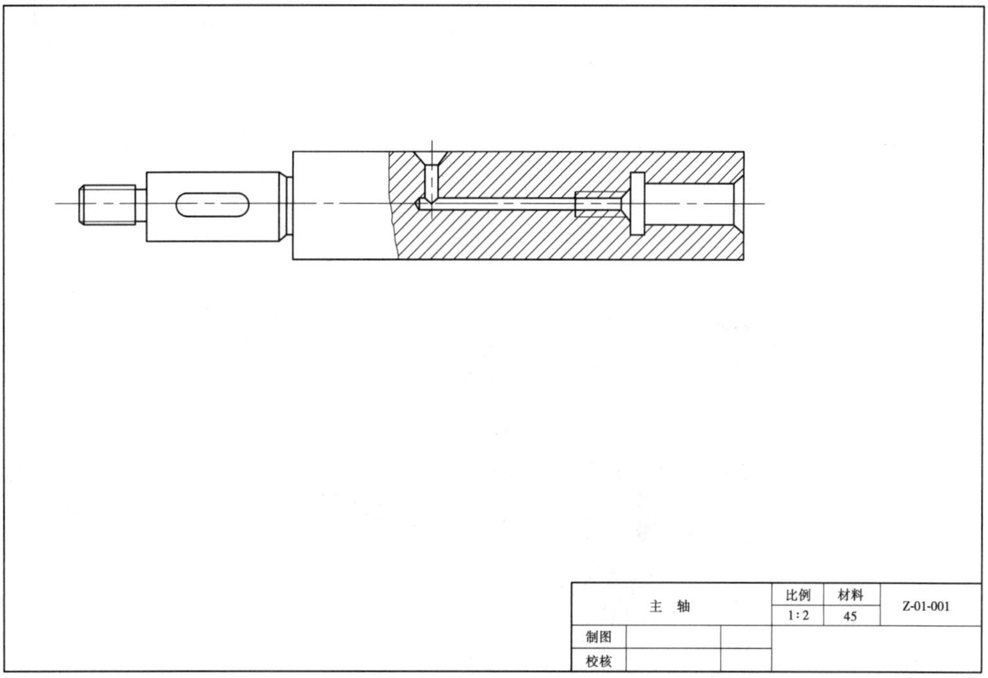

③画另外两个图形。

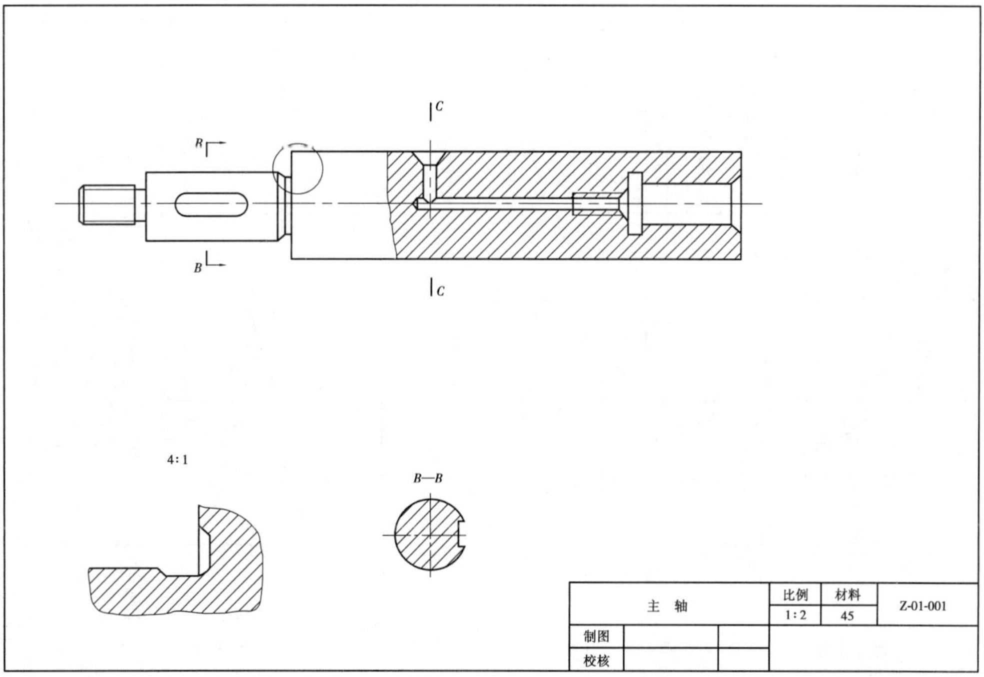

④标注尺寸、技术要求,书写文字。

⑤检查,加粗,完成零件图。

案例 2 其他类零件图

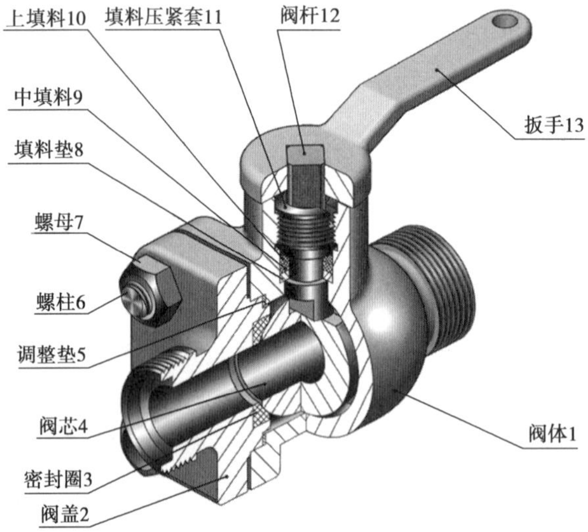

讲练题型 1 从零件图的 4 个内容分析零件图,填空并抄画零件图。

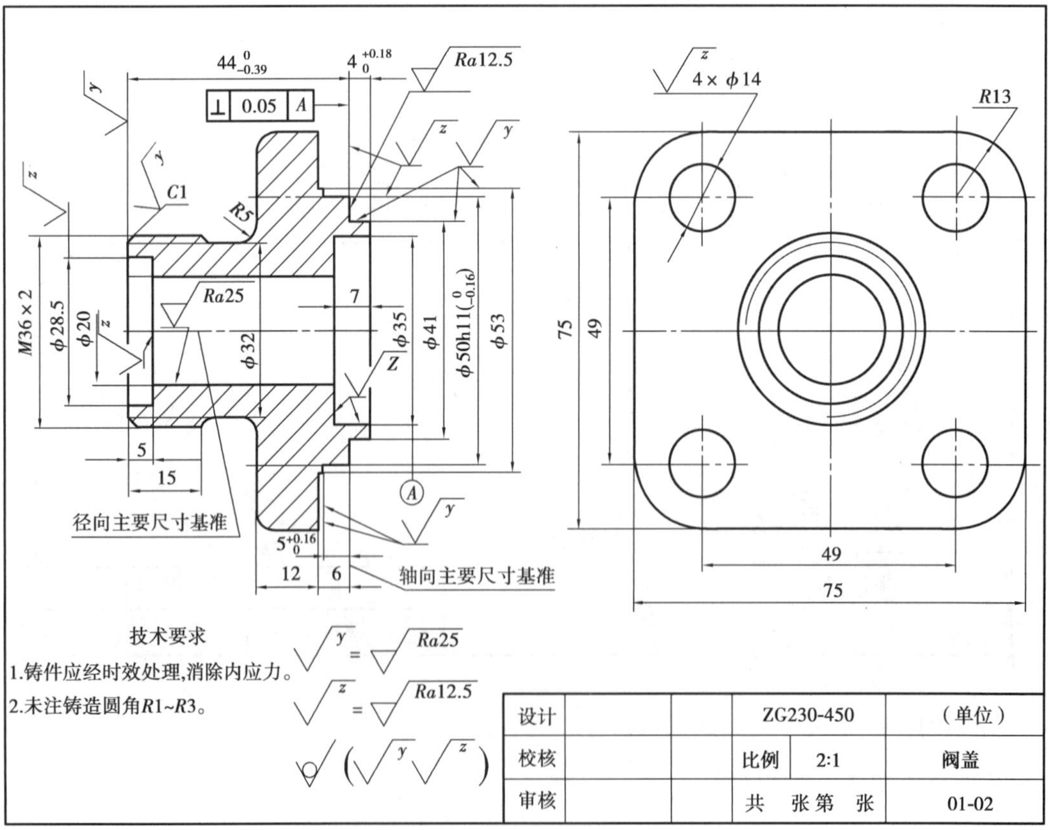

1)读图填空：

①该零件名称是__阀盖__,采用的比例为__2∶1__,零件所用材料为__ZG230-450__。

②该零件共用了__两个__视图表达,其中主视图采用了__全剖视__。

③图中 M36×2 的含义:M 表示__细牙普通螺纹__,36 表示__大径__,2 表示__螺距__,这部分长度为__15__。

④图中 $\phi50h11(^{\ 0}_{-0.16})$ 表示其基本尺寸为__$\phi50$__,上偏差__0__,下偏差为__0.16__,最大极限尺寸为__$\phi50$__,最小极限尺寸为__$\phi49.84$__,公差为__0.16__。

⑤左端面的表面结构代号是__$\sqrt{z}$__。

⑥解释图中形位公差框格的意义：

⊥	0.05	*A*

它的基准要素是__$\phi30$ 的轴线__,被测要素是__距离右端面 4 的平面(轴向主要尺寸基准__,公差项目是__垂直度__,公差值为__0.05__。

2)抄画零件图。

作图步骤：

①画边框、标题栏、基准线。

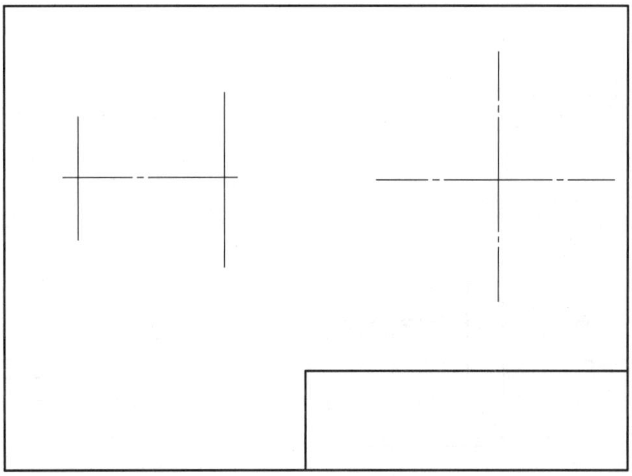

②画出主、左视图底稿。

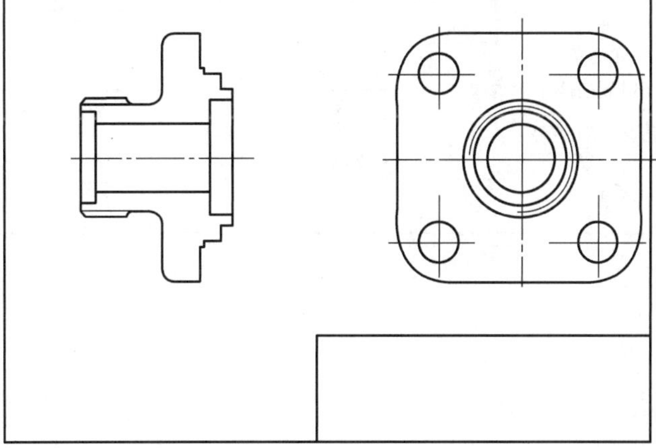

③标注尺寸线、尺寸界线。

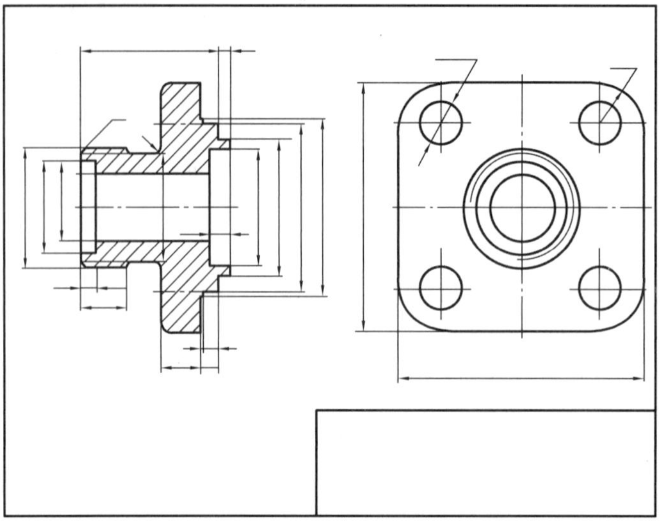

④填写技术要求，书写文字检查，加粗，完成零件图。

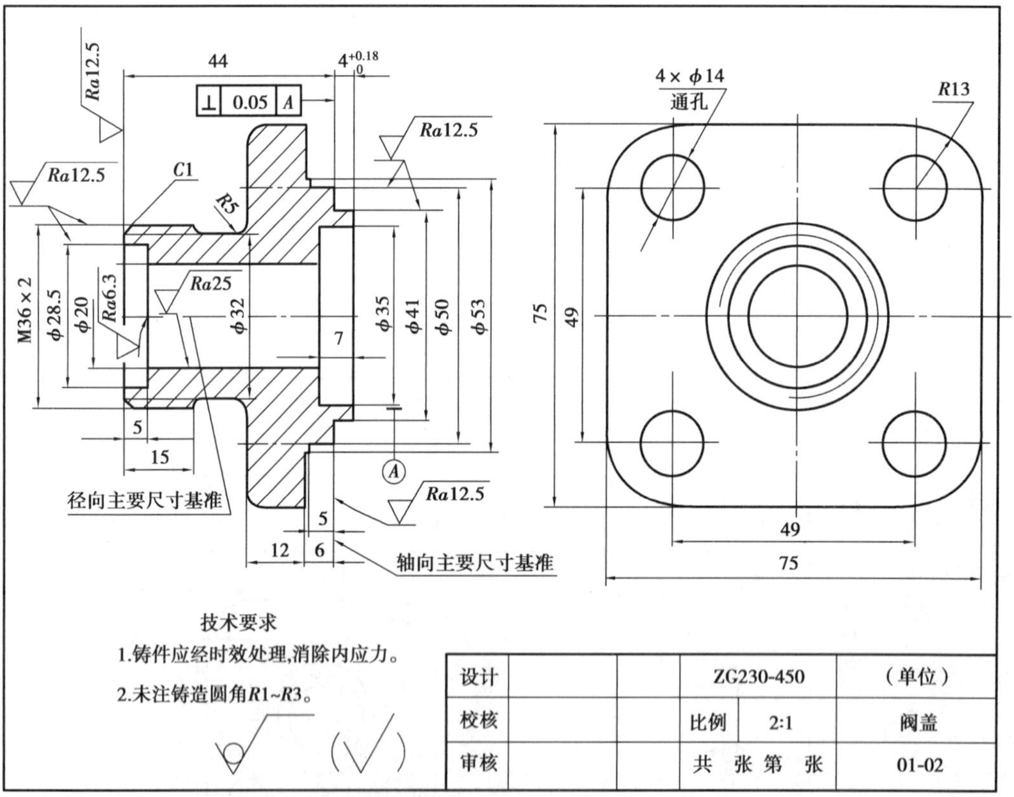

讲练题型 2　分析比较图示轴承架的 3 种表达方案。

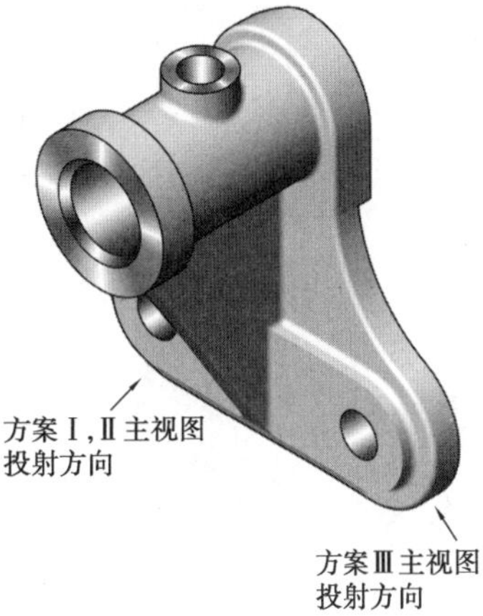

形体分析：

轴承架属于叉架类零件，由主体圆筒、立板、肋板组成；主体圆筒上有一个相贯的小圆筒，立板上有两个小孔。

方案Ⅰ：

用一个主视图、一个局部剖的左视图、一个断面图及一个局部视图共 4 个图形来表达。

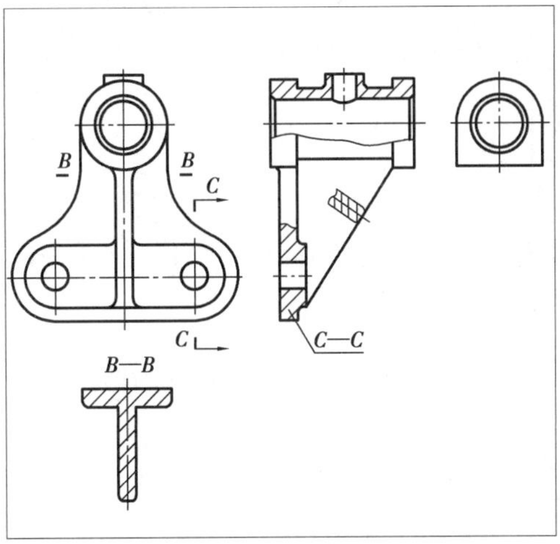

方案Ⅱ：

用一个主视图、一个局部剖的左视图、一个全剖的俯视图、两个断面图及一个局部视图共 6 个图形来表达。

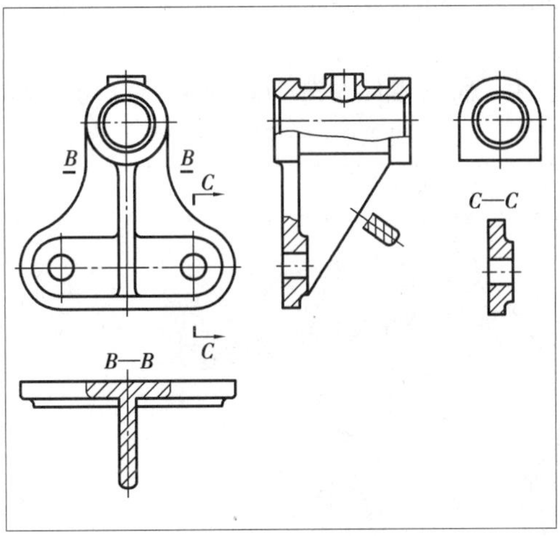

方案Ⅲ：

用一个局部剖主视图、一个重合断面的左视图、一个局部视图共 3 个图形来表达。

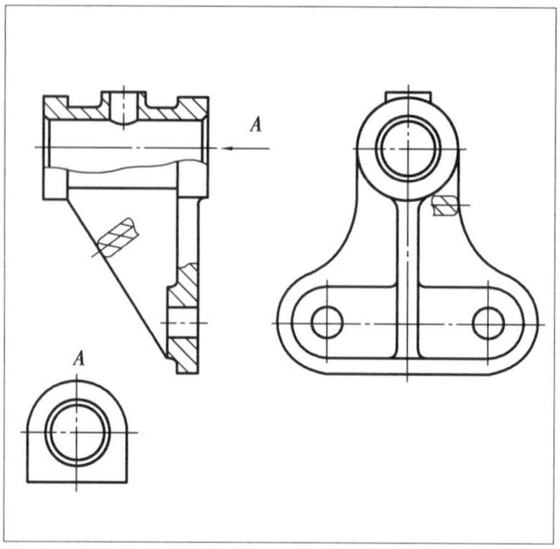

因为在完整、清晰地表达零件内外结构形状的前提下,尽量减少图形个数,所以最好的方案是方案Ⅲ。

相关知识1　零件图的概述及表达方案的选择

(1)零件图的概述

1)零件图的作用

零件图用于表达零件的结构、大小及技术要求。它是制造和检验零件的主要依据,是设计部门提交给生产部门的重要技术文件,也是进行技术交流的重要资料。

2)零件图的主要内容

零件图的主要内容包括一组视图、完整的尺寸、技术要求、标题栏。

3)零件图的分类

根据零件的作用及其结构,通常零件图分为轴套类、轮盘类、叉架类及箱体类,见表7.1。

表7.1　一般零件分类

类别	图例		特点
轴套类	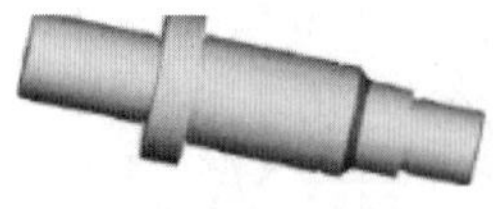	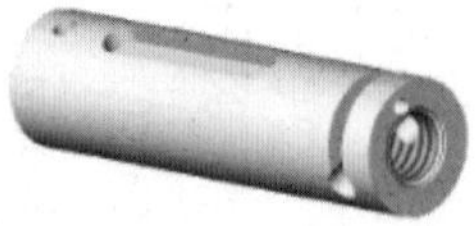	大部分表面为圆柱面,其上常有键槽、销孔、退刀槽、倒角、螺纹等结构
轮盘类			多数形状为短粗回旋体,一般为铸锻毛坯加工而成,其上常有轮辐、轴孔、键槽、螺孔等结构

续表

类别	图例		特点
叉架类		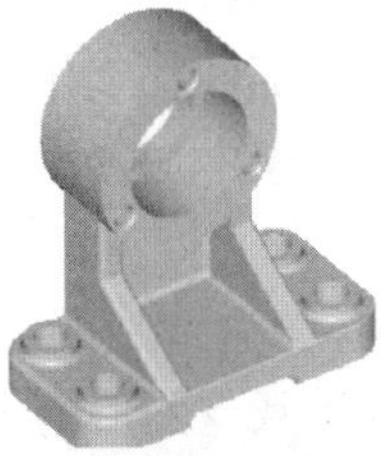	形状复杂多样,多为铸、锻毛坯加工而成,主体为各种断面的肋板,工作部分常为孔叉结构
箱体类			一般为空心铸件毛坯加工而成,其上常有轴孔、螺孔、凸台、凹坑、肋板等结构

轴承座零件如图7.1所示。

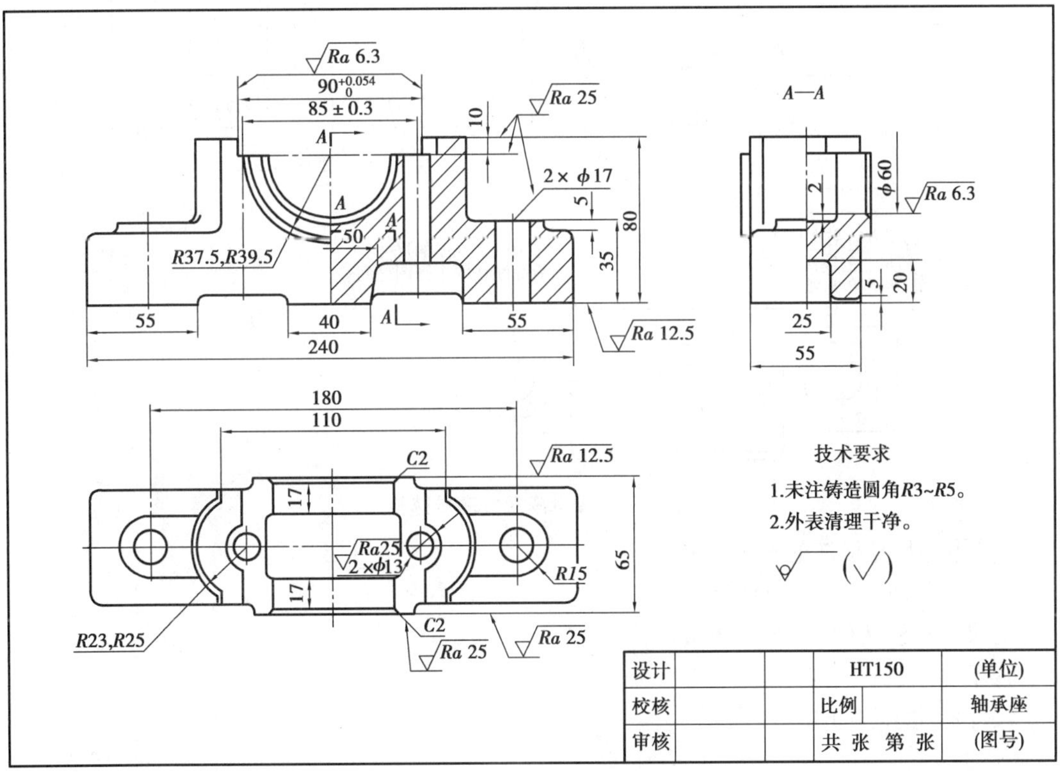

图7.1　轴承座零件图

(2)主视图的选择

1)分析零件结构形状,确定零件的安放位置

分析几何形体、结构,要分清主要、次要形体;了解其功用及加工方法,以便确切地表达零

件的结构形状,反映零件的设计和工艺要求。

2)选择主视图的原则

①特征原则。能充分反映零件的结构形状特征。

②工作位置原则。反映零件在机器或部件中工作时的位置。

③加工位置原则。反映零件在主要工序中加工时的位置。

3)其他视图及表达方案的选择

对于结构复杂的零件,主视图中没有表达清楚的部分必须选择其他视图。在完整、清晰地表达零件内、外结构形状的前提下,尽量减少图形的个数。

相关知识 2 零件图尺寸标注

(1)尺寸基准

尺寸基准是标注和测量尺寸的起点,一般是对称面或某一重要端面。

轴承座尺寸基准选择如图 7.2 所示。支架类零件尺寸基准如图 7.3 所示。

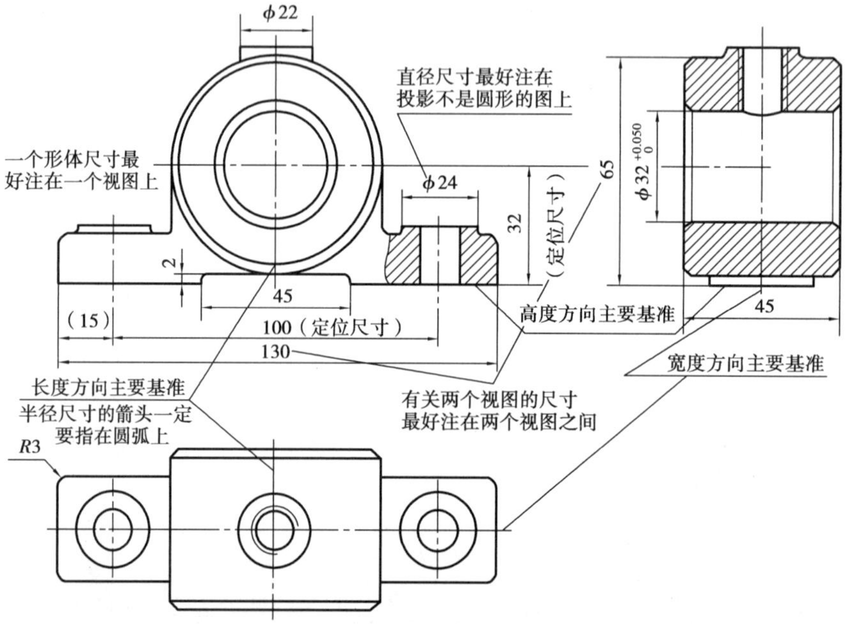

图 7.2 轴承座尺寸基准选择

(2)零件尺寸标注的一般原则

①零件的重要尺寸要直接标注。

②尺寸标注要便于加工、测量。

③不要注成封闭尺寸链。

尺寸标注示例如图 7.4 所示。

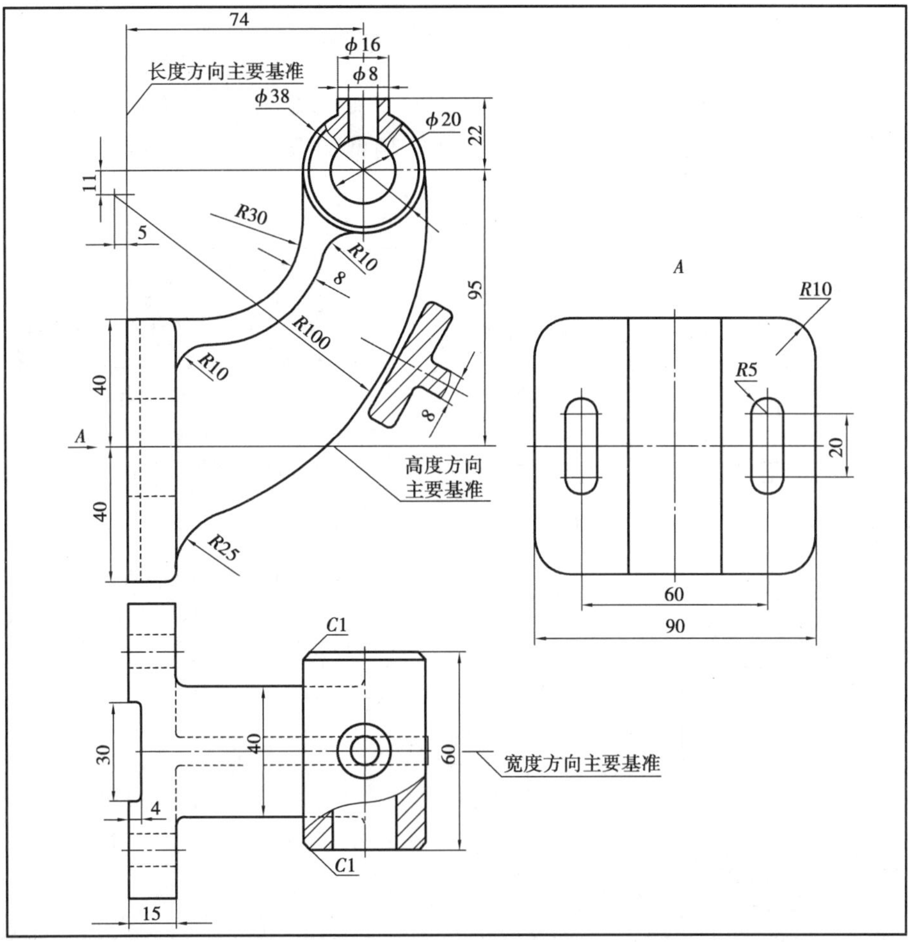

图 7.3　支架类零件尺寸基准

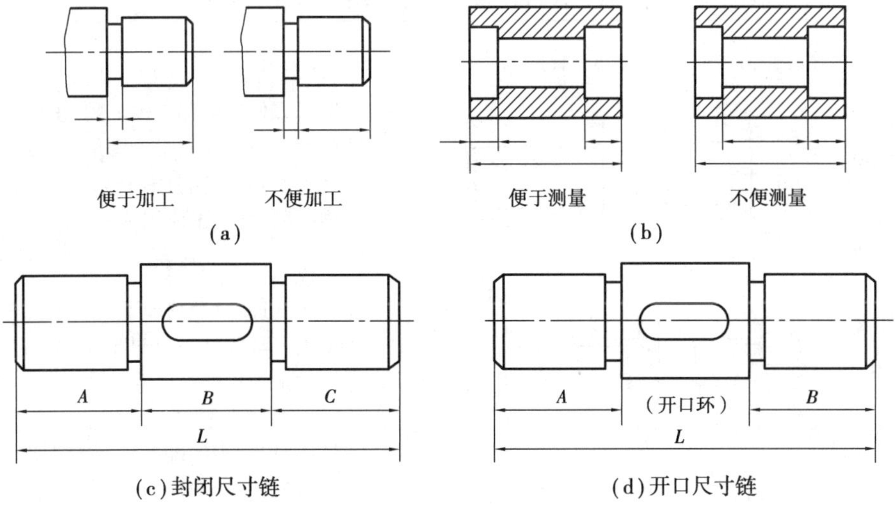

图 7.4　尺寸注法示例

相关知识3　零件的工艺结构

为了使零件的毛坯制造、机械加工、测量和装配更加顺利、方便，零件的主体结构确定后，还必须设计出合理的工艺结构。零件的常见工艺结构见表7.2、表7.3。

各种孔的简化注法见表7.4。

表7.2　常见的零件工艺结构（一）

内　容	图　例	说　明
铸造圆角和拔模斜度	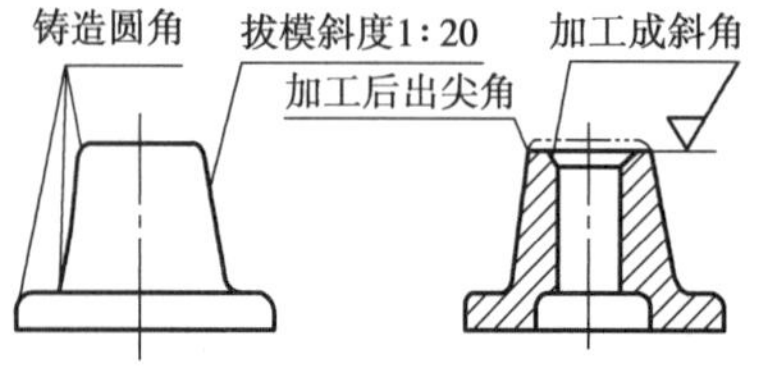	为了防止砂型在尖角处脱落和避免铸件冷却收缩时在尖角处产生裂纹，铸件各表面相交处应制成圆角。为了起模方便，铸件表面沿拔模方向制作出斜度，一般为1：20，拔模斜度若无特殊要求图中可不画出，也不作标注
铸件壁厚	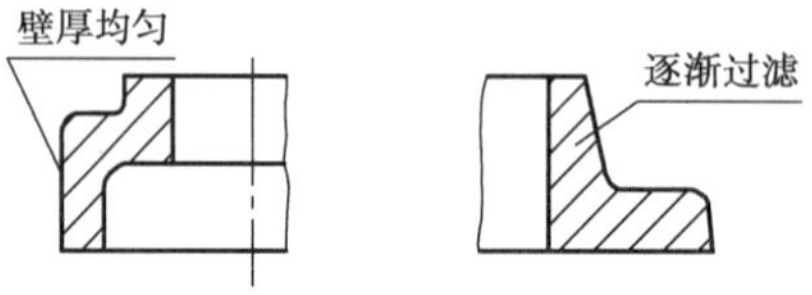	为了避免浇铸后零件各部分因冷却速度不同而产生缩孔、裂纹等缺陷，应尽可能使铸件壁厚均匀或逐渐变化
凸台和凹坑	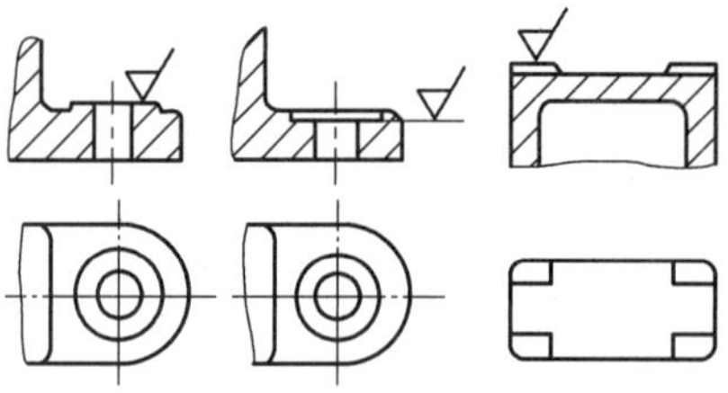	为了使两零件表面接触良好、减少加工面积，常在铸件上设计出凸台和凹坑

表7.3　常见的零件工艺结构（二）

内　容	图　例	说　明
倒角和倒圆	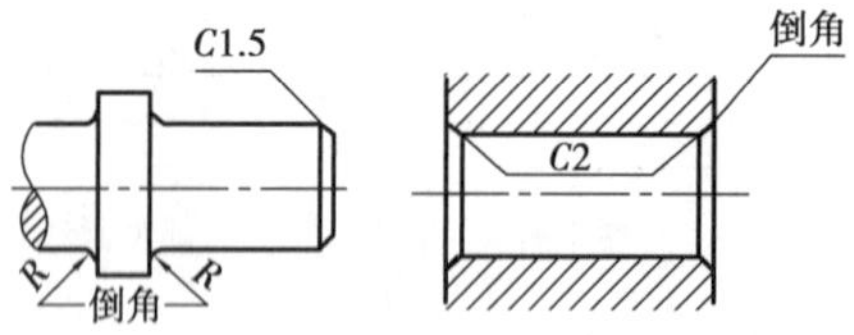	为了方便装配和去掉毛刺、锐边，在轴或孔的端部一般都应加工出倒角。对阶梯形的轴或孔，为了防止应力集中所产生的裂纹，常把轴肩、孔肩处加工成倒圆
退刀槽和砂轮越程槽	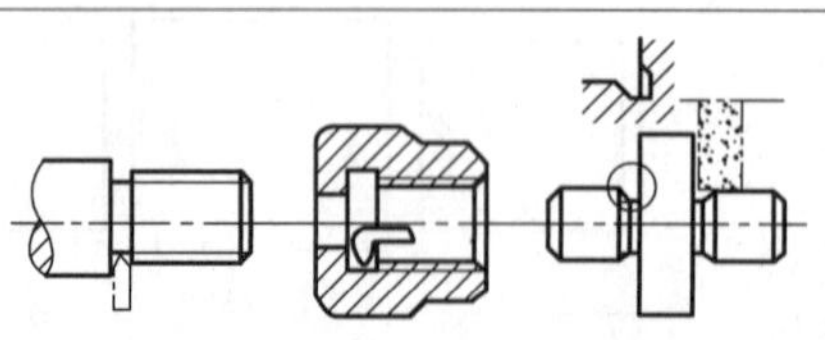	在车削加工、磨削加工和车螺纹时，为了便于退出刀具或砂轮越过加工面，经常在待加工面的末端先加工出退刀槽或砂轮越程槽
合理的钻孔结构	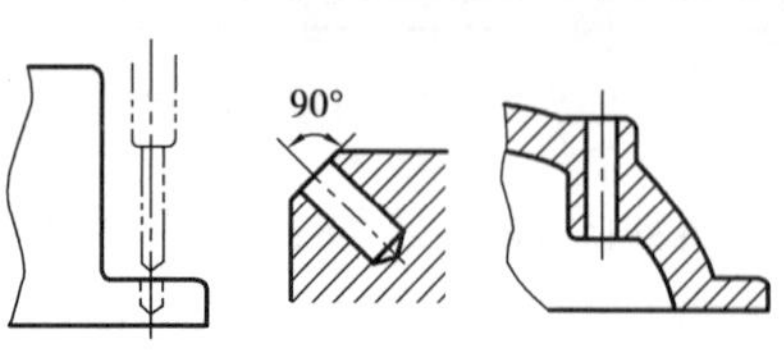	钻孔时，钻头的轴线应尽量垂直于被加工表面，以确保正确的加工位置和避免损坏钻头 设计钻孔工艺结构时，还应考虑便于钻头进出

表 7.4　各种孔的简化注法

零件结构类型		简化注法	一般注法	说　明
光孔	一般孔	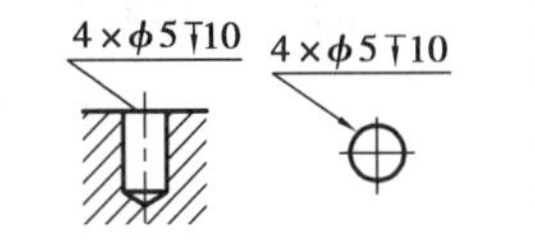	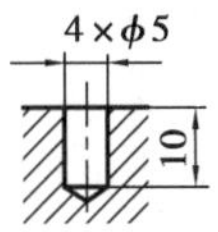	4×ϕ5 表示直径为 5 mm 的 4 个光孔,孔深可与孔径连注
	精加工孔	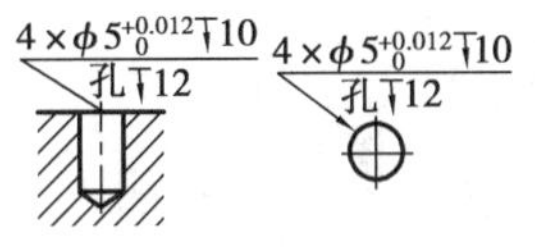	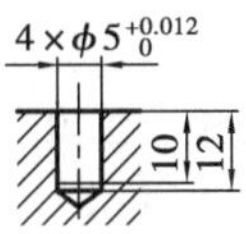	光孔深为 12 mm,钻孔后需精加工至 $\phi5^{+0.012}_{0}$ mm,深度为 10 mm
	锥孔	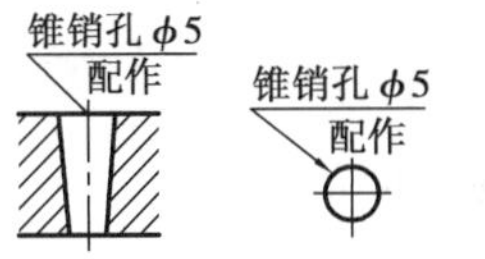	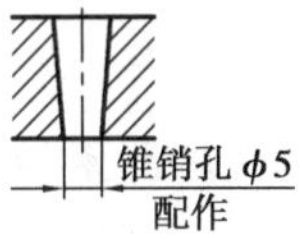	ϕ5 mm 为与锥销孔相配的圆锥销小头直径(公称直径)。锥销孔通常是两个零件装在一起后加工的,故应注明“配作”
沉孔	锥形沉孔	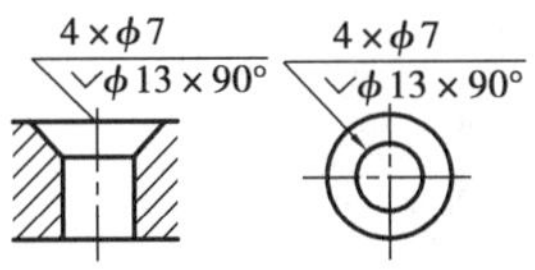	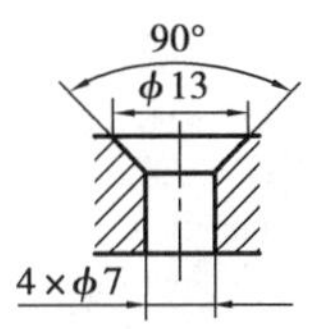	4×ϕ7 表示直径为 7 mm 的 4 个孔。90°锥形沉孔的最大直径为 ϕ13 mm
	柱形沉孔	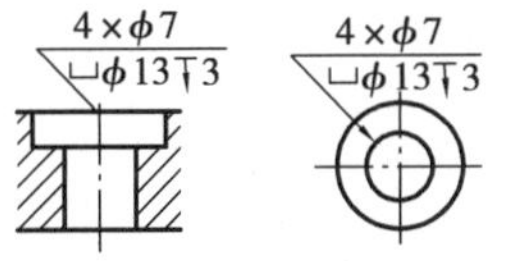	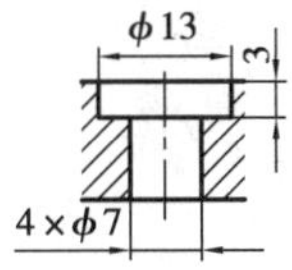	4 个柱形沉孔的直径为 ϕ13 mm,深度为 3 mm
	锪平沉孔	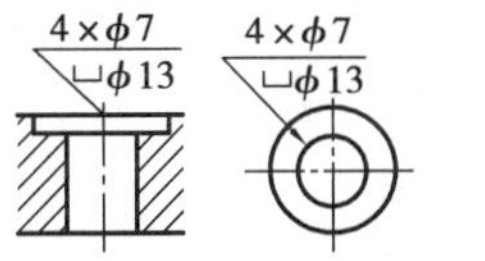	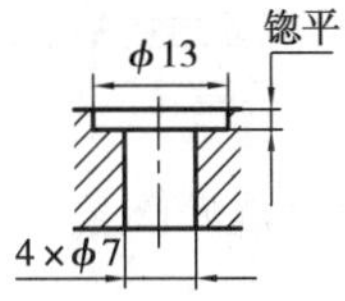	锪孔 ϕ13 mm 的深度不必标注,一般锪平到不出现毛面为止
螺孔	通孔	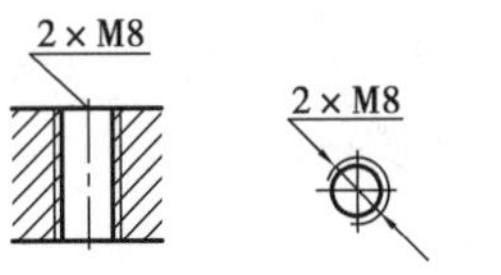	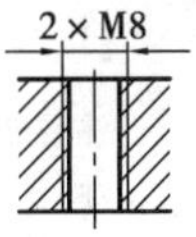	2×M8 表示公称直径为 8 mm 的两个螺孔,中径和顶径的公差带代号为 6H
	不通孔	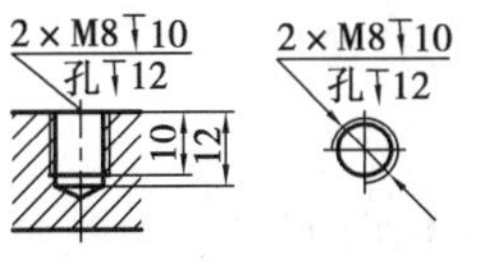	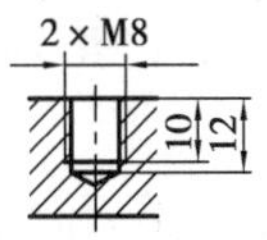	表示两个螺孔 M8 的螺纹长度为 10 mm,钻孔深度为 12 mm,中径和顶径的公差带代号为 6H

相关知识4　零件图上的技术要求

(1)表面结构的图样表示法

表面结构是表面粗糙度、表面波纹度、表面缺陷、表面纹理及表面几何形状的总称。

1)评定表面结构常用的轮廓参数

算数平均偏差 Ra 和轮廓的最大高度 Rz 如图 7.5 所示。

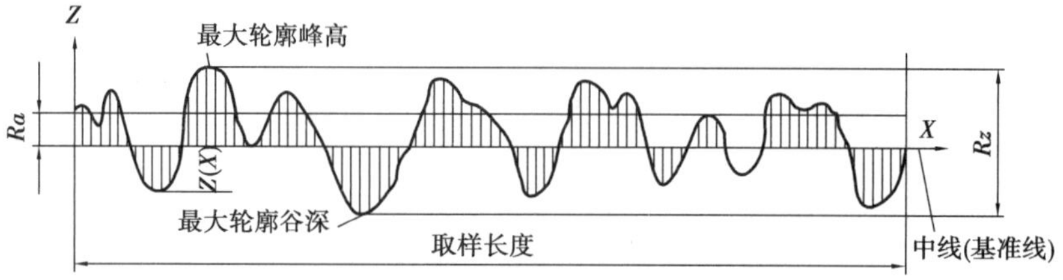

图 7.5　算数平均偏差 Ra 和轮廓的最大高度 Rz

2)表面结构的图形符号

表面结构的图形符号如图 7.6 所示。

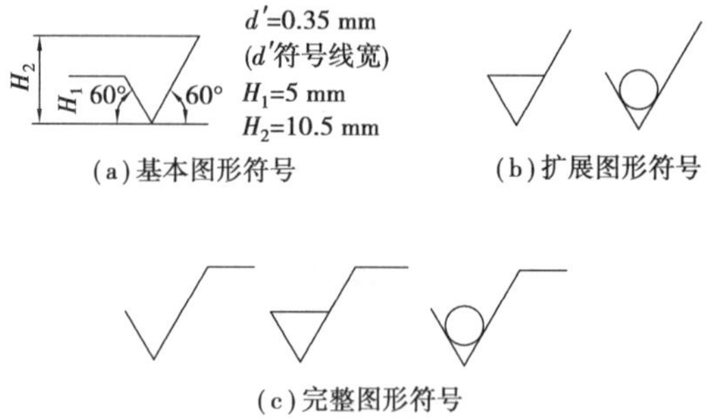

图 7.6　表面结构的图形符号

3)表面结构要求在图形符号中的注写位置。

表面结构要求在图形符号中的注写位置如图 7.7 所示。

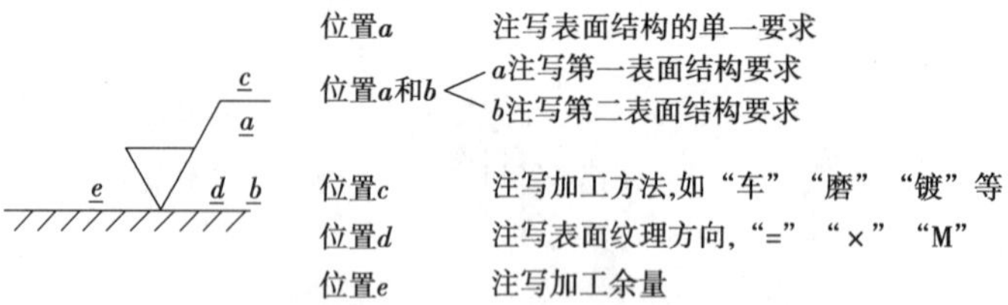

图 7.7　表面结构要求在图形符号中的注写位置

4)表面结构代号及其注法

①表面结构要求对每一表面一般只注一次,并尽可能注在相应的尺寸及其公差的同一视图上。除非另有说明,所标注的表面结构要求是对完工零件表面的要求。

②表面结构的注写和读取方向与尺寸的注写和读取方向一致。表面结构要求可标注在轮廓线上,其符号应从材料外指向并接触表面,如图 7.8 所示。必要时,表面结构也可用带箭头或黑点的指引线引出标注,如图 7.9 所示。

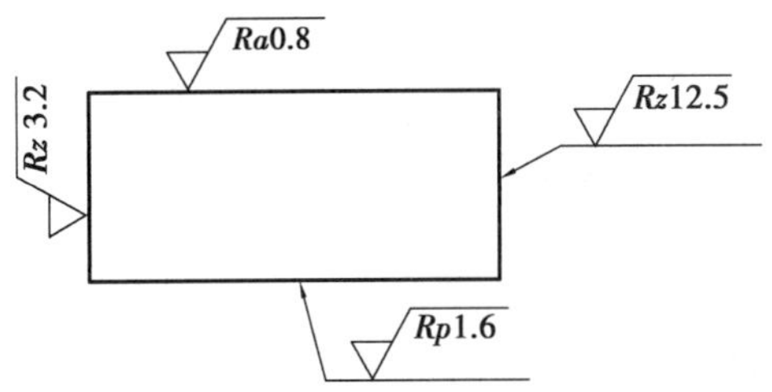

图 7.8　表面粗糙度注写

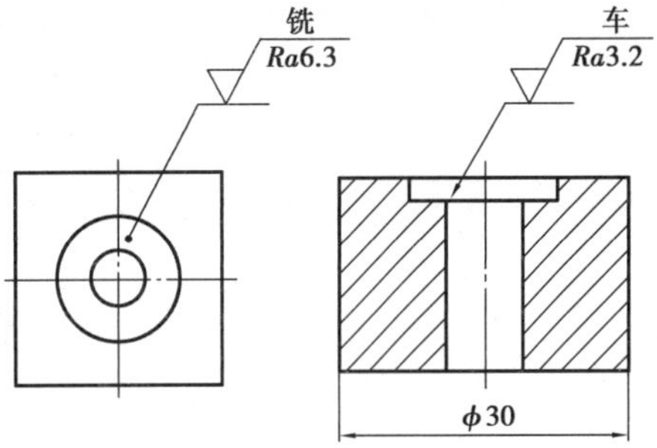

图 7.9　表面结构粗糙度标注方法

③在不致引起误解时，表面结构要求可标注在给定的尺寸线上，如图 7.10 所示。

④表面结构要求可标注在几何公差框格的上方，如图 7.11 所示。

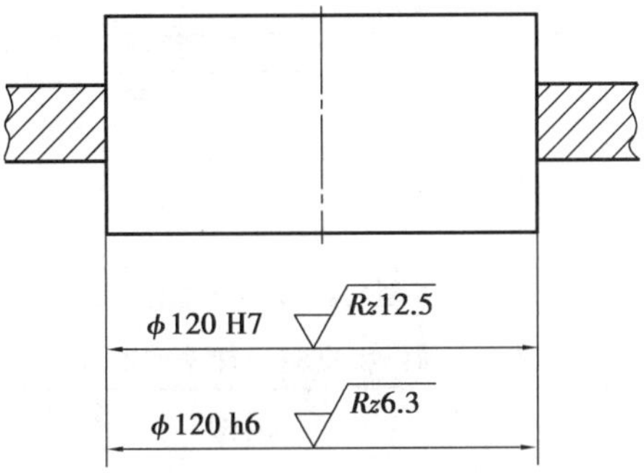

图 7.10　表面粗糙度标注在尺寸线上

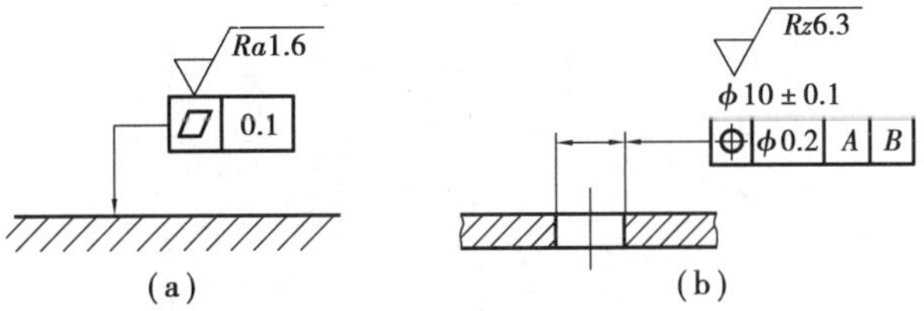

图 7.11　表面粗糙度标注在公差框上方

⑤圆柱和棱柱的表面结构要求只标注一次。如果每个棱柱表面有不同的表面结构要求，则应分别单独标注，如图 7.12 所示。

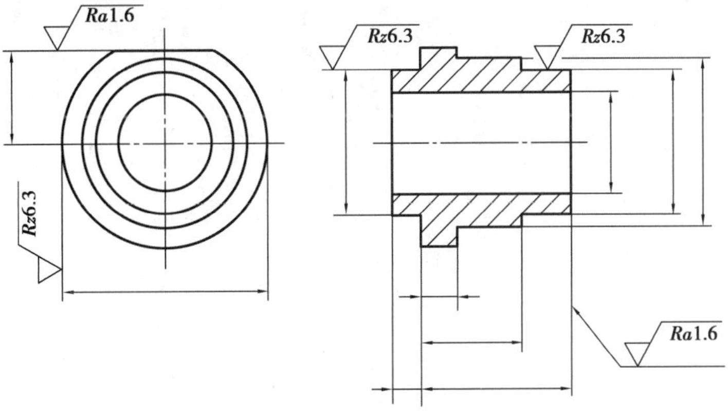

图 7.12　不同表面结构粗糙度注法

⑥表面结构要求在图样中的简化注法，如图 7.13、图 7.14 所示。

图 7.13　表面粗糙度简化注法(一)

新旧标准常见注法对照见表 7.5，注法上的新变化见表 7.6。

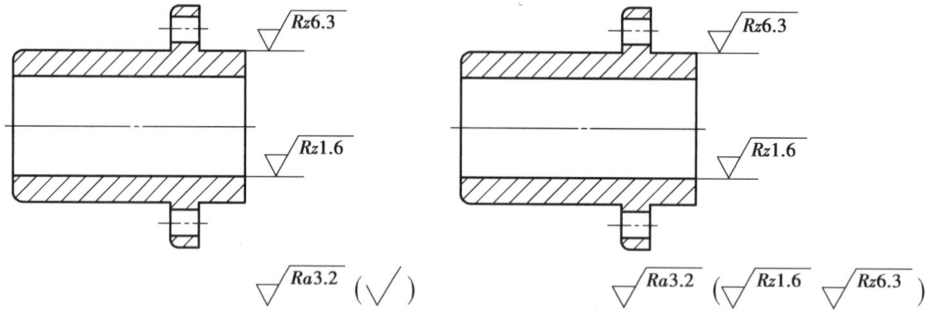

图 7.14　表面粗糙度简化注法(二)

表 7.5　新旧标准常见注法对照表

	项　目	旧标准	新标准	应用场合
1	粗虚线		- - - - - -	允许表面处理的表示线
2	粗点画线		—·——·—	限定范围表示线
3	统一螺纹		2-12 UN-2A	英制普通螺纹
4	$\phi20$	基本尺寸	公称尺寸	
5		最大极限尺寸	上极限尺寸	
6		上偏差	上极限偏差	
7	基准符号	(A)	[A]	三角形涂黑或空白，与轮廓接触
8	普通平键	键 10×100	键 16×10×100	增加键宽参数
9	45°倒角	2×45°	*C*2	
10	多个直径	2-ϕ20	2×ϕ20	2×*R*20 ✕
11	微观不平十点高度	*R*y		停止使用 ✕
12	其余表面粗糙度	其余 3.2	Ra3.2 (√)	注在标题上方附近

表7.6 注法上的新变化

GB/T 1031—1995		GB/T 131—2006	
Ra	轮廓算术平均偏差	*Ra*	轮廓算术平均偏差
Ry	轮廓最大高度	*Ry*	(停止使用)
Rz	微观不平度十点高度	*Rz*	轮廓的最大高度

(2)极限与配合

1)零件的互换性

在成批或大量生产中,要求零件具有互换性,即同一批零件不经挑选和辅助加工,任取一个就可顺利地装到机器上去,并满足机器的性能要求。零件具有这种性质就称零件具有互换性。

2)极限与配合

零件尺寸有一个变动范围,尺寸在该范围内变动时,相互接合的零件之间能形成一定的关系,并能满足使用要求,这就是"极限与配合"。

3)极限与配合术语

①基本尺寸。设计时选定的尺寸。

②极限尺寸。设计时确定的允许零件尺寸变化范围的两个界限值。因此,极限尺寸又分为上极限尺寸和下极限尺寸。

③尺寸偏差。尺寸偏差又分上极限偏差和下极限偏差,即

上极限偏差=上极限尺寸-基本尺寸

下极限偏差=下极限尺寸-基本尺寸

④尺寸公差。允许尺寸的变动量,反映了零件尺寸变化范围的大小。

⑤公差带图。用图形的形式表达零件的尺寸变化范围。图形中能清楚地反映极限尺寸、偏差以及尺寸公差等概念。

⑥标准公差。国家标准所规定的尺寸公差。标准公差用 IT 表示,从 IT01,IT0,IT1 到 IT18 共分为 20 个等级。标准公差等级所对应的尺寸公差与零件的基本尺寸相关。

⑦基本偏差:在公差带图上靠近零线的偏差称为基本偏差。

极限与配合术语如图 7.15 所示。

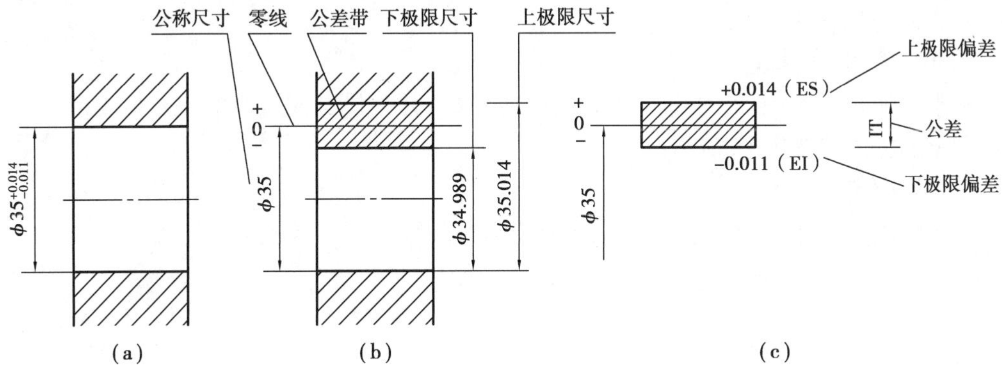

图7.15 极限与配合术语

4)配合制度

国家标准规定了两种配合制度,即基孔制和基轴制。

①基孔制

基本偏差一定的孔的公差带与不同基本偏差的轴公差带形成松紧程度不同的配合的一种制度,称为基孔制。基孔制中孔的基本偏差代号总是 H。基孔制各种配合如图 7.16 所示。

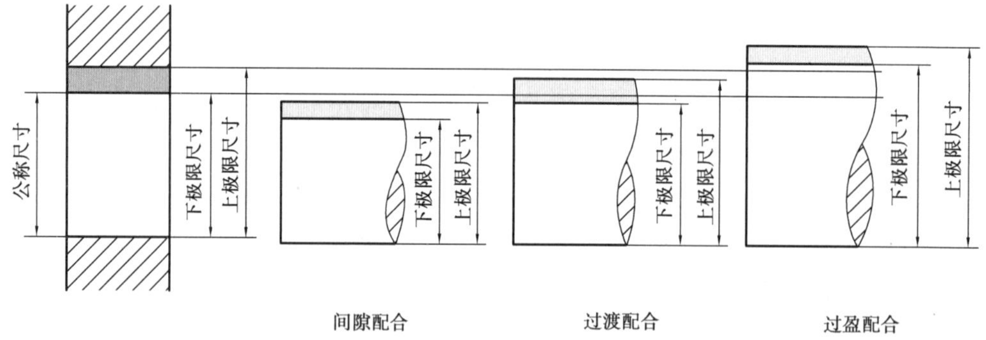

图 7.16 基孔制

②基轴制

基本偏差一定的轴的公差带与不同基本偏差的孔公差带形成松紧程度不同的配合的一种制度,称为基轴制。基轴制中轴的基本偏差代号总是 h。基轴制各种配合如图 7.17 所示。

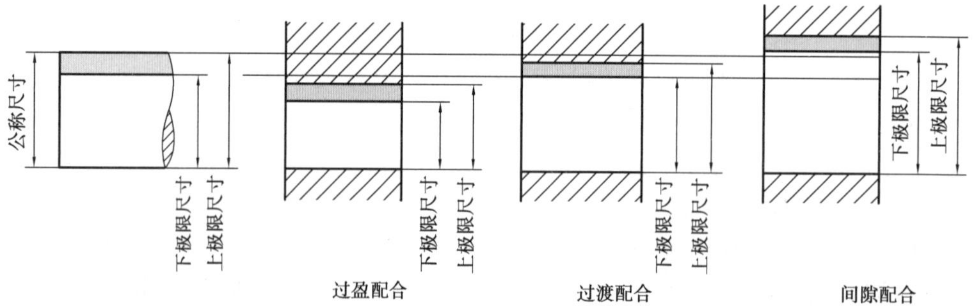

图 7.17 基轴制

注意:一般情况下,应优先采用基孔制,因为孔的加工难度比轴大。

5)极限与配合的标注

①在零件图上的标注

极限与配合尺寸,常采用基本尺寸后跟所要求的公差代号或对应的偏差值表示。公差在零件图上的标注如图 7.18 所示。

②在装配图上的标注

在装配图上,极限与配合尺寸采用分数形式标注,如图 7.19 所示。

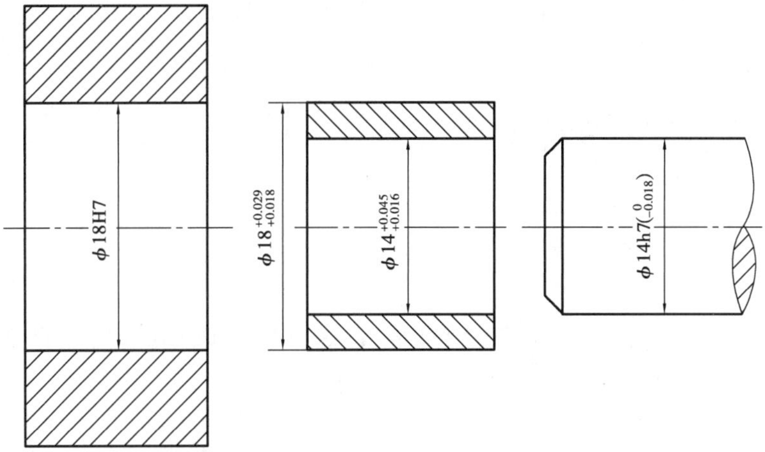

图7.18　公差在零件图上的标注

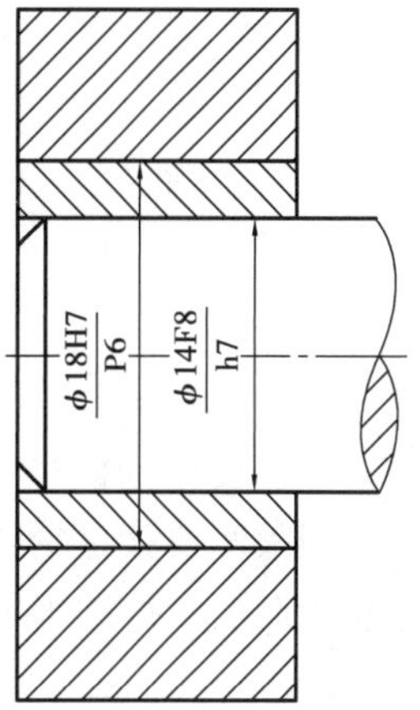

图7.19　配合在装配图上的标注

(3)形位公差简介

1)形状公差和位置公差的基本概念

形状公差是指零件表面的实际形状对其理想形状所允许的变动全量;位置公差是指零件表面的实际位置对其理想位置所允许的变动全量。

2)形位公差代号

几何公差的几何特征和符号见表7.7。

表7.7　几何公差的几何特征和符号

公差类型	几何特征	符　号	有无基准	公差类型	几何特征	符　号	有无基准
形状公差	直线度	—	无	位置公差	位置度	⌖	有或无
	平面度	▱	无				
	圆度	○	无		同心度（用于中心度）	◎	有
	圆柱度	⌭	无				
	线轮廓度	⌒	无		同轴度（用于轴线）	◎	有
	面轮廓度	⌓	无				
方向公差	平行度	//	有		对称度	⌯	有
	垂直度	⊥	有		线轮廓度	⌒	有
	倾斜度	∠	有		面轮廓度	⌓	有
	线轮廓度	⌒	有	跳动公差	圆跳动	↗	有
	面轮廓度	⌓	有		全跳动	⌰	有

3)公差框格与基准符号

公差框格与基准符号如图7.20所示。

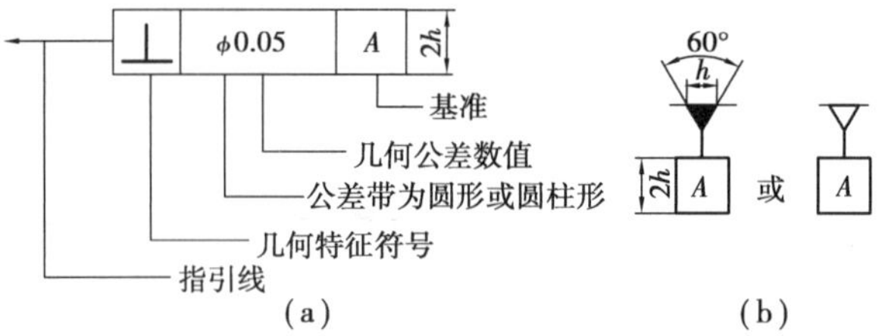

图 7.20　公差框格与基准符号

4)被测要素的标注

①当被测要素是轮廓线或表面时,指引线的箭头指向该要素的轮廓线或其延长线上,箭头也可指向引出线的水平线,引出线引自被测面,如图 7.21 所示。

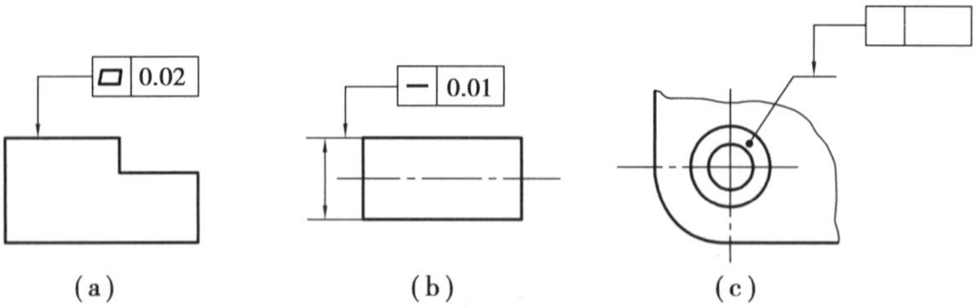

图 7.21　被测要素的标注

②当被测要素为轴线或中心平面时,箭头应位于尺寸线的延长线上。公差值前加注 ϕ,表示给定的公差带为圆形或圆柱形,如图 7.22 所示。

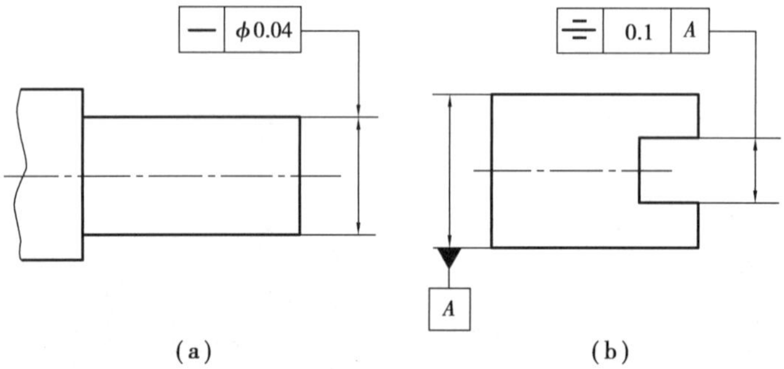

图 7.22　被测要素为轴线或中心平面

5)基准要素的标注

①基准要素是零件上用于确定被测要素的方向和位置的点、线或面,用基准符号表示,表示基准的字母也应注写在公差框格内。

②当基准要素是轮廓线或轮廓面时,基准三角形放置在要素的轮廓线或其延长线上,如图 7.23 所示。

③当基准要素是轴线或中心平面时,基准三角形应放置在该尺寸线的延长线上。如果没有足够的位置标注基准要素尺寸的两个尺寸箭头,则其中一个箭头可用基准三角形代替,如图 7.24 所示。

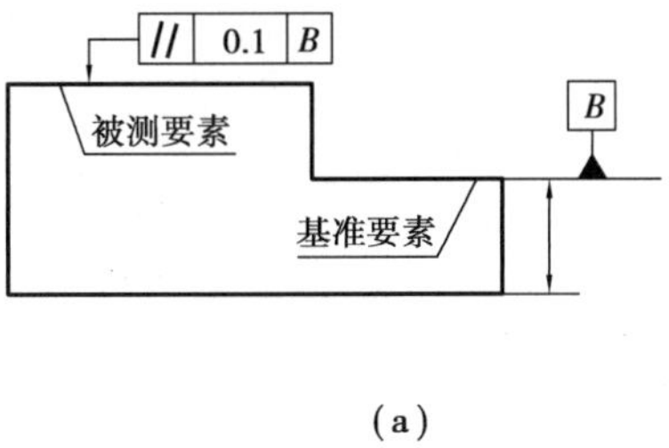

图7.23　基准要素的标注

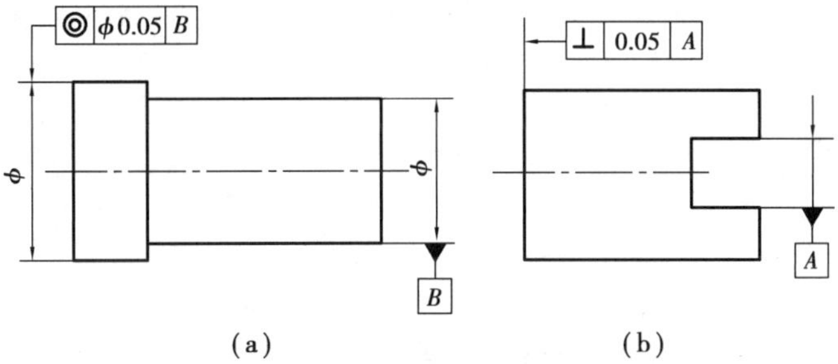

图7.24　基准要素是轴线或中心平面

项目 8
装配图

任务书

1. 目标

1)理解装配图的规定画法与标注,培养学生分析装配关系、解决装配问题的能力;

2)掌握装配图的识读方法,引导学生思考装配体工作原理,培养"预和立"的气魄。

2. 内容

1)装配图的内容;

2)装配图的规定画法;

3)装配图尺寸和技术要求的标注;

4)装配图识读的方法。

案例 1 画装配图

讲练题型 1 装配件 1、件 2。

分析要点:

件 1 和件 2 的装配本质就是 M27 处螺纹的连接。

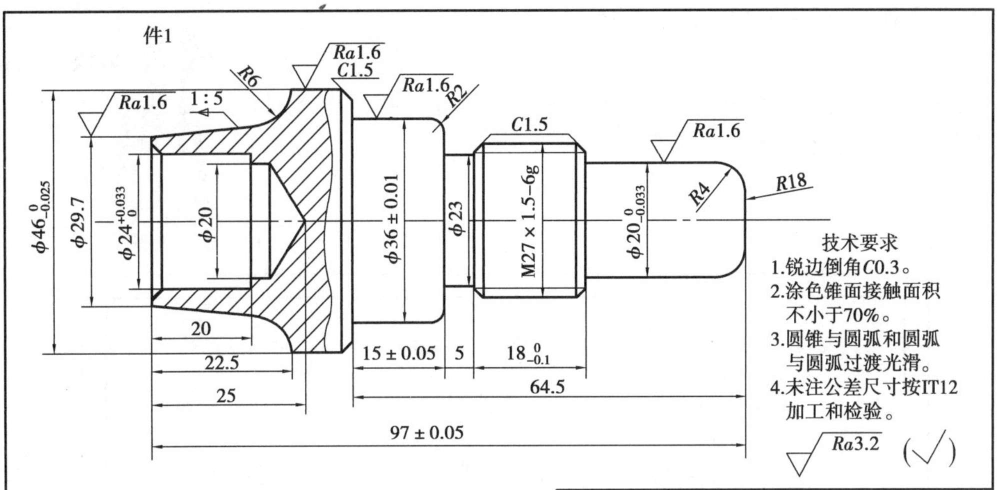

名称	组合件	材料	45# ϕ50 × 102
图号	1	时间	

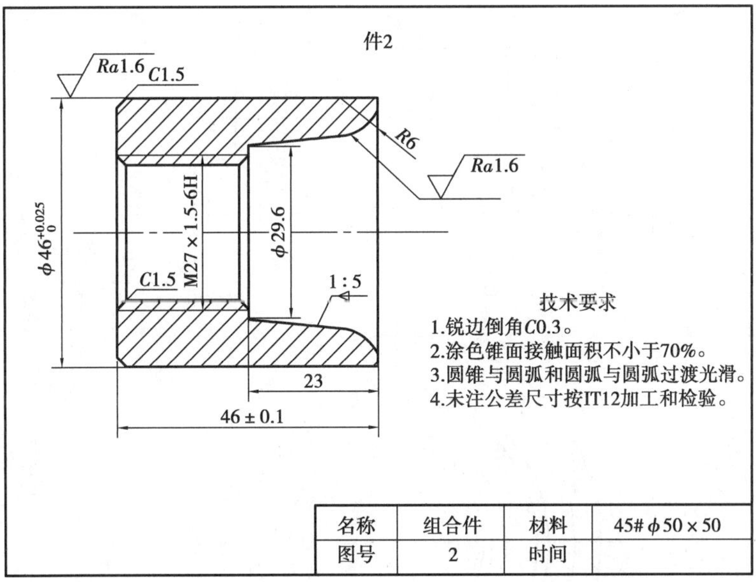

名称	组合件	材料	45# ϕ50 × 50
图号	2	时间	

作图步骤：

①按尺寸 1∶1 画件 1。

②按螺纹连接和装配图画法画件 2 与件 1 的连接。

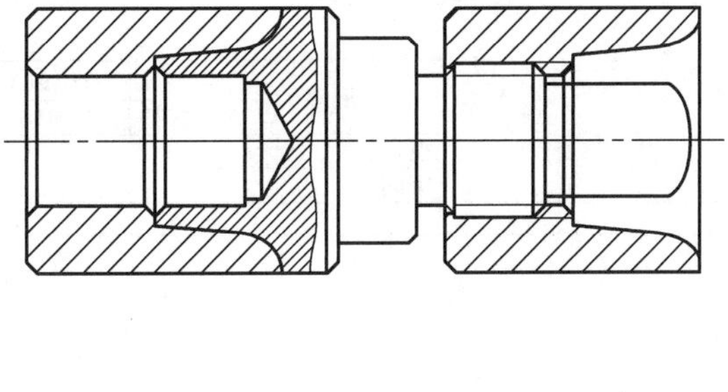

讲练题型 2　根据零件图画装配图。

分析要点：

该装配体通过旋转绞杆带动螺杆使顶垫上升或下降。作图时，按装配图画法一个个装配即得装配图。

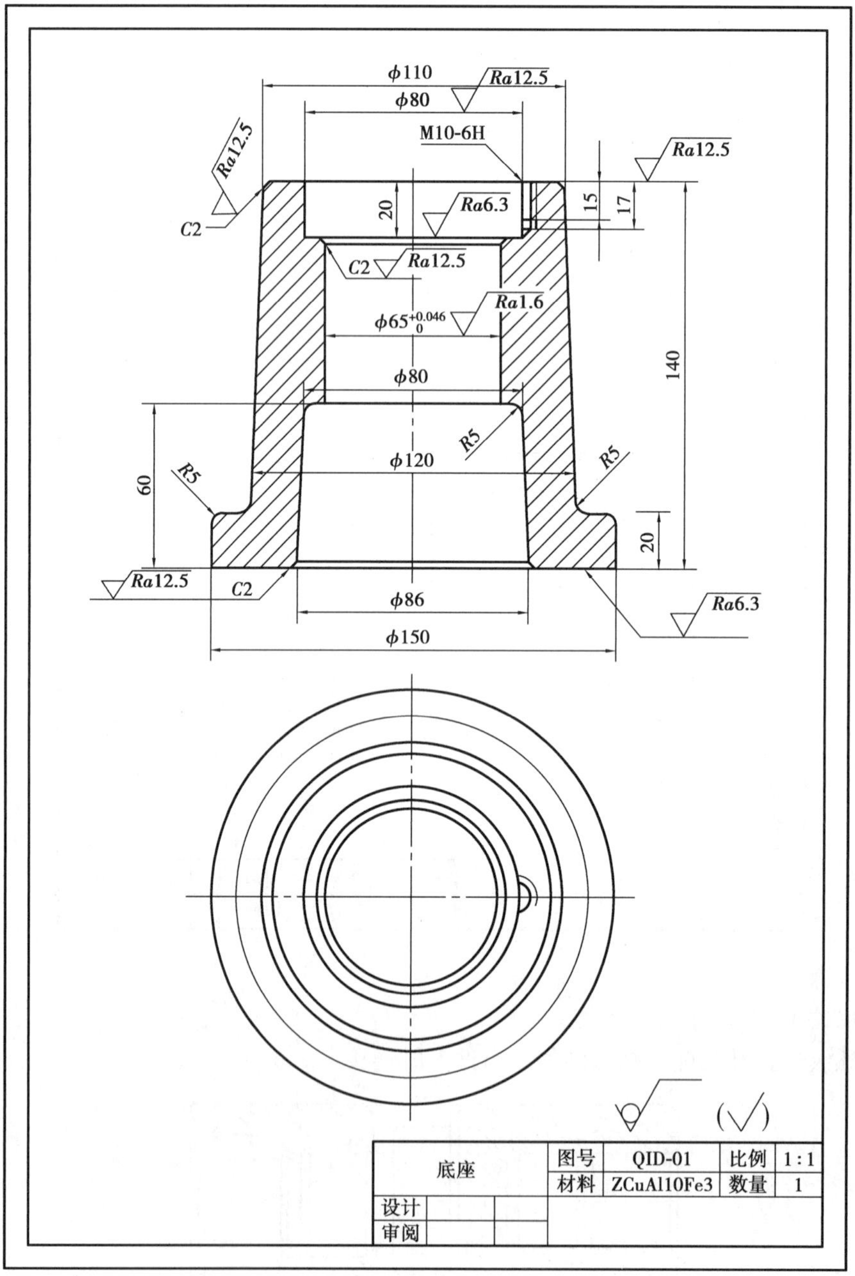

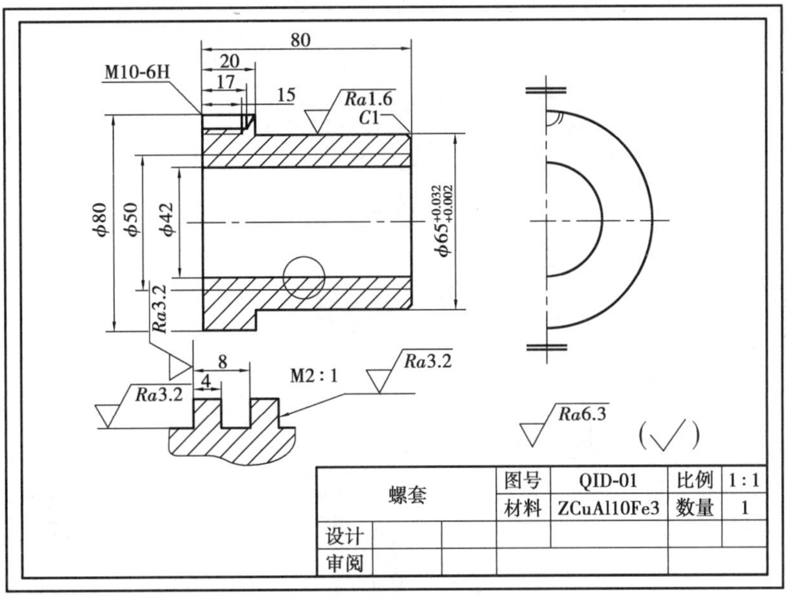
80
20
17
15
M10-6H
Ra1.6
C1
φ80
φ50
φ42
φ65+0.032 +0.002
Ra3.2
8
4
M2 : 1
Ra3.2
Ra3.2
Ra6.3
(√)
螺套
图号
QID-01
比例
1 : 1
材料
ZCuAl10Fe3
数量
1
设计
审阅

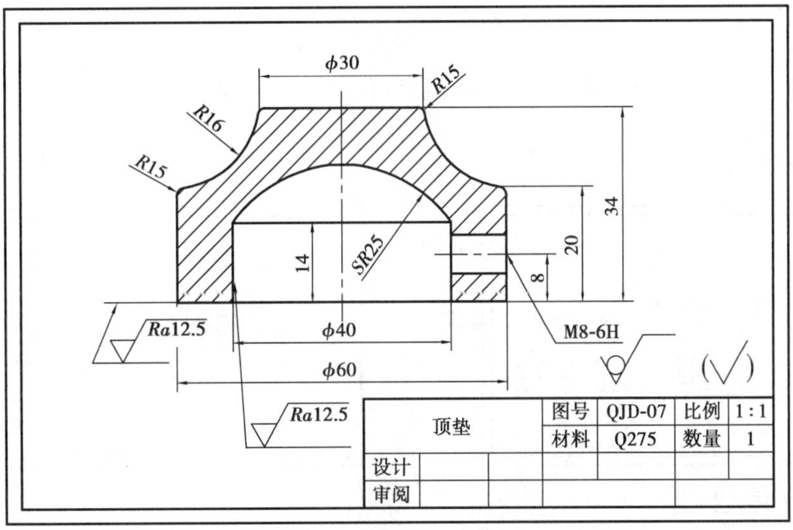
φ30
R15
R16
R15
34
20
14
SR25
8
M8-6H
Ra12.5
φ40
φ60
Ra12.5
(√)
顶垫
图号
QJD-07
比例
1 : 1
材料
Q275
数量
1
设计
审阅

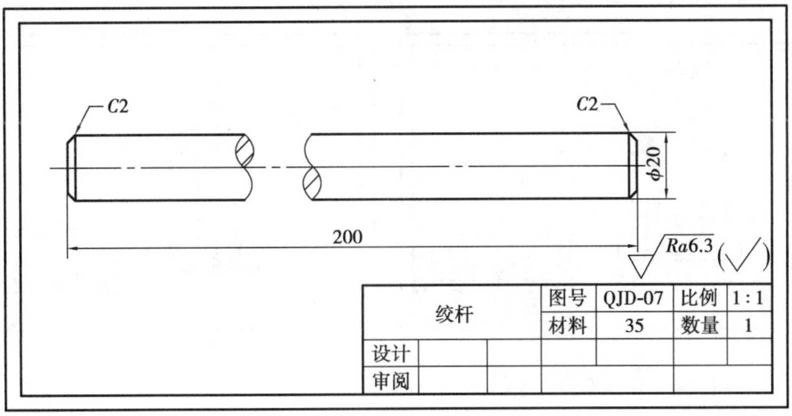
C2
C2
φ20
200
Ra6.3
(√)
绞杆
图号
QJD-07
比例
1 : 1
材料
35
数量
1
设计
审阅

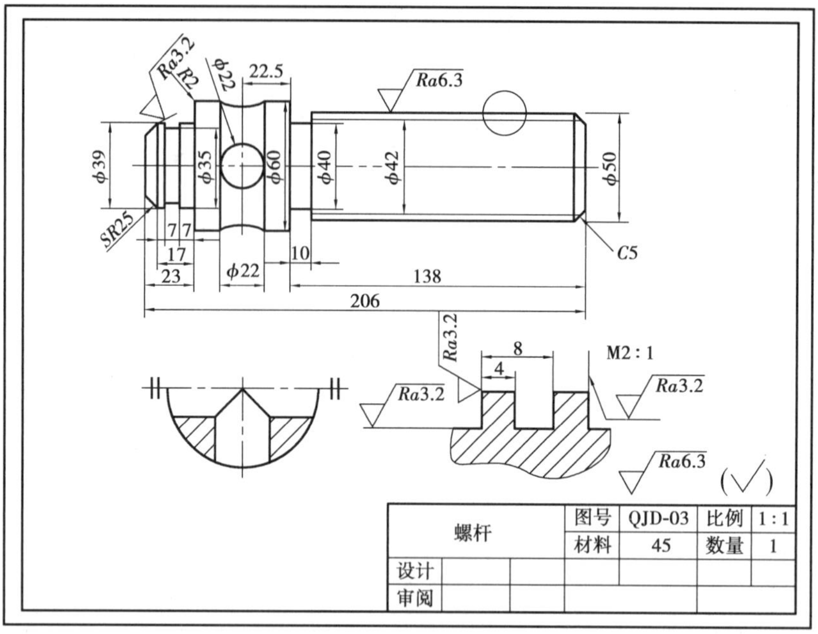

作图步骤：

①选择表达方案，选择主视图方向，画边框，标题栏、明细表。

②画底座（先不加粗，不画剖面线，不标注尺寸）。

③将螺套装入底座。

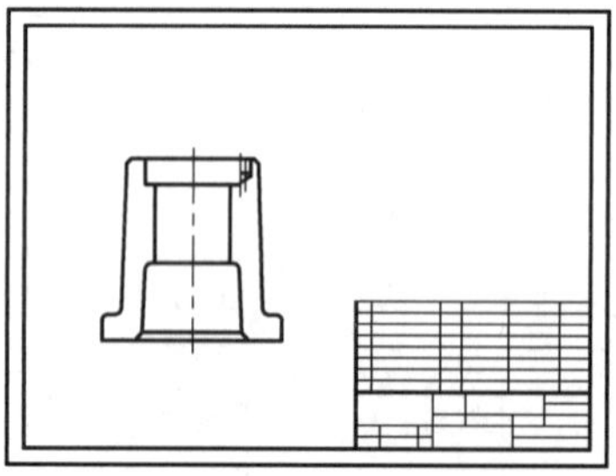

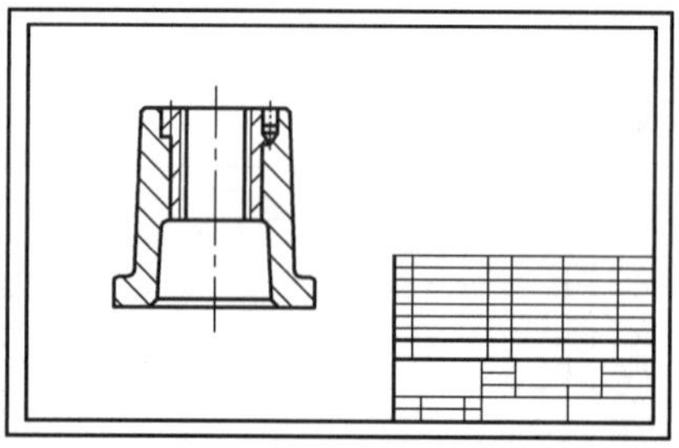

④将螺杆装入螺套。

⑤画绞杆，将顶垫装入螺杆。

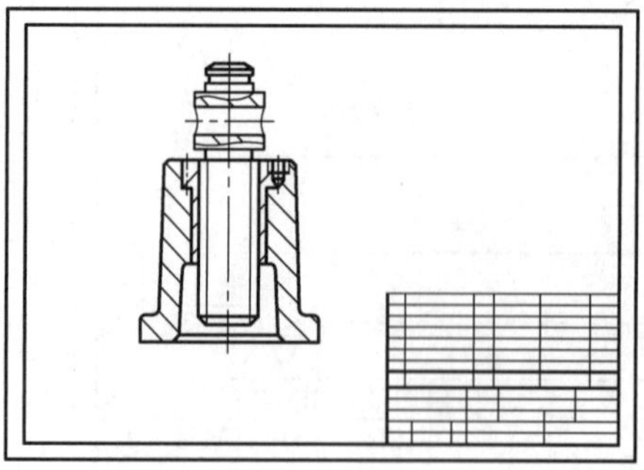

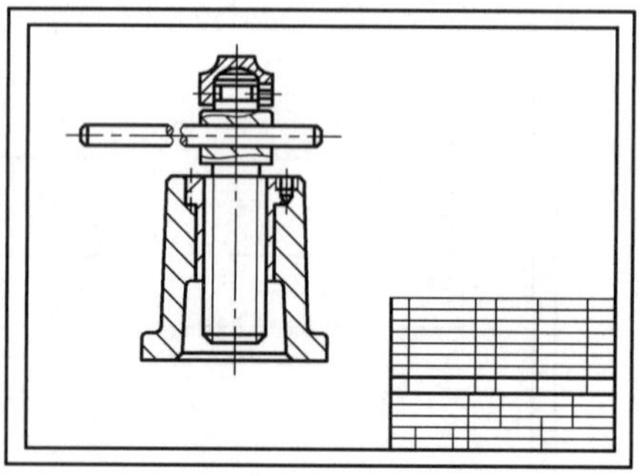

⑥画顶垫与螺杆间螺钉、螺套与底座间螺钉。

⑦标注尺寸、技术要求。

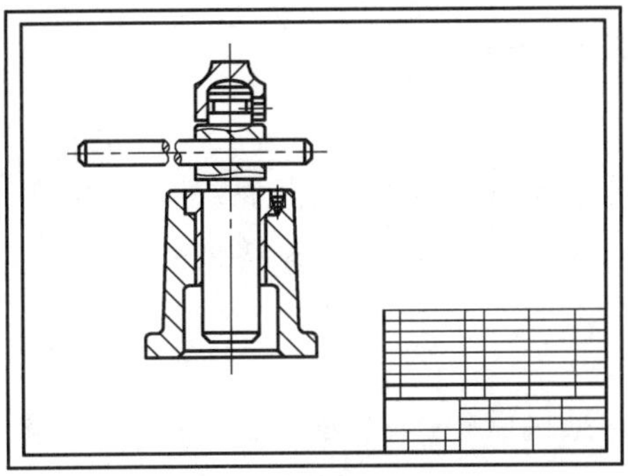

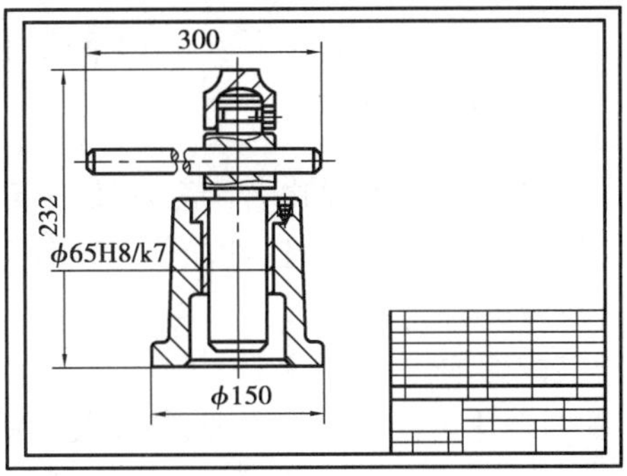

⑧检查,画剖面线,加粗,写序号,填写标题栏、明细表。

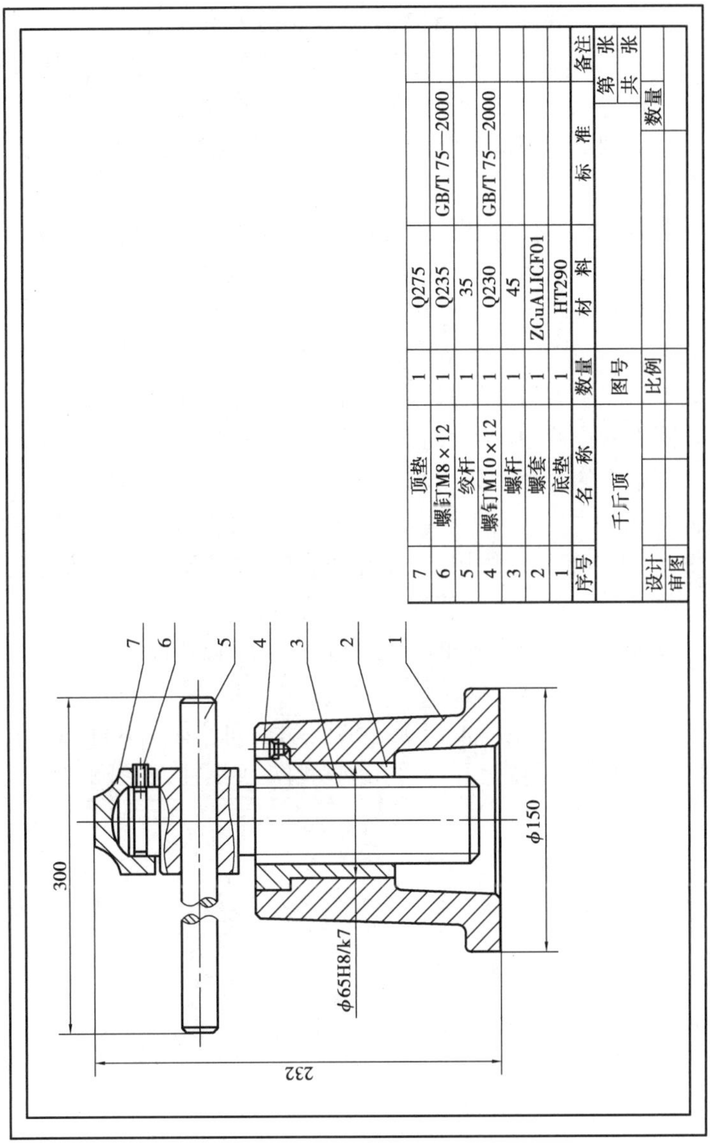

序号	名　称	数量	材　料	标　准	备注
7	顶垫	1	Q275		
6	螺钉M8×12	1	Q235	GB/T 75—2000	
5	绞杆	1	35		
4	螺钉M10×12	1	Q230	GB/T 75—2000	
3	螺杆	1	45		
2	螺套	1	ZCuALICF01		
1	底垫	1	HT290		

千斤顶	图号		第　张	
	比例	数量	共　张	
设计				
审图				

相关知识 1　装配图概述

(1)装配图的定义

装配图基础知识

任何机器或部件都是由若干零件按一定的装配关系和要求装配而成的。表达机器或部件的工作原理、性能要求及各零件之间的装配连接关系等内容的图样,称为装配图。

(2)装配图的作用

装配图表达机械的工作原理、装配关系等;它是机械生产、装配、维护和调试的重要技术文件。

(3)装配图的内容

①一组图形。用来表达装配体的结构、形状及装配关系。

②必要的尺寸。标注出表示装配体性能、规格及装配、检验、安装时所要的尺寸。

③技术要求。用符号或文字注写装配体在装配、试验、调整、使用时的要求。

④零件的序号和明细表。组成装配体的每一个零件按顺序编上序号,并在标题栏上方列出明细表。

⑤标题栏。注明装配体的名称、图号、比例。

装配图的内容如图 8.1 所示。

(4)装配体常见的结构

1)轴肩面与孔端面接触

①在同一方向上只能有一组面接触,避免两组面同时接触。

②在螺栓等紧固件的连接中,接触面应制成沉孔或凸台。

接触面与配合面结构的合理性如图 8.2 所示。

2)零件的紧固与定位

①为紧固零件,可适当加长螺纹尾部,在螺杆上加工出退刀槽,在螺孔上制作出凹坑或倒角。轮毂孔的轴向长度一定要大于与其配合轴段的长度。

②为防止滚动轴承在运动中产生窜动,应将其内、外圈轴向顶紧。

3)装拆结构

考虑装拆的方便与可能,一定要留出扳手的转动空间。如图 8.3(a)所示的螺栓不便于装拆和拧紧,合理的结构是在箱壁上开一手孔或改用双头螺柱,如图 8.3(b)、(c)所示。

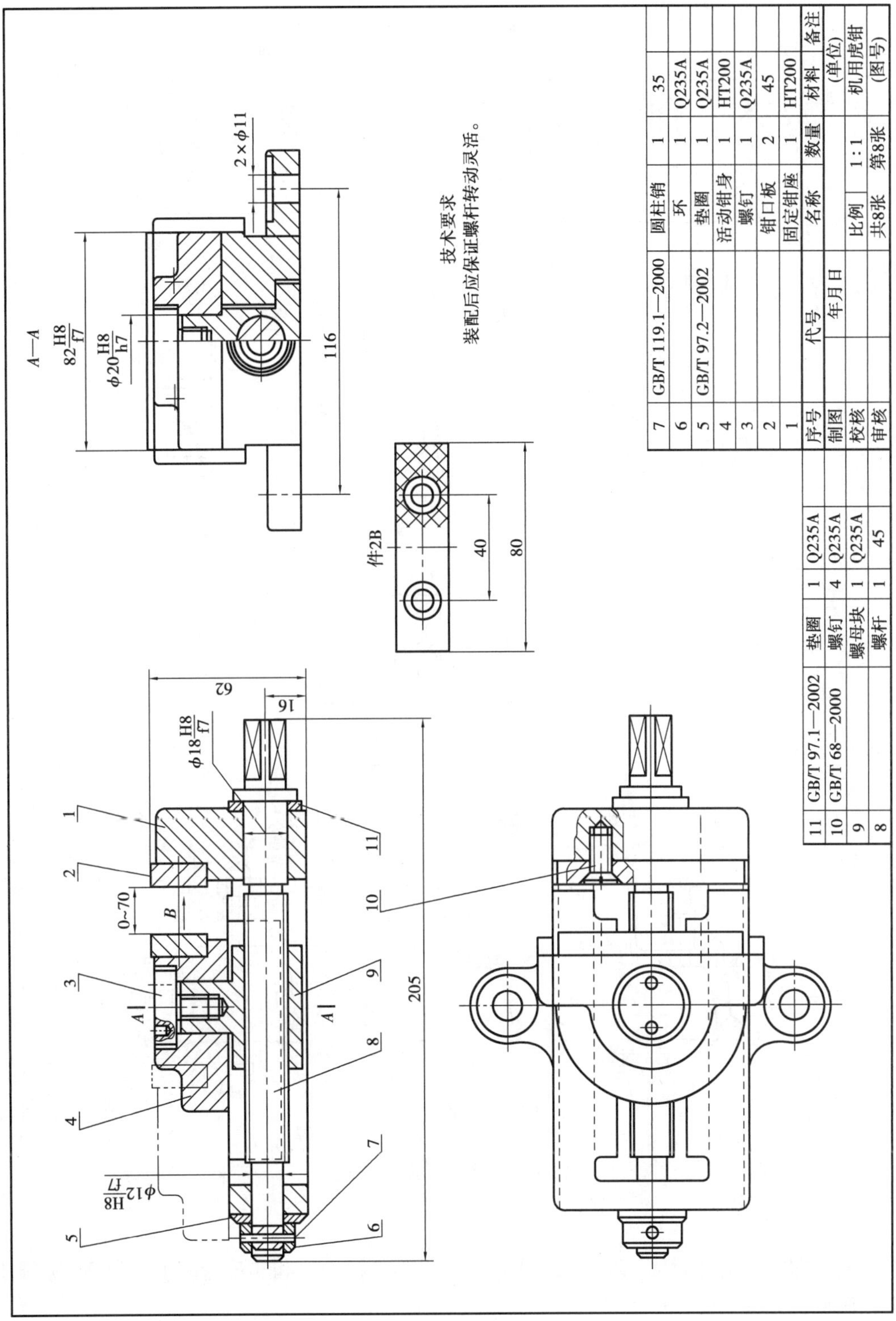
A—A
$82\frac{H8}{f7}$
$\phi20\frac{H8}{h7}$
2×φ11
116
技术要求
装配后应保证螺杆转动灵活。
件2B
40
80
62
16
$\phi18\frac{H8}{f7}$
$\phi12\frac{H8}{f7}$
0~70
B
A
205
1
2
3
4
5
6
7
8
9
10
11
7 GB/T 119.1—2000 圆柱销 1 35
6 环 1 Q235A
5 GB/T 97.2—2002 垫圈 1 Q235A
4 活动钳身 1 HT200
3 螺钉 1 Q235A
2 钳口板 2 45
1 固定钳座 1 HT200
序号 代号 名称 数量 材料 备注
11 GB/T 97.1—2002 垫圈 1 Q235A
10 GB/T 68—2000 螺钉 4 Q235A
9 螺母块 1 Q235A
8 螺杆 1 45
制图 年月日 (单位)
校核 比例 1:1 机用虎钳
审核 共8张 第8张 (图号)

图8.1　装配图的内容

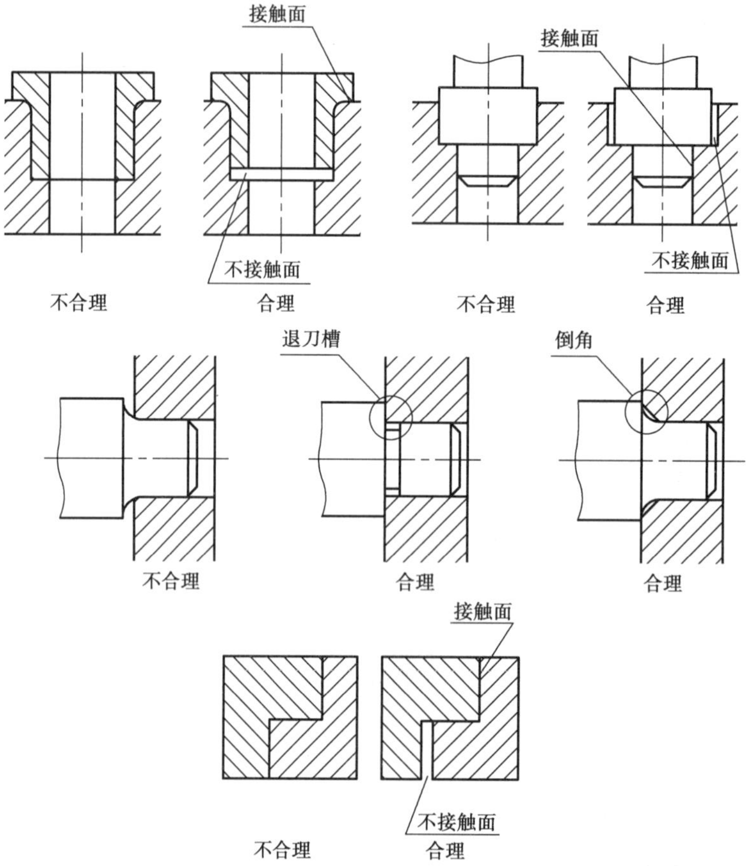

图 8.2　接触面与配合面结构的合理性

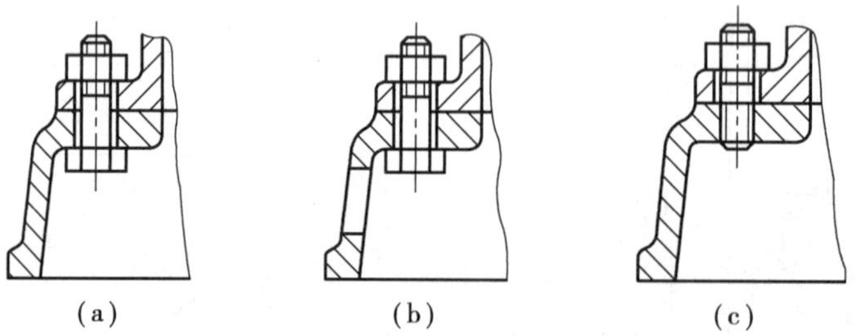

图 8.3　装、拆结构

相关知识 2　装配图画法

(1)规定画法(图 8.4)

①两相邻零件的接触面和配合面只画一条线,不接触表面和非配合表面,即使间隙很小,也必须画成两条线。

②在剖视图中,相邻两个零件的剖面线应方向相反或方向一致而间距不等,但同一个零件在不同视图中的剖面线必须方向一致、间隔相等。

③当剖切平面通过标准件和实心件的轴线时,均按不剖处理。

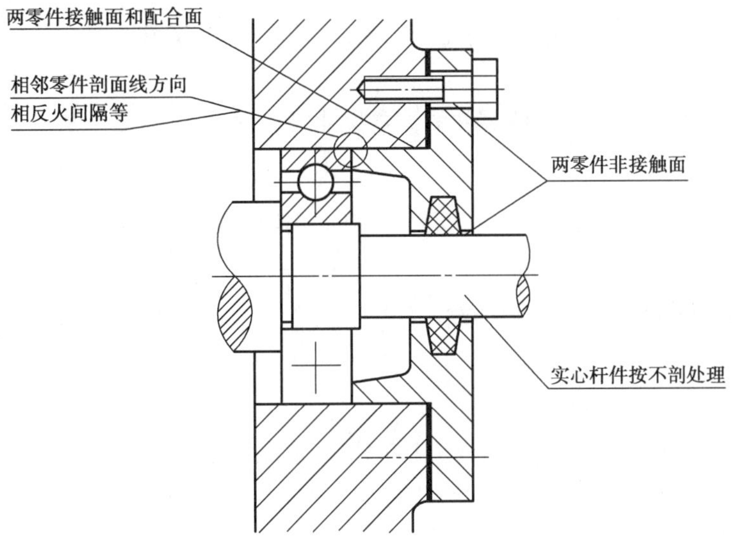

图8.4　规定画法

(2)装配图中的特殊画法规定

1)拆卸画法

假想沿某些零件的接合面剖切或假想将某些零件拆卸以后绘出其图形,表达装配体内部零件间的装配情况。

2)假想画法

零件的极限位置或部件相邻零件(或部件)的相互关系,可用双点画线画出其轮廓。

3)简化画法

①装配图上若干个相同的零件组,如螺栓、螺钉的连接等,允许详细地画出一组,其余只画出中心线位置。

②装配图上的零件工艺结构,如退刀槽、倒角、倒圆等,允许省略不画。

4)夸大画法

当部件中薄片零件、细小间隙、细弹簧等无法按实际尺寸画出时,可采用夸大画法。

相关知识3　装配图其他内容

(1)装配图的尺寸标注

1)性能(规格)尺寸

性能尺寸是表示机器或部件性能(规格)的尺寸,是设计和选用该机器或部件的依据。

2)装配尺寸

装配尺寸包括保证有关零件间配合性质的尺寸、保证零件间相对位置的尺寸、装配时进行加工的尺寸。

3)安装尺寸

安装尺寸是机器或部件安装时所需的尺寸。

4)外形尺寸

外形尺寸是表示机器或部件外形轮廓的大小,即总长、总宽和总高。

5)其他重要尺寸

如运动零件的极限尺寸、主体零件的重要尺寸等。

(2)技术要求

装配图上的技术要求主要是针对该装配体的工作性能、装配及检验要求、调试要求及使用与维护要求所提出的。

(3)装配图的零部件序号和明细栏

1)零部件序号及其编号方法

①零件序号的编号方法

序号:一种是对机器或部件中的所有零件按一定顺序进行编号,标准件一组可用公共指引线;另一种是将装配图中标准件的数量、标记按规定标注在图上,标准件不编号,而将非标准零件按顺序进行编号。

序号由点、指引线、横线(或圆圈)和序号数字组成。指引线、横线用细实线画出。指引线相互不交错,当指引线通过剖面线区域时应与剖面线斜交,避免与剖面线平行。序号数字比装配图的尺寸数字大一号或两号。

②序号编写的顺序

零部件序号应沿水平或垂直方向按顺时针(或逆时针)方向顺次排列整齐,并尽可能均匀分布。

③标准件、紧固件的编排

同一组紧固件可采用公共指引线,如图8.5所示;标准部件(如油杯、滚动轴承等)可看成一个部件,只编写一个序号。序号及编号方法如图8.6所示。

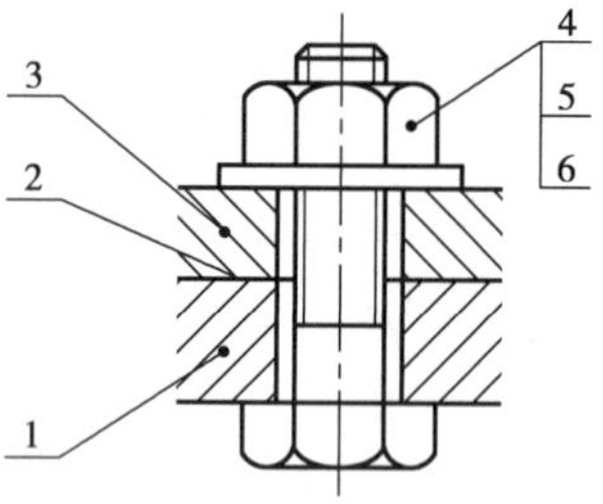

图8.5 标准件、紧固件的编排

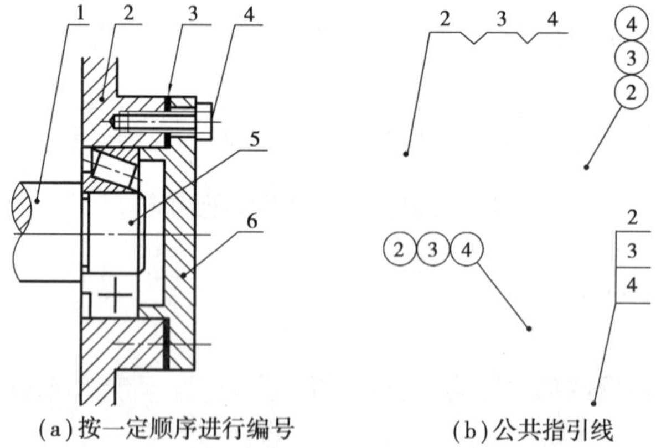

(a)按一定顺序进行编号 (b)公共指引线

图8.6 序号及编号方法

2)明细栏

明细栏是机器或部件中全部零部件的详细目录。如图8.7所示为推荐学校用标题栏、明细栏。明细栏应画在标题栏的上方,零件的序号自下而上填写,如位置不够可将明细栏分段画在标题栏的左方。

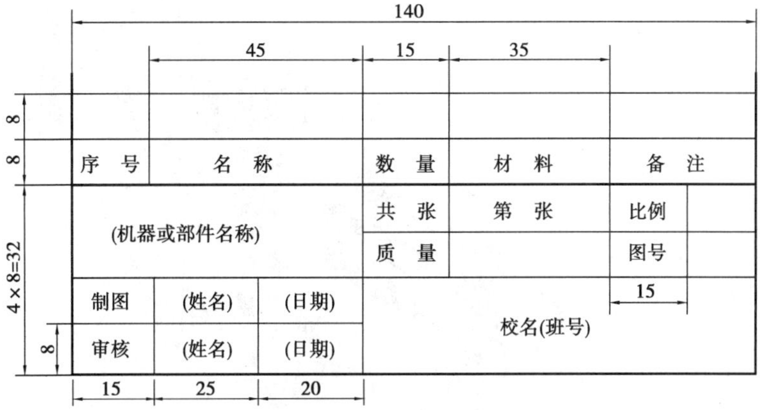

图 8.7　装配图明细栏

相关知识4　画装配图的方法与步骤

部件由一些零件组成,那么,根据部件所属的零件图就可拼画成部件的装配图。

(1)了解和分析装配体

齿轮泵工作原理如图 8.8 所示。齿轮泵立体图如图 8.9 所示。

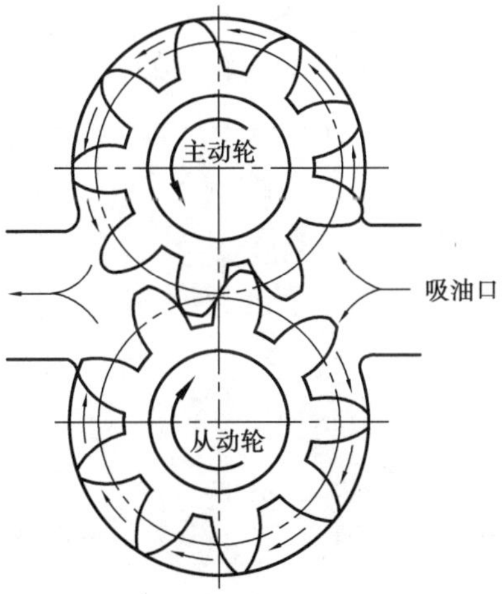

图 8.8　齿轮泵工件原理

(2)分析和看懂零件图

对装配体中的零件要逐个分析,看懂每个零件的零件图。按零件在装配体中的作用、位置以及相关零件的连接方式对零件进行结构分析。

(3)由零件图拼画装配图

1)布置视图

画各视图的主要基准线,并注意各视图之间应留有适当间隔,以便标注尺寸和进行零件编号,如图 8.10 所示。

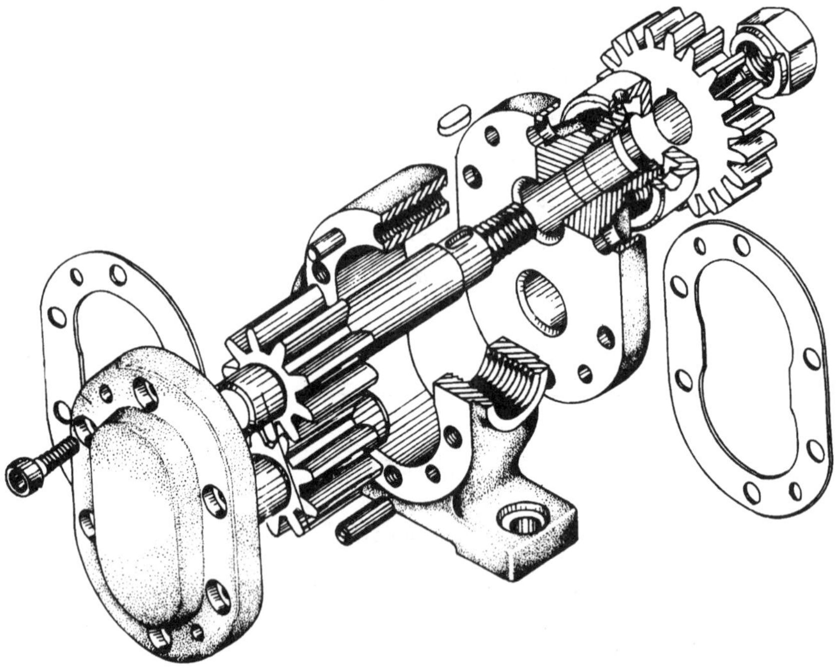

图 8.9　齿轮泵立体图

2)画主要装配线

从主视图开始,按照装配干线,从传动齿轮开始,由里向外画,如图 8.11、图 8.12 所示。

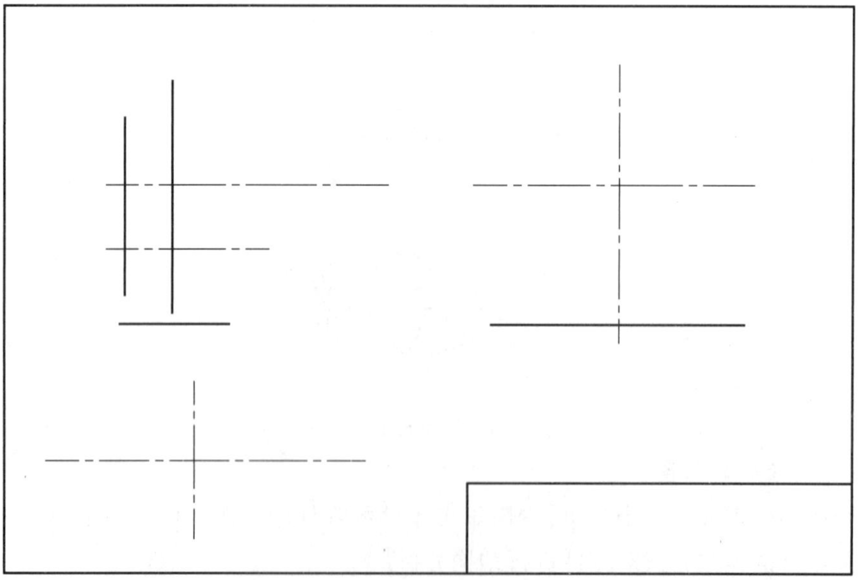

图 8.10　齿轮泵装配图画法

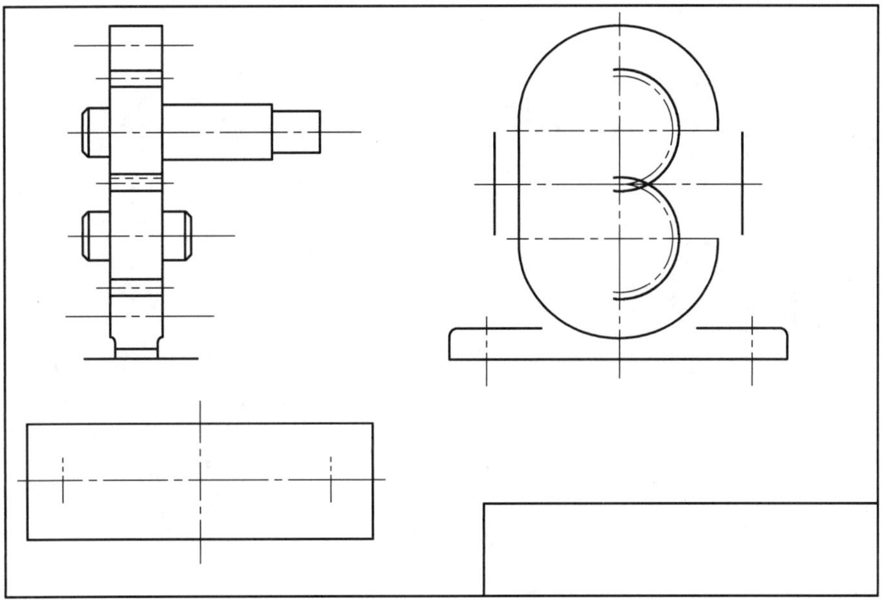

图 8.11 齿轮泵装配图画法

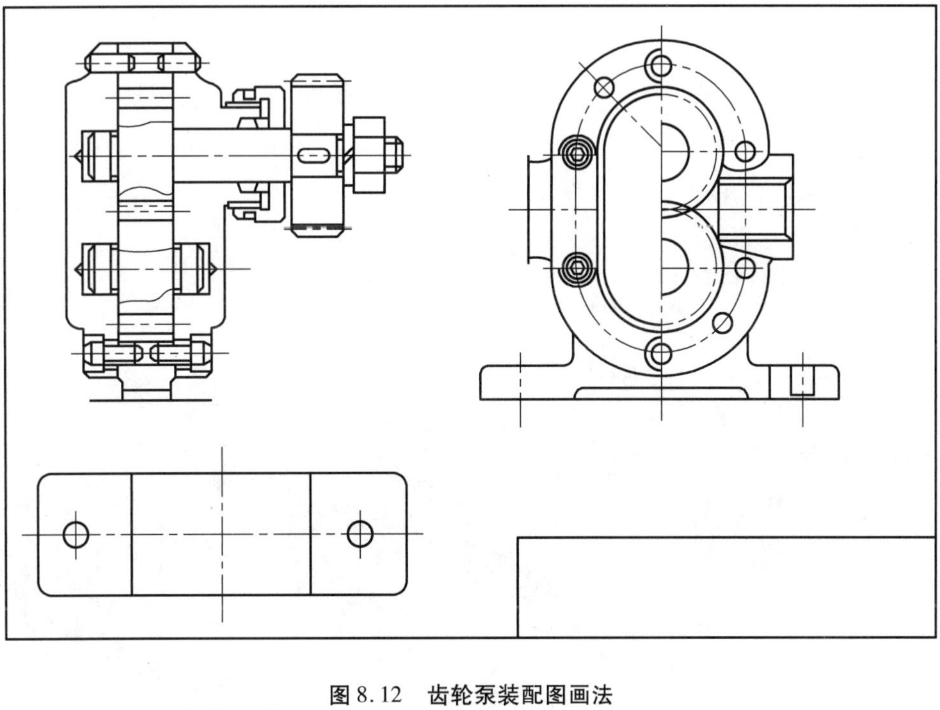

图 8.12 齿轮泵装配图画法

3)完成装配图

校核底稿,进行图线加深,画剖面线、尺寸界线、尺寸线和箭头;编注零件序号,注写尺寸数字,填写标题栏和技术要求,如图 8.13 所示。

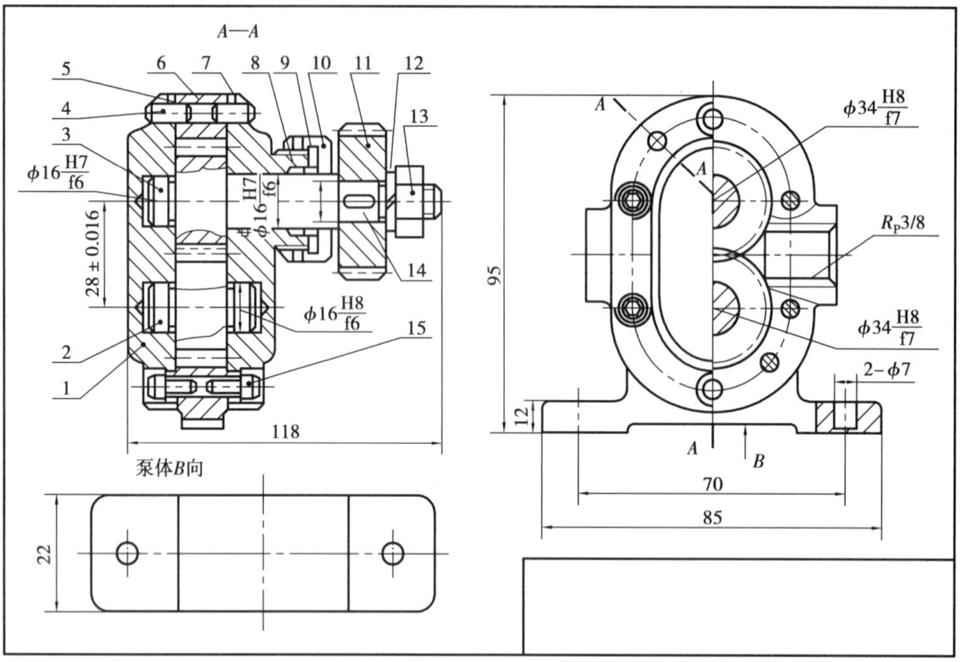

图 8.13　齿轮泵装配图画法

案例2　读装配图和拆画零件图

讲练题型　测绘机用虎钳。

①分析、拆卸机用虎钳。

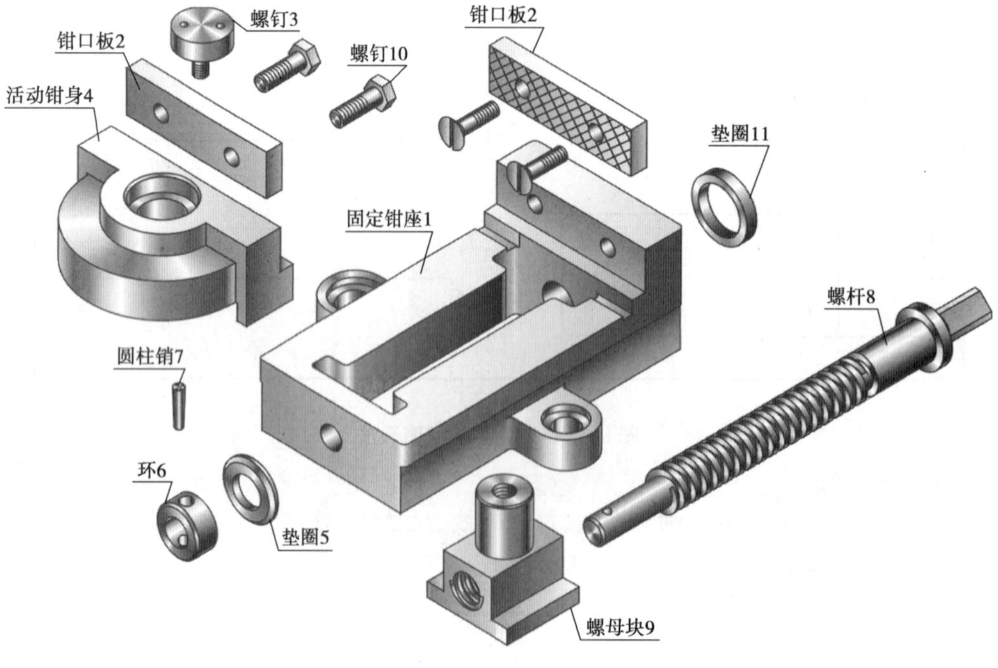

②画装配示意图。

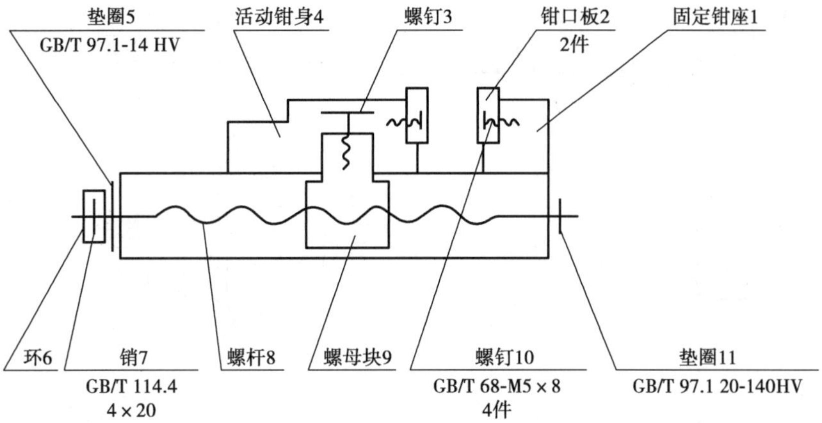

③画零件草图。

④绘制机用虎钳装配图。

⑤绘制零件图。

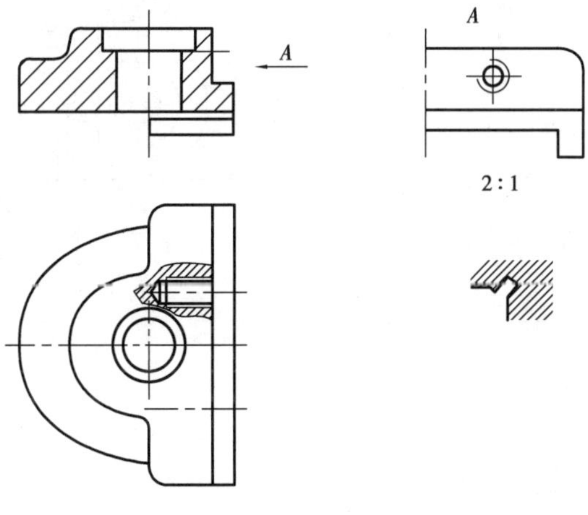

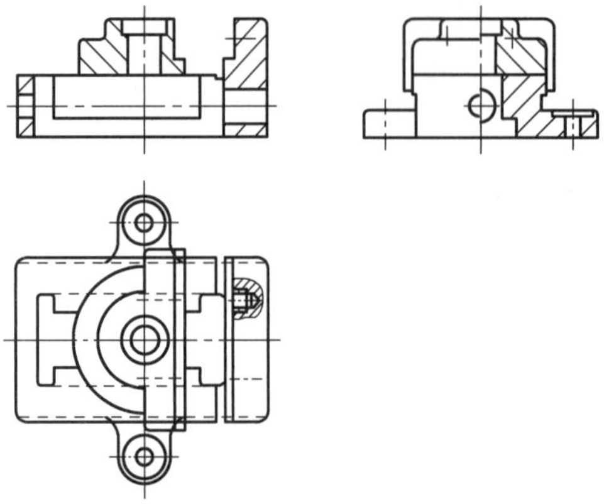

(a)

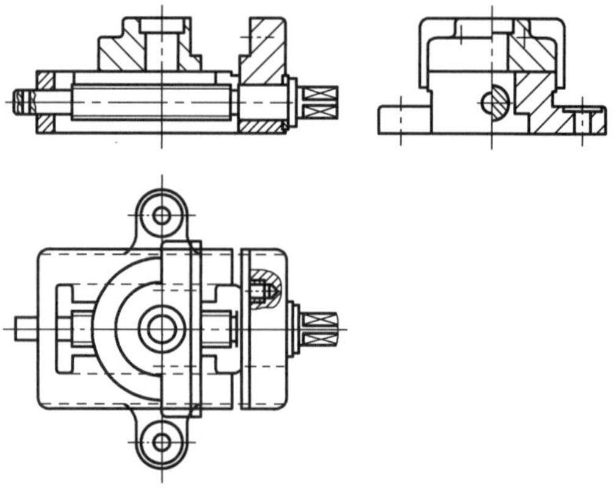

(b)

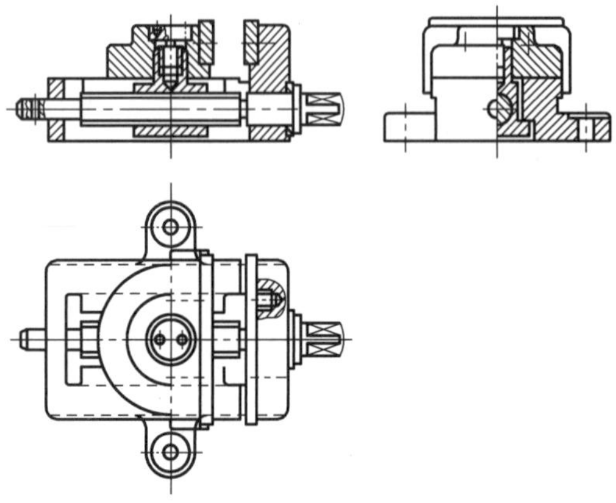

(c)

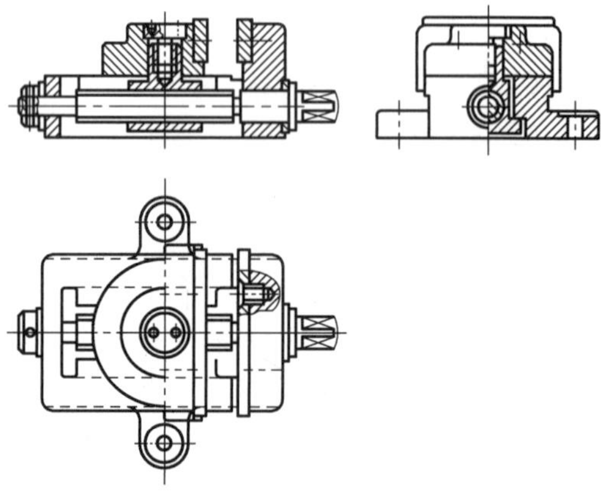

(d)

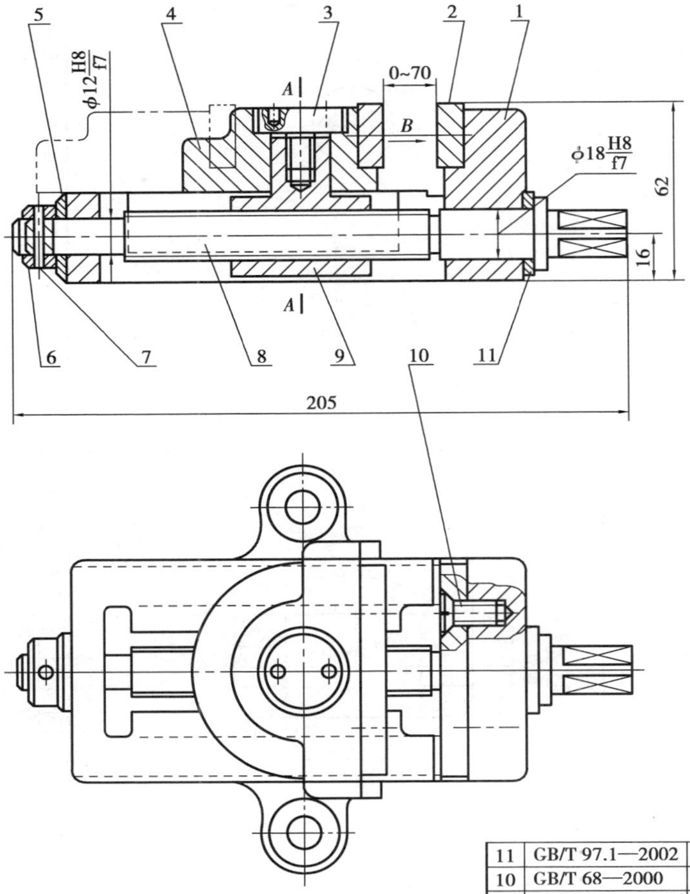

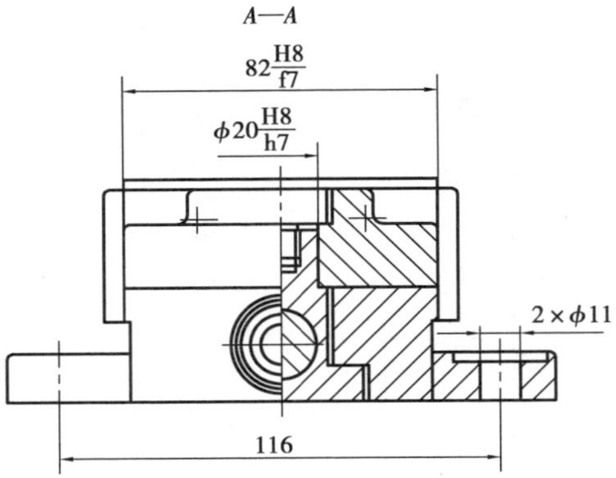

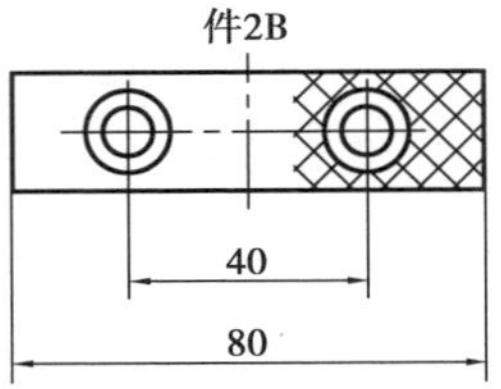

技术要求
装配后应保证螺杆转动灵活。

序号	代号	名称	数量	材料	备注
11	GB/T 97.1—2002	垫圈	1	Q235A	
10	GB/T 68—2000	螺钉	4	Q235A	
9		螺母块	1	Q235A	
8		螺杆	1	45	
7	GB/T 119.1—2000	圆柱销	1	35	
6		环	1	Q235A	
5	GB/T 97.2—2002	垫圈	1	Q235A	
4		活动钳身	1	HT200	
3		螺钉	1	Q235A	
2		钳口板	2	45	
1		固定钳座	1	HT200	

制图		年月日			(单位)
校核			比例	1:1	机用虎钳
审核			共8张	第8张	(图号)

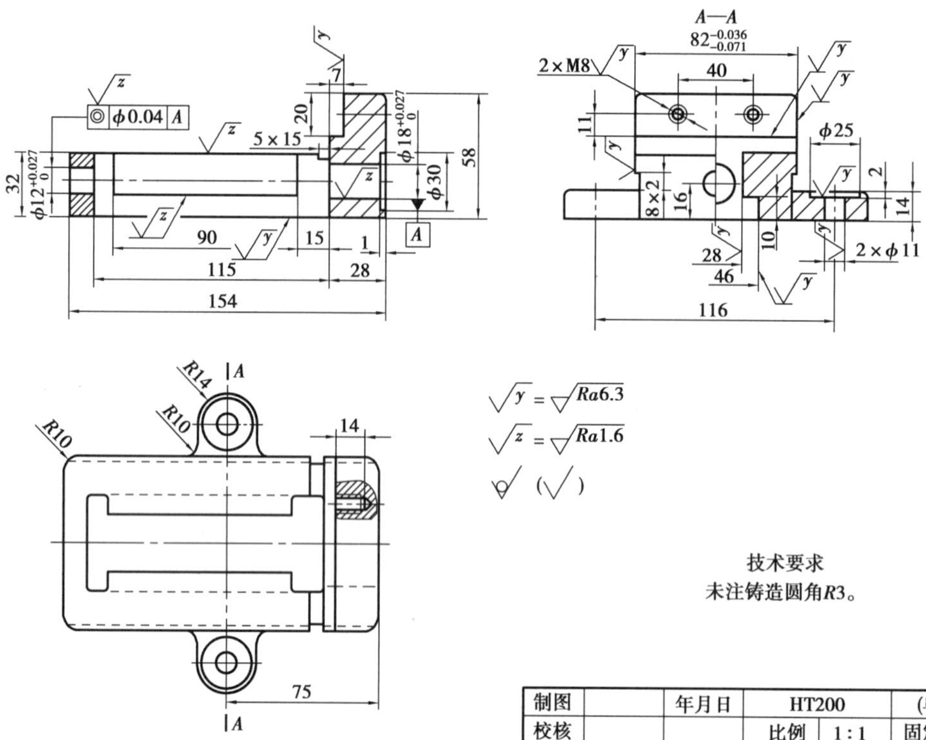

技术要求

未注铸造圆角R3。

制图		年月日	HT200		(单位)
校核			比例	1:1	固定钳座
审核			共8张 第1张		(图号)

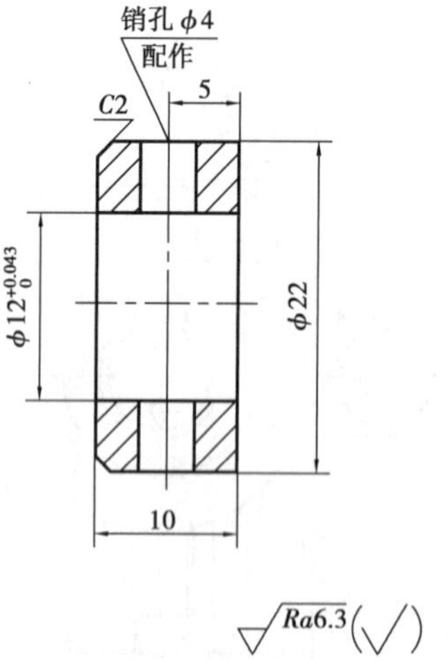

Ra6.3 (√)

制图		年月日	Q235A		(单位)
校核			比例	2:1	环
审核			共8张 第6张		(图号)

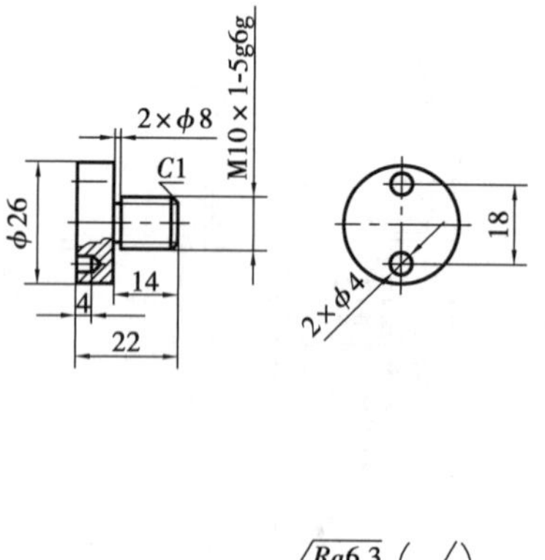

Ra6.3 (√)

制图		年月日	Q235A		(单位)
校核			比例	1:1	螺钉
审核			共8张 第7张		(图号)

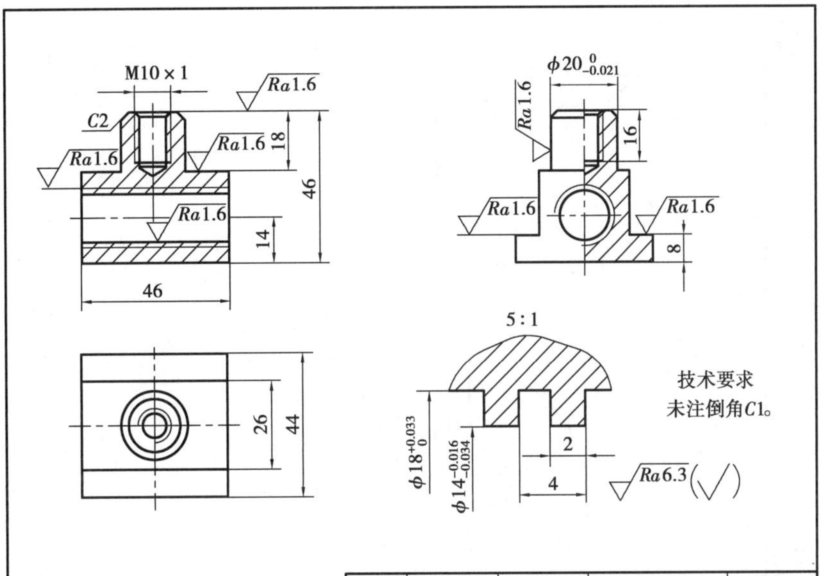

制图		年 月 日	Q235A		(单位)
校核			比例	1:1	螺母块
审核			共8张	第4张	(图号)

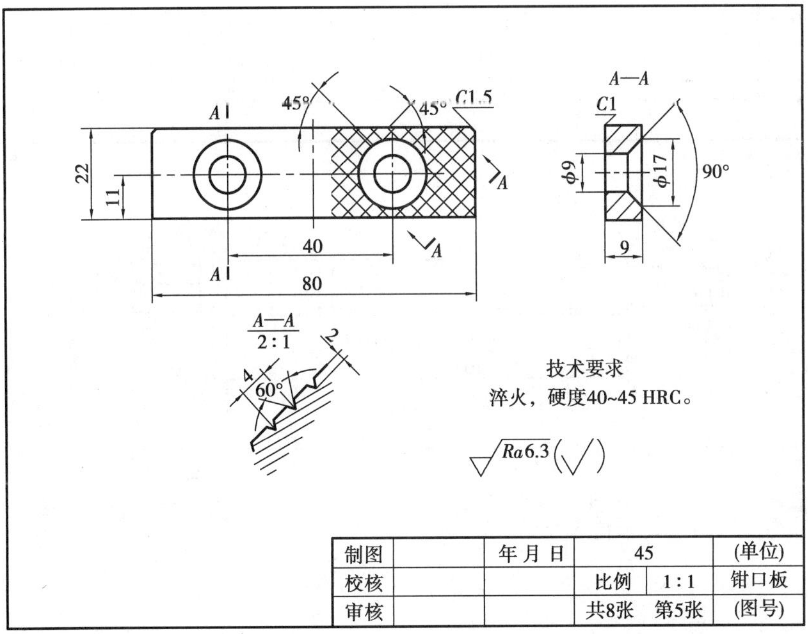

制图		年 月 日	45		(单位)
校核			比例	1:1	钳口板
审核			共8张	第5张	(图号)

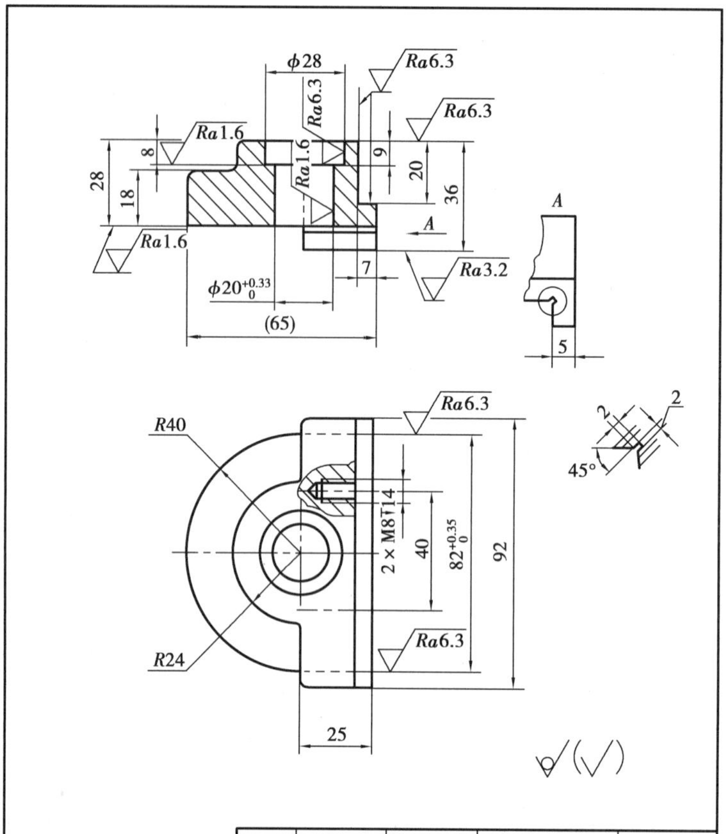

制图		年 月 日	HT200		(单位)
校核			比例	1:1	活动钳身
审核			共8张 第2张		(图号)

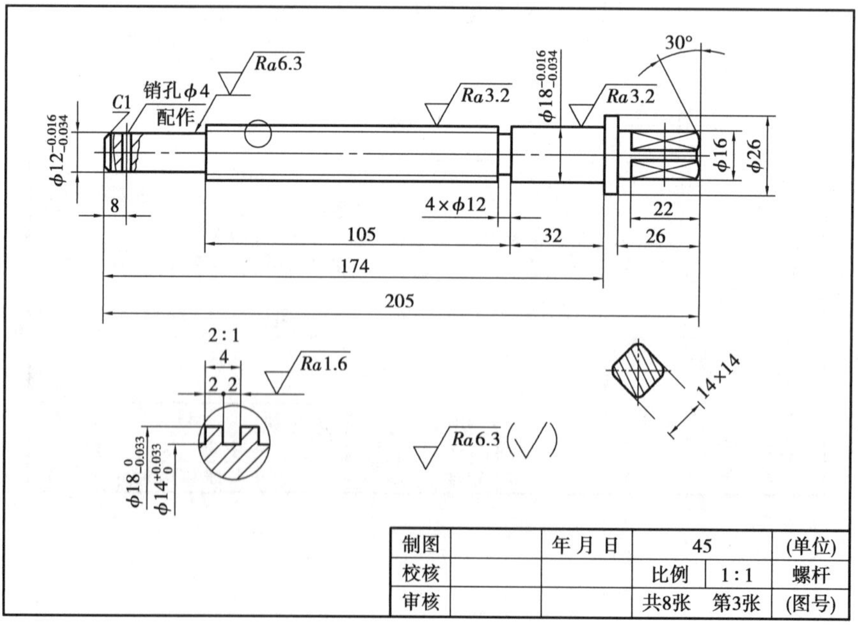

制图		年 月 日	45		(单位)
校核			比例	1:1	螺杆
审核			共8张 第3张		(图号)

相关知识5　读装配图和拆画零件图

读装配图的要求:从装配图中了解部件中各个零件的装配关系,分析部件的工作原理,并能分析和读懂其中主要零件及其他有关零件的结构形状。

(1)读装配图的方法与步骤

1)概括了解

①看标题栏了解部件的名称,对于复杂部件可通过说明书或参考资料了解部件的构造、工作原理和用途。

②看零件编号和明细栏,了解零件的名称、数量和它在图中的位置。

2)分析视图

分析各视图的名称及投影方向,弄清剖视图、剖面图的剖切位置,从而了解各视图表达的意图和重点。

3)分析装配关系、传动关系和工作原理

分析各条装配干线,弄清各零件间相互配合的要求,以及零件间的定位、连接方式、密封等问题。再进一步搞清运动零件与非运动零件的相对运动关系。

4)分析零件、读懂零件的结构形状

(2)由装配图拆画零件图

1)拆画零件图的步骤

①分离零件:按读装配图的要求,看懂部件的工作原理、装配关系和零件的结构形状,将零件分离出来。

②根据零件图视图表达的要求,确定零件的视图表达方案。

③零件尺寸的确定:根据选定的零件表达方案,画出零件工作图,装配图中标注的零件尺寸都应移到零件图上,凡注有配合的尺寸,应根据公差代号在零件图上注出公差带代号或极限偏差数值。

2)拆画零件图时要注意的问题

①在装配图中允许不画的零件的工艺结构,如倒角、圆角、退刀槽等,在零件图中应全部画出。零件的视图表达方案应根据零件的结构形状确定,而不能盲目照抄装配图。要从零件的整体结构形状出发选择视图。装配图中标注的尺寸是设计时确定的重要尺寸,不应随意改动,零件图的尺寸,除在装配图中注出者外,其余尺寸都在图上按比例直接量取。对于标准结构或配合的尺寸,如螺纹、倒角、退刀槽等要查标准注出。

②标注表面粗糙度、公差配合、形位公差等技术要求时,要根据装配图所示该零件在机器中的功用、与其他零件的相互关系,并结合自己掌握的结构和制造工艺方面的知识而定。

相关知识6　零部件测绘方法和步骤

(1)了解和分析测绘对象

测绘前,要对被测绘零件进行全面、仔细的观察、了解和分析,收集参照有关资料、说明书或同类产品的图样。

(2)拆卸零部件和画装配示意图

1)拆卸环境与常用拆卸工具

①环境。场地宽敞、光线清晰、常温 20 ℃左右。

②工具。扳手、台虎钳、螺钉旋具、钳工锤、垫片等。

2)拆卸注意事项

①依次拆卸,并编号、记录零件名称和数量。

②拆卸前要仔细观察、分析装配体的结构特点、装配关系和连接方式。

③对不可拆卸零件,不要拆开;对于精度要求较高的过渡配合或不拆也可测绘的零件,尽量不拆;对于标准件,也可不拆卸。

④对于零件中的一些重要尺寸,应在拆卸前进行测量。

(3)画零件草图与测量标注尺寸

(略)

(4)画装配图

1)拟订表达方案

①选择主视图。

②确定其他视图。

2)画装配图的步骤

①选比例,定图幅。

②画基准线,合理布图。

③按作图顺序画图。

④描深,标注尺寸,编排零件序号,填写标题栏、明细栏和技术要求,完成装配图。

(5)画零件工件图

①清楚、正确地表达出零件各部分的结构、形状和尺寸。

②标出零件各部分的尺寸及其精度。

③标出零件各部分必要的几何公差。

④标出零件各表面的粗糙度。

⑤注明对零件的其他技术要求。

⑥画出零件工作图标题栏。

(6)常用测量工具及测量方法

常用测量工具及测量方法如图 8.14—图 8.22 所示。

①用螺纹规确定螺纹的牙型和螺距 $P=1.5$。

②用游标卡尺量出螺纹大径。

③目测螺纹的线路和旋向。

④根据测得的牙型、大径、螺距,与有关手册中螺纹的标准核对,选取相近的标准值。

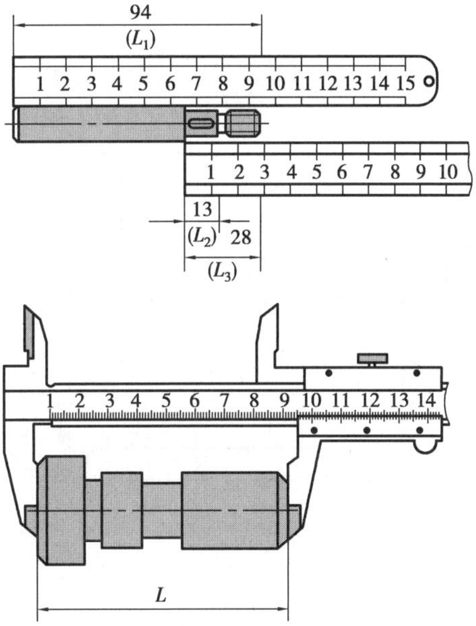

图 8.14　**线性尺寸**

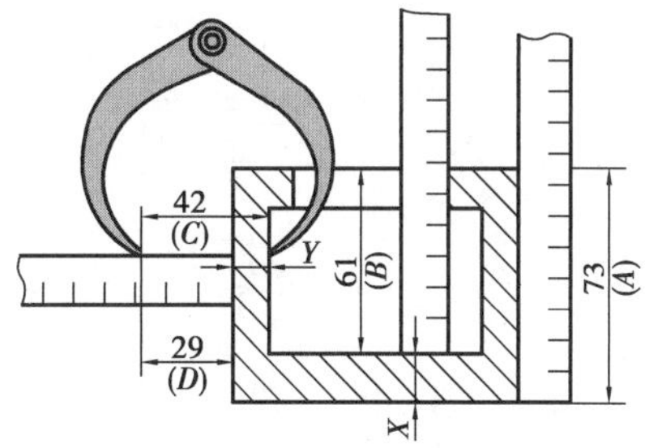

图 8.15　**壁厚尺寸**

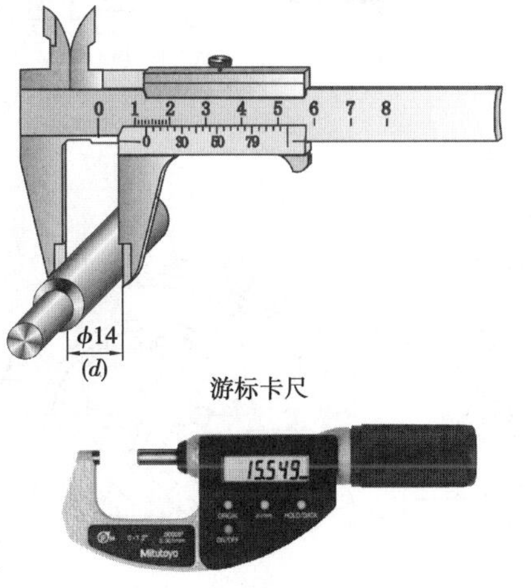

图 8.16　**直径尺寸**

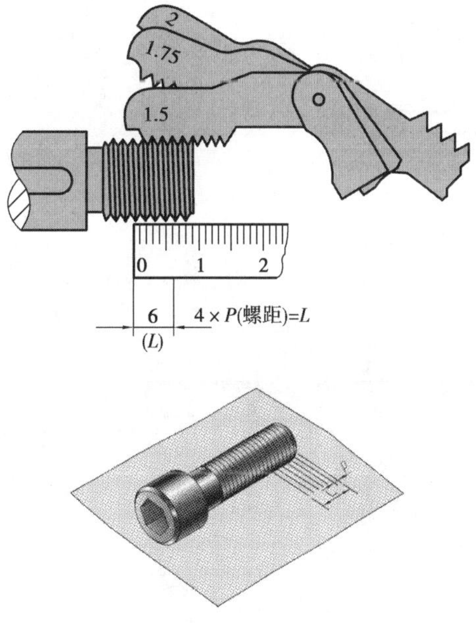

图 8.17　**螺纹的螺距**

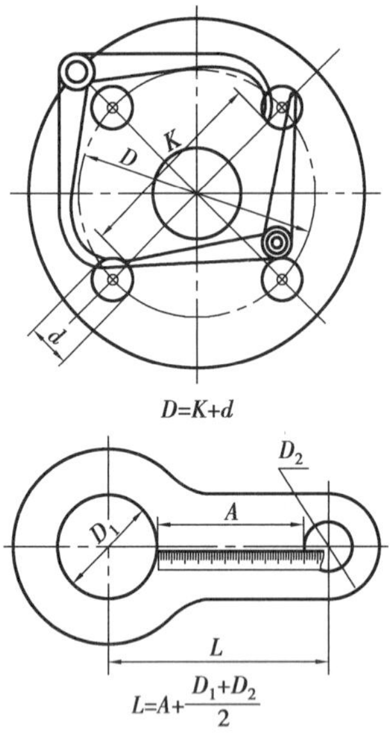

图 8.18　孔中心距

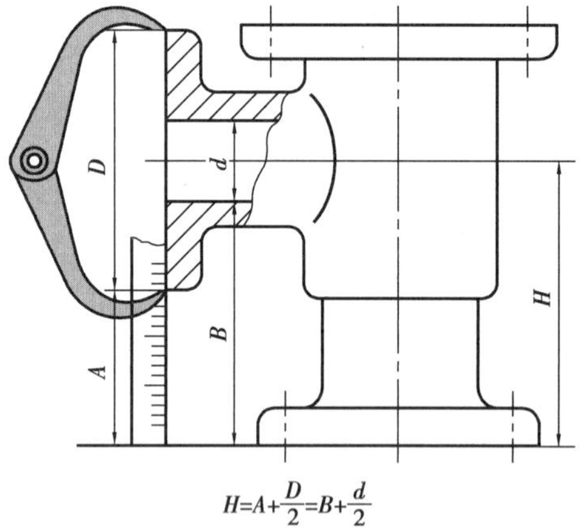

图 8.19　中心高

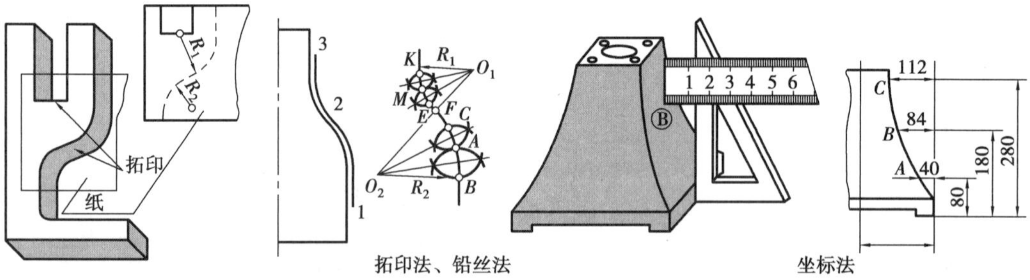

图 8.20　曲面轮廓

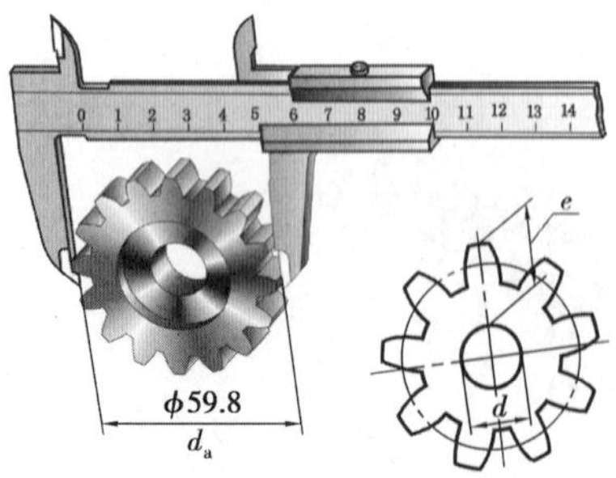

图 8.21　齿轮的模数

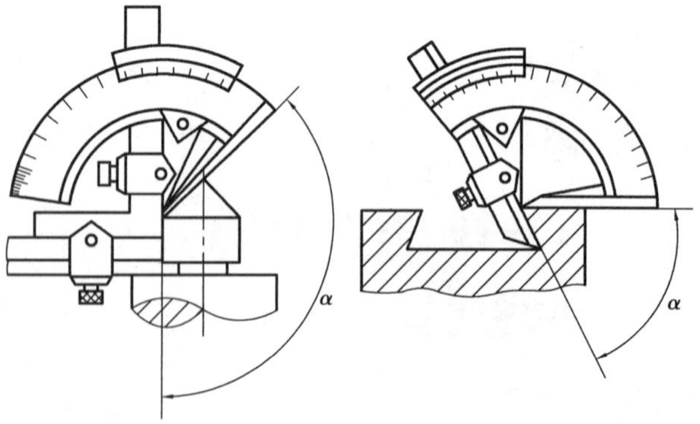

图 8.22　角度测量

附　录

附录1　普通螺纹　直径与螺距系列
（摘自 GB/T 193—2003，GB/T 196—2003）

直径与螺距系列/mm

公称直径 D,d		螺距 P		粗牙小径 D_1,d_1	公称直径 D,d		螺距 P		粗牙小径 D_1,d_1
第一系列	第二系列	粗牙	细牙		第一系列	第二系列	粗牙	细牙	
3		0.5	0.35	2.459		22	2.5	2,1.5,1	19.294
	3.5	0.6		2.850	24		3	2,1.5,1	20.752
4		0.7	0.5	3.242		27	3		23.752
	4.5	0.75		3.688	30		3.5	(3),2,1.5,1	26.211
5		0.8		4.134		33	3.5	(3),2,1.5	29.211
6		1	0.75	4.917	36		4	3,2,1.5	31.670
8		1.25	1,0.75	6.647		39	4		34.670
10		1.5	1.25,1,0.75	8.376	42		4.5	4,3,2,1.5	37.129
12		1.75	1.25,1	10.106		45	4.5		40.129
	14	2	1.5,1.25,1	11.835	48		5		42.587
16		2	1.5,1	13.835		52	5		46.587
	18	2.5	2,1.5,1	15.294	56		5.5	4,3,2,1.5	50.046
20		2.5		17.294		60	5.5		50.046

注：1. 优先选用第一系列，括号内尺寸尽可能不用。

2. 公称直径 D,d 第三系列尺寸和中径 D_2,d_2 未列入。

3. M14×1.25 仅用于火花塞。

附录2 螺纹紧固件

六角头螺栓——C 级(摘自 CB/T 5780—2016)
六角头螺栓——A 级和 B 级(摘自 CB/T 5782—2016)

GB/T 5780

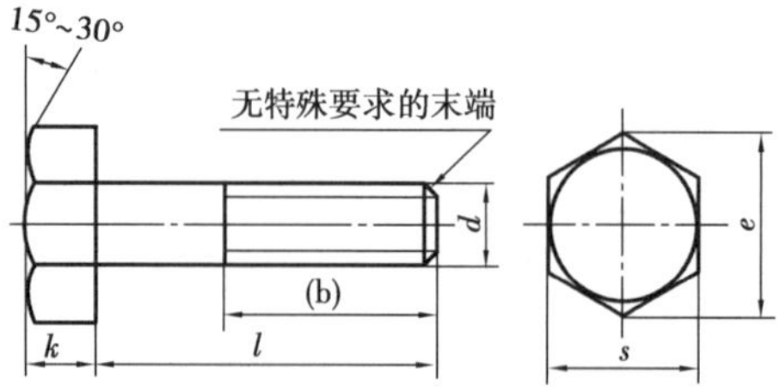

GB/T 5782

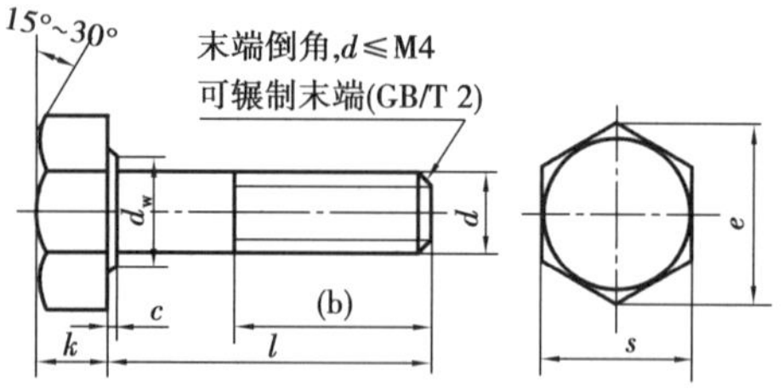

标记示例

螺纹规格 d=M12,公称长度 l=80 mm,性能等级为 8.8 级,表面氧化,A 级的六角头螺栓:

螺栓 GB/T 5782—2016 M12×80

mm

螺纹规格 d			M3	M4	M5	M6	M8	M10	M12	M16	M20	M24	M30	M36	M42
b 参考	l≤125		12	14	16	18	22	26	30	38	46	54	66	78	—
	125<l≤200		18	20	22	24	28	32	36	44	52	60	72	84	96
	l>200		31	33	35	37	41	45	49	57	65	73	85	97	109
c(max)			0.4	0.4	0.5	0.5	0.6	0.6	0.6	0.8	0.8	0.8	0.8	0.8	1
d_w (min)	产品等级	A	4.57	5.88	6.88	8.88	11.63	14.63	16.63	22.49	28.19	33.61	—	—	—
		B,C	4.45	5.74	6.74	8.74	11.47	14.47	16.47	22	27.7	33.25	42.75	51.11	59.95
e (min)	产品等级	A	6.01	7.66	8.79	11.05	14.38	17.77	20.03	26.75	33.53	39.98	—	—	—
		B,C	5.88	7.50	8.63	10.89	14.20	17.59	19.85	26.17	32.95	39.55	50.85	60.79	72.02
k 公称			2	2.8	3.5	4	5.3	6.4	7.5	10	12.5	15	18.7	22.5	26
r(min)			0.1	0.2	0.2	0.25	0.4	0.4	0.6	0.6	0.8	0.8	1	1	1.2
s 公称(max)			5.5	7	8	10	13	16	18	24	30	36	46	55	65
l(商品规格范围)			20 ~ 30	25 ~ 40	25 ~ 50	30 ~ 60	40 ~ 80	45 ~ 100	50 ~ 120	65 ~ 160	80 ~ 200	90 ~ 240	110 ~ 300	140 ~ 360	160 ~ 440
l 系列			12,16,20,25,30,35,40,45,50,55,60,65,70,80,90,100,110,120,130,140,150,160,180,200,220,240,260,280,300,320,340,360,380,400,420,440,460,480,500												

注:1. A 级用于 d≤24 和 l≤10d 或 l≤150 mm 的螺栓;B 级用于 d>24 和 l>10d 或 l>150 mm 的螺栓。

2. 螺纹规格 d 的范围:GB/T 5780 为 M5—M64;GB/T 5782 为 M1.6—M64。

3. 工程长度范围:GB/T 5780 为 25 ~ 500 mm;GB/T 5782 为 12 ~ 500 mm。

附录3 双头螺柱

$b_m=1d$(摘自 GB/T 897—1988)　　$b_m=1.25d$(摘自 GB/T 898—1988)

$b_m=1.5d$(摘自 GB/T 899—1988)　　$b_m=2d$(摘自 GB/T 900—1988)

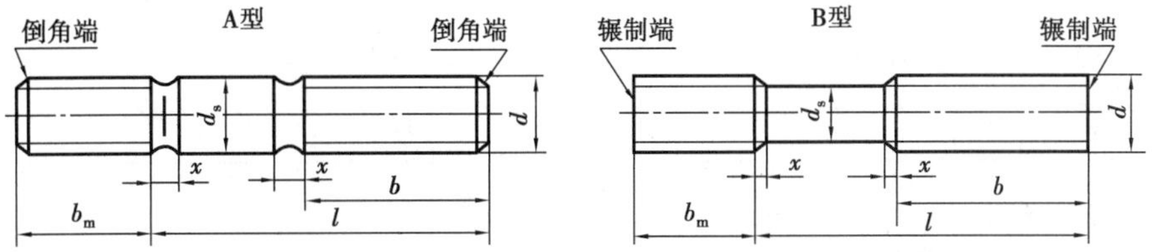

标记示例

①两端均为粗牙普通螺纹,螺纹规格 d=M10,公称直径 l=50 mm,性能等级为4.8 级,不经表面处理,B 型,$b_m=1d$ 的双头螺柱:

螺柱 GB/T 897—1988　M10×50

②旋入端为粗牙普通螺纹,紧固端为螺距 P=1 mm 的细牙普通螺纹,d=10 mm,l=50 mm,性能等级为 4.8 级,不经表面处理,A 型,$b_m=1.25d$ 的双头螺柱:

螺柱 GB/T 898—1988　A M10—M10×1×50

mm

螺纹规格 d	b_m				x (max)	l/b
	GB/T 897—1988	GB/T 898—1988	GB/T 899—1988	GB/T 900—1988		
M5	5	6	8	10		$\frac{16\sim20}{10}$, $\frac{25\sim50}{16}$
M6	6	8	10	12		$\frac{20}{10}$, $\frac{25\sim30}{14}$, $\frac{35\sim70}{18}$
M8	8	10	12	16		$\frac{20}{12}$, $\frac{25\sim30}{16}$, $\frac{35\sim90}{22}$
M10	10	12	15	20		$\frac{20}{14}$, $\frac{30\sim35}{16}$, $\frac{40\sim120}{26}$, $\frac{130}{22}$
M12	12	15	18	24		$\frac{25\sim30}{16}$, $\frac{35\sim40}{20}$, $\frac{45\sim120}{30}$, $\frac{130\sim180}{36}$
(M14)	14	18	21	28	$2.5P$	$\frac{30\sim35}{18}$, $\frac{38\sim45}{25}$, $\frac{55\sim120}{34}$, $\frac{130\sim180}{40}$
M16	16	20	24	32		$\frac{35\sim38}{22}$, $\frac{45\sim55}{30}$, $\frac{60\sim120}{38}$, $\frac{130\sim200}{44}$
(M18)	18	22	27	36		$\frac{35\sim40}{22}$, $\frac{45\sim60}{35}$, $\frac{65\sim120}{42}$, $\frac{130\sim200}{48}$
M20	20	25	30	40		$\frac{35\sim40}{25}$, $\frac{45\sim60}{35}$, $\frac{70\sim120}{46}$, $\frac{130\sim200}{52}$
(M22)	22	28	33	44		$\frac{40\sim45}{30}$, $\frac{50\sim70}{40}$, $\frac{75\sim120}{50}$, $\frac{130\sim200}{56}$
M24	24	30	36	48		$\frac{45\sim50}{30}$, $\frac{55\sim75}{45}$, $\frac{80\sim120}{54}$, $\frac{130\sim200}{60}$

注:1. $b_m=d$,一般用于旋入机体为钢的场合;$b_m=(1.25\sim1.5)d$,一般用于旋入机体为铸铁的场合;$b_m=2d$,一般用于旋入机体为铝合金的场合。

2. P 为粗牙螺纹的螺距。

3. 不带括号的为优先序列,仅 GB/T 898—1988 有优先序列。

附录4　连接螺钉

开槽圆柱头螺钉(摘自 GB/T 65—2016)
开槽盘头螺钉(摘自 GB/T 67—2016)
开槽沉头螺钉(摘自 GB/T 68—2016)

开槽圆柱头螺钉GB/T 65—2016

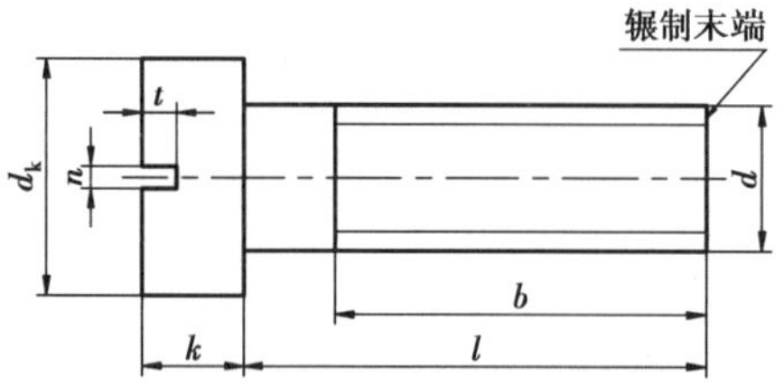

开槽盘头螺钉GB/T 67—2000

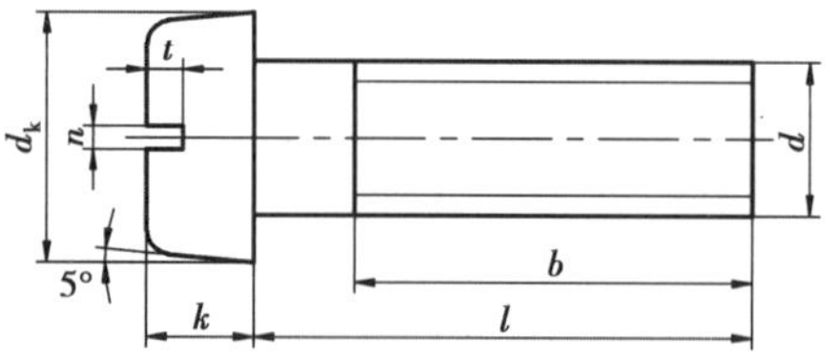

开槽沉头螺钉GB/T 68—2016

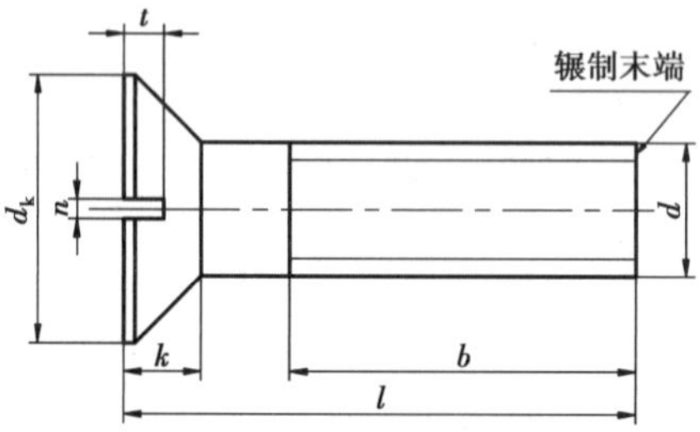

标记示例

①螺纹规格 d=M5,公称长度 l=20 mm,性能等级为 4.8 级,不经表面处理的开槽圆柱头螺钉:

螺钉 GB/T 65—2016　M5×20

②螺纹规格 d=M5,公称长度 l=20 mm,性能等级为 4.8 级,不经表面处理的开槽盘头螺钉:

螺钉 GB/T 67—2016　M5×20

mm

螺纹规格 d		M3	M4	M5	M6	M8	M10
d_k (max)	GB/T 65—2016	5.5	7	8.5	10	13	16
	GB/T 67—2016	5.6	8	9.5	12	16	20
	GB/T 68—2016	5.5	8.4	9.3	11.3	15.8	18.3
k (max)	GB/T 65—2016	2	2.6	3.3	3.9	5	6
	GB/T 67—2016	1.8	2.4	3.0	3.6	4.8	6.0
	GB/T 68—2016	1.65	2.70	2.70	3.30	4.65	5.00
n(公称)		0.8	1.2	1.2	1.6	2.0	2.5
t (min)	GB/T 65—2016	0.85	1.1	1.3	1.6	2.0	2.4
	GB/T 67—2016	0.7	1.0	1.2	1.4	1.9	2.4
	GB/T 68—2016	0.6	1.0	1.1	1.2	1.8	2.0
l(公称)	GB/T 65—2016	4~30	5~40	6~50	8~60	10~80	12~80
	GB/T 67—2016	4~30	5~40	6~50	8~60	10~80	12~80
	GB/T 68—2016	5~30	6~40	8~50	8~60	10~80	12~80

续表

螺纹规格 d			M3	M4	M5	M6	M8	M10
b (min)	GB/T 65—2016 GB/T 67—2016	$l \leq 40$	全螺纹					
		$l<40$	38					
	GB/T 68—2016	$l \leq 45$	全螺纹					
		$l<45$	38					
长度 l 系列			4,5,6,8,10,12,(14),16,20~50(5 进位); 55~80(5 进位,个位为 5 时尽可能不采用)					

内六角圆柱头螺钉(摘自 GB/T 70.1—2008)

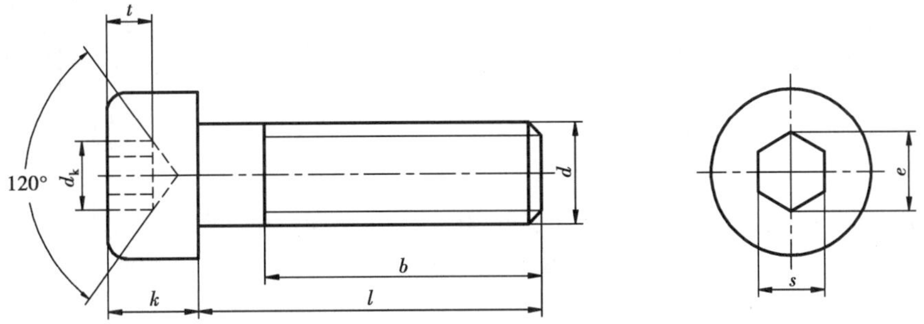

标记示例

螺纹规格 d=M5,公称长度 l=20 mm,性能等级为 8.8 级,表面氧化的 A 级内六角圆柱头螺钉:

螺钉 GB/T 70.1—2008　M5×20

mm

螺纹规格 d	M4	M5	M6	M8	M10	M12	M16	M20
P	0.7	0.8	1	1.25	1.5	1.75	2	2.5
b(参考)	20	22	24	28	32	36	44	52
d_k(max)	7	8.5	10	13	16	18	24	30
e(min)	3.44	4.58	5.72	6.86	9.15	11.43	16.00	19.44
k(max)	4	5	6	8	10	12	16	20
t(min)	2	2.5	3	4	5	6	8	10
s(公称)	3	4	5	6	8	10	14	17
公称长度	6~40	8~50	10~60	12~80	16~100	20~120	25~160	30~200
$l \leq$表中数值时,制成全螺纹	25	25	30	35	40	45	55	65
L 系列	5,6,8,10,12,(14),(16),20,25,30,35,40,45,50,(55),60,(65),70,80,90,100,110,120,130,140,150,160,180,200							

注:1. GB/T 70.1—2008 包括 M1.6—M36 的螺钉,本表仅摘录部分常用规格。

2. 尽可能不采用括号内的规格长度。

3. 螺钉部分细小结构尺寸表中已省略。

附录 5　紧定螺钉

开槽锥端紧定螺钉(摘自 GB/T 71—2018)

开槽平端紧定螺钉(摘自 GB/T 73—2017)

开槽长圆柱端紧定螺钉(摘自 GB/T 75—2018)

开槽锥端紧定螺钉
GB/T 71—2018

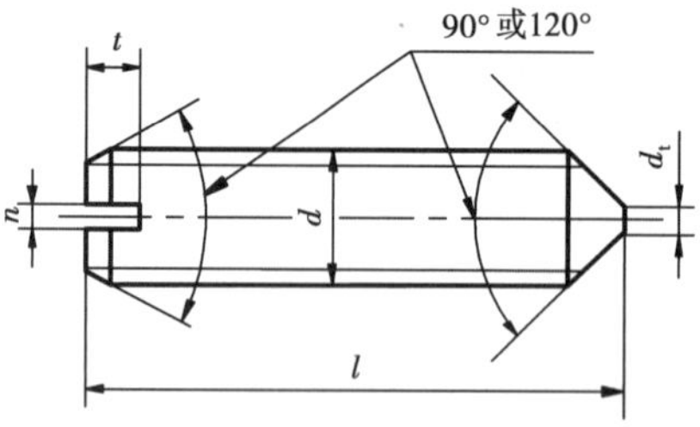

开槽平端紧定螺钉
GB/T 73—2017

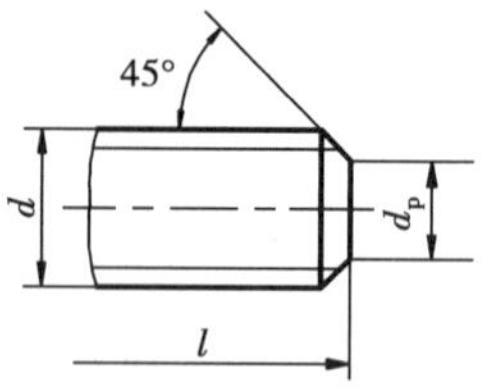

开槽长圆柱端紧定螺钉
GB/T 75—2018

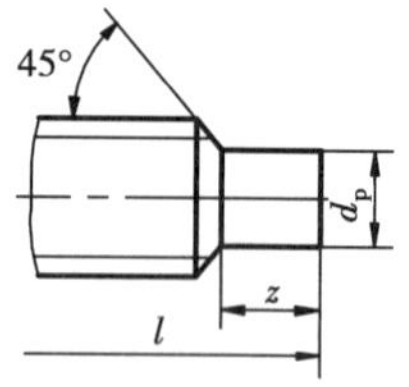

标记示例

螺纹规格 d=M5,公称长度 l=12 mm,性能等级为 14H 级,表面氧化的开槽平端紧定螺钉:

螺钉 GB/T 73　M5×12

mm

螺纹规格 d		M1.6	M2	M2.5	M3	M4	M5	M6	M8	M10	M12
P(螺距)		0.35	0.4	0.45	0.5	0.7	0.8	1	1.25	1.5	1.75
d_t		0.16	0.2	0.25	0.3	0.4	0.5	1.5	2	2.5	3
d_p		0.8	1	1.5	2	2.5	3.5	4	5.5	7	8.5
n		0.25	0.25	0.4	0.4	0.6	0.8	1	1.2	1.6	2
t		0.74	0.84	0.95	1.05	1.42	1.63	2	2.5	3	3.6
z		1.05	1.25	1.25	1.75	2.25	2.75	3.25	4.3	5.3	6.3
l	GB/T 71—2018	2~8	3~10	3~12	4~16	6~20	8~25	8~30	10~40	12~50	14~60
	GB/T 73—2017	2~8	2~10	2.5~12	3~16	4~20	5~25	6~30	8~40	10~50	12~60
	GB/T 75—2018	2.5~8	3~10	4~10	5~16	6~20	8~25	10~30	10~40	12~50	14~60
l 系列		2,2.5,3,4,5,6,8,10,(14),16,20,25,30,35,40,45,50,(55),60									

注:1. l 为公称长度。

2. 括号内规格尽可能不选用。

附录 6 六角头螺母

六角螺母—C 级（摘自 GB/T 41—2016）
Ⅰ型六角螺母(摘自 GB/T 6170—2015)
六角薄螺母(摘自 GB/T 6172. 1—2016)

六角螺母—C 级
GB/T 41—2016

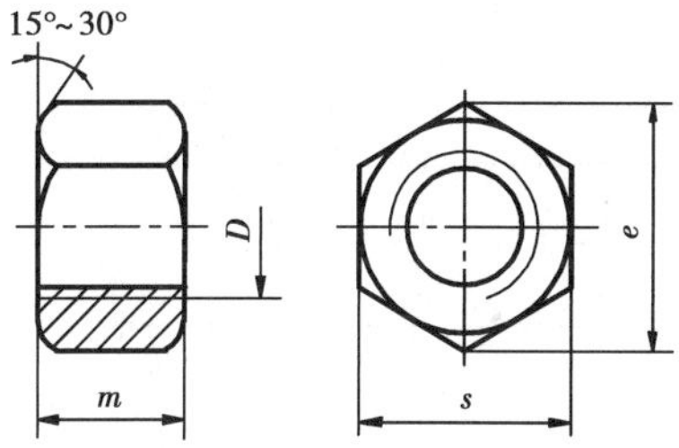

Ⅰ型六角螺母
GB/T 6170—2015

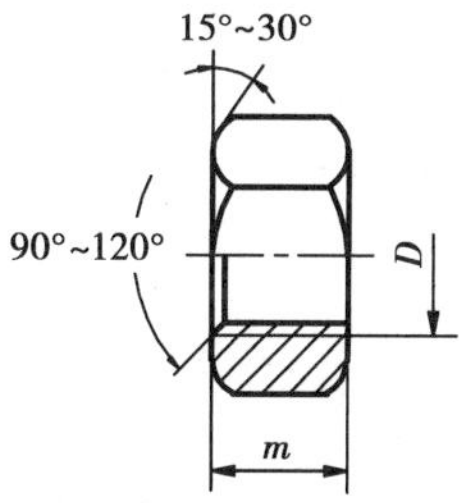

六角薄螺母
GB/T 6172. 1—2016

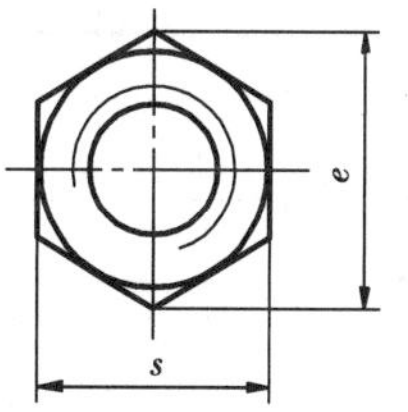

标记示例

①螺纹规格 D=M12,性能等级为 5 级,不经表面处理,C 级的六角螺母:

螺母 GB/T 41 M12

②螺纹规格 D=M12,性能等级为 8 级,不经表面处理,A 级的Ⅰ型六角螺母:

螺母 GB/T 6170 M12

mm

螺纹规格 D		M5	M6	M8	M10	M12	(M14)	M16	M20	M24	M30
e	GB/T 41—2016	8. 63	10. 89	14. 20	17. 59	19. 85	22. 78	26. 17	32. 95	39. 59	50. 85
	GB/T 6170—2015	8. 79	11. 05	14. 38	17. 77	20. 03	23. 36	26. 75	32. 95	39. 59	50. 85
	GB/T 6172. 1—2016	8. 79	11. 05	14. 38	17. 77	20. 03	23. 36	26. 75	32. 95	39. 59	50. 85
s(公称=max)		8	10	13	16	18	21	24	30	36	46
m (max)	GB/T 41—2016	5. 6	6. 4	7. 9	9. 5	12. 2	13. 9	15. 9	19. 0	22. 3	26. 4
	GB/T 6170—2015	4. 7	5. 2	6. 8	8. 4	10. 8	12. 8	14. 8	18	21. 5	25. 6
	GB/T 6172. 1—2016	2. 7	3. 2	4	5	6	7	8	10	12	15

注:1. A 级用于 $D\leqslant16$ 的螺母;B 级用于 $D>16$ 螺母。本表仅按商品规格和通用规格列出。

2. 螺纹规格为 M8—M64、细牙、A 级和 B 级的Ⅰ型六角螺母,请查阅 GB/T 6170。

附录7 垫 圈

小垫圈—A 级(摘自 GB/T 848—2002)
平垫圈—A 级(摘自 GB/T 97.1—2002)
平垫圈 倒角型—A 级(摘自 GB/T 97.2—2002)

小垫圈—A 级 GB/T 848—2002
平垫圈—A 级 GB/T 97.1—2002

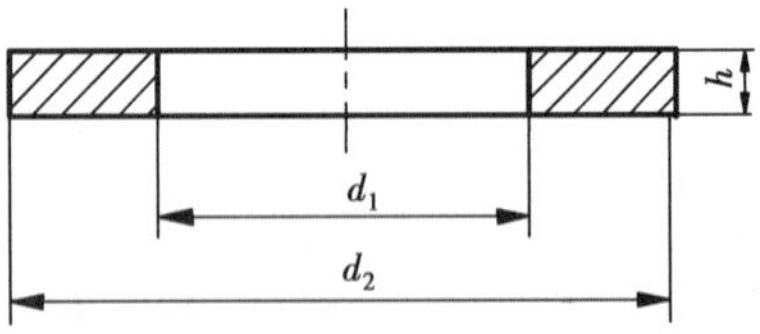

平垫圈 倒角型—A 级 GB/T 97.2—2002

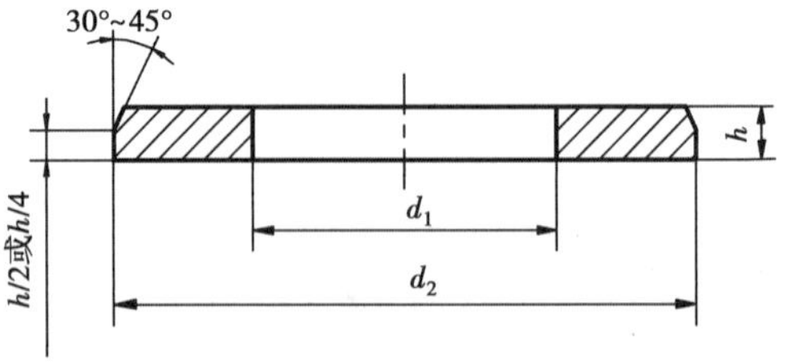

标记示例

①标准系列、公称规格 8 mm,硬度等级为 140HV 级,不经表面处理,产品等级为 A 级的平垫圈:

垫圈 GB/T 97.1 8

②标准系列、公称规格 8 mm,钢制,硬度等级为 200HV 级,不经表面处理,产品等级为 A 级,倒角型平垫圈:

垫圈 GB/T 97.2 8

mm

公称规格(螺纹大径 d)		2	2.5	3	4	5	6	8	10	12	14	16	20	24	30
d_1	GB/T 848—2002	2.2	2.7	3.2	4.3	5.3	6.4	8.4	10.5	13	15	17	21	25	31
	GB/T 97.1—2002	2.2	2.7	3.2	4.3	5.3	6.4	8.4	10.5	13	15	17	21	25	31
	GB/T 97.2—2002	—	—	—	—	5.3	6.4	8.4	10.5	13	15	17	21	25	31
d_2	GB/T 848—2002	4.5	5	6	8	9	11	15	18	20	24	28	34	39	50
	GB/T 97.1—2002	5	6	7	9	10	12	16	20	24	28	30	37	44	56
	GB/T 97.2—2002	—	—	—	—	10	12	16	20	24	28	30	37	44	56
h	GB/T 848—2002	0.3	0.5	0.5	0.5	1	1.6	1.6	1.6	2	2.5	2.5	3	4	4
	GB/T 97.1—2002	0.3	0.5	0.5	0.8	1	1.6	1.6	2	2.5	2.5	3	3	4	4
	GB/T 97.2—2002	—	—	—	—	1	1.6	1.6	2	2.5	2.5	3	3	4	4

续表

标准型弹簧垫圈(摘自 GB/T 93—1987)
轻型弹簧垫圈(摘自 GB/T 859—1987)

标准型弹簧垫圈 GB/T 93—1987

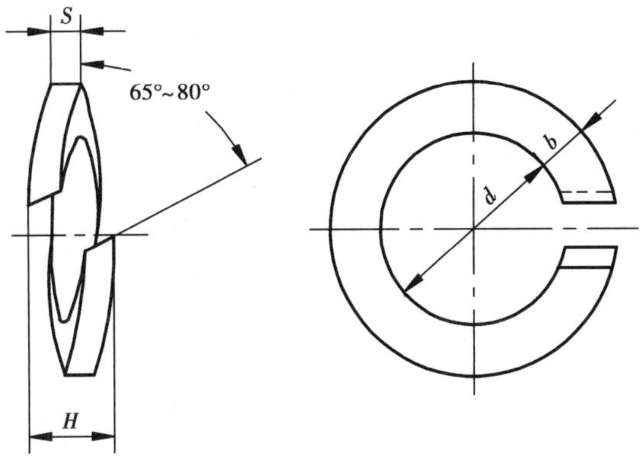

轻型弹簧垫圈 GB/T 859—1987

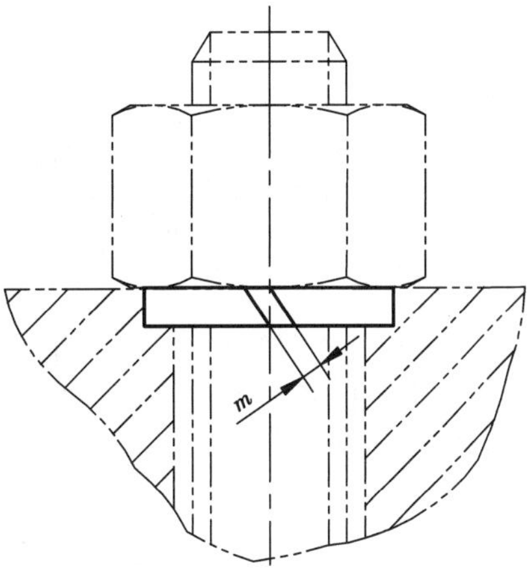

标记示例

公称直径 16,材料为 65Mn,表面氧化的标准型弹簧垫圈:

垫圈 GB/T 93 16

mm

规格 (螺纹大径)		3	4	5	6	8	10	12	16	20	24	30
d		3.1	4.1	5.1	6.1	8.1	10.2	12.2	16.2	20.2	24.5	30.5
H	GB/T 93	1.6	2.2	2.6	3.2	4.2	5.2	6.2	8.2	10	12	15
	GB/T 859	1.2	1.6	2.2	2.6	3.2	4	5	6.4	8	10	12
$S(b)$	GB/T 93	0.8	1.1	1.3	1.6	2.1	2.6	3.1	4.1	5	6	7.5
S	GB/T 859	0.6	0.8	1.1	1.3	1.6	2	2.5	3.2	4	5	6
$m\leqslant$	GB/T 93	0.4	0.55	0.65	0.8	1.05	1.3	1.55	2.05	2.5	3	3.75
	GB/T 859	0.3	0.4	0.55	0.65	0.8	1	1.25	1.6	2	2.5	3
b	GB/T 859	1	1.2	1.5	2	2.5	3	3.5	4.5	5.5	7	9

附录 8　普通平键盘

普通平键键槽的剖面尺寸(GB/T 1095—2003)

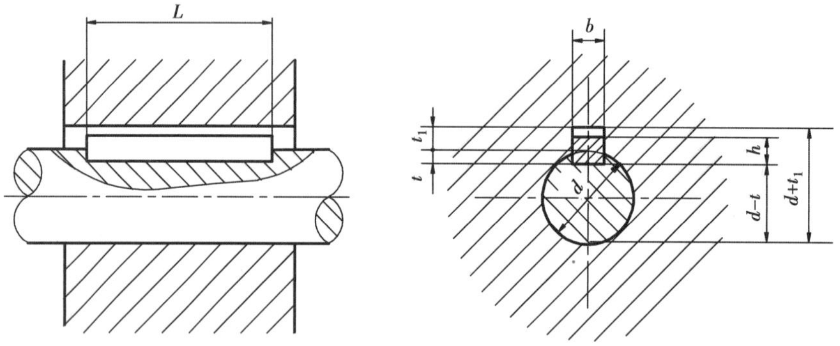

mm

轴	键	键槽											
公称直径 d	公称尺寸 $b\times h$	宽度 b						深度				半径 r	
		公称尺寸 b	极限偏差					轴 t		毂 t_1			
			松连接		正常连接		紧密连接						
			轴 H9	毂 D10	轴 N9	毂 Js9	轴和毂 P9	公称	偏差	公称	偏差	最小	最大
6～8	2×2	2	+0.025 0	+0.060 +0.020	−0.004 −0.029	±0.012 5	−0.006 −0.031	1.2	+0.1 0	1	+0.1 0	0.08	0.16
>8～10	3×3	3						1.8		1.4			
>10～12	4×4	4	+0.030 0	+0.078 +0.030	0 −0.030	±0.015	−0.012 −0.042	2.5		1.8			
>12～17	5×5	5						3.0		2.3		0.16	0.25
>17～22	6×6	6						3.5		2.8			
>22～30	8×7	8	+0.036 0	+0.098 +0.040	0 −0.036	±0.018	−0.015 −0.051	4.0	+0.2 0	3.3	+0.2 0		
>30～38	10×8	10						5.0		3.3		0.25	0.40
>38～44	12×8	12	+0.043 0	+0.120 +0.050	0 −0.043	±0.021 5	−0.018 −0.061	5.0		3.3			
>44～50	14×9	14						5.5		3.8			
>50～58	16×10	16						6.0		4.3			
>58～65	18×11	18						7.0		4.4			
>65～75	20×12	20	+0.052 0	+0.149 +0.065	0 −0.052	±0.026	−0.022 −0.074	7.5		4.9		0.40	0.60
>75～85	22×14	22						9.0		5.4			
>85～95	25×14	25						9.0		5.4			
>95～110	28×16	28						10.0		6.4			

续表

普通平键的形式和尺寸(GB/T 1096—2003)

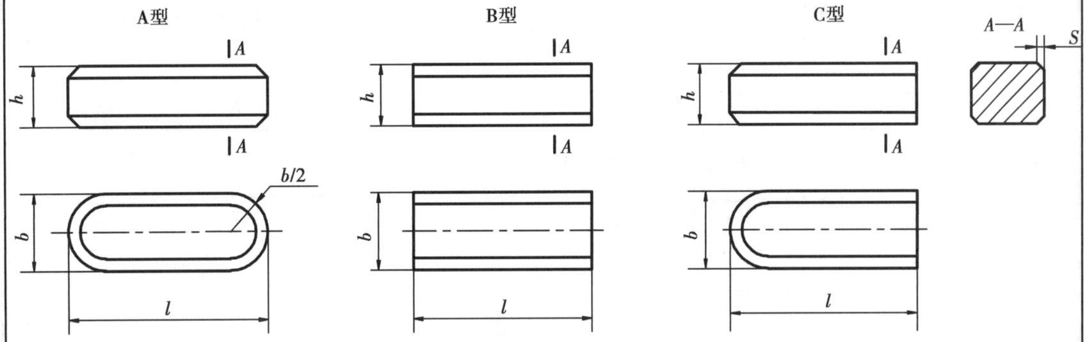

标记示例

圆头普通平键(A 型),b=18 mm, h=11 mm,L=100 mm:GB/T 1096 键 18×11×100

方头普通平键(B 型),b=18 mm, h=11 mm,L=100 mm:GB/T 1096 键 B 18×11×100

单圆头普通平键(C 型),b=18 mm,h=11 mm,L=100 mm:GB/T 1096 键 C 18×11×100

圆柱销——不淬硬钢和奥氏体不锈钢(GB/T 119. 1—2000)

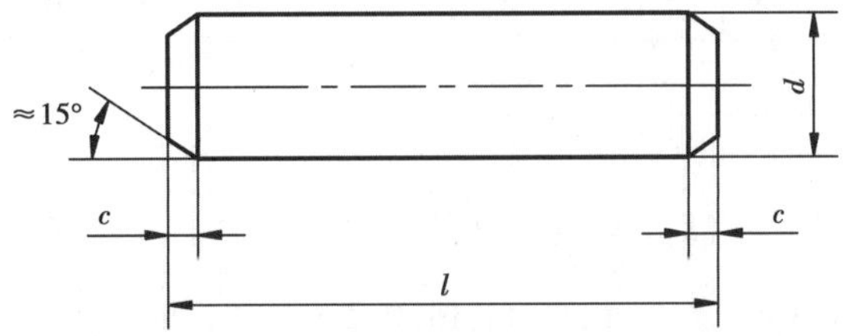

标记示例

公称直径 d=8 mm,公差为 m6,长度 l=30 mm,材料为钢,不经淬火,不经表面处理的圆柱销:

销 GB/T 119. 1 8m6×30

mm

d(公称)	0. 6	0. 8	1	1. 2	1. 5	2	2. 5	3	4	5
c≈	0. 12	0. 16	0. 20	0. 25	0. 30	0. 35	0. 40	0. 50	0. 63	0. 80
l(商品规格范围公称长度)	2 ~ 6	2 ~ 8	4 ~ 10	4 ~ 12	4 ~ 16	6 ~ 20	6 ~ 24	8 ~ 30	8 ~ 40	10 ~ 50
d(公称)	6	8	10	12	16	20	25	30	40	50
c≈	1. 2	1. 6	2. 0	2. 5	3. 0	3. 5	4. 0	5. 0	6. 3	8. 0
l(商品规格范围公称长度)	12 ~ 60	14 ~ 80	18 ~ 95	22 ~ 140	26 ~ 180	35 ~ 200	50 ~ 200	60 ~ 200	80 ~ 200	95 ~ 200
l(系列)	2,3,4,5,6,8,10,12,14,16,18,20,22,24,26,28,30,32,35,40,45,50,55,60,65,70,75,80,85,90,95,100,120,140,160,180,200									

注:1. 材料用钢的强度要求为 125 ~ 245HV30,用奥氏体不锈钢 A1(GB/T 3098. 6)时硬度要求 210 ~ 280HV30。

2. 公差 m6:Ra≤0. 8 μm;公差 m8:Ra≤1. 6 μm。

续表

圆锥销(GB/T 117—2000)

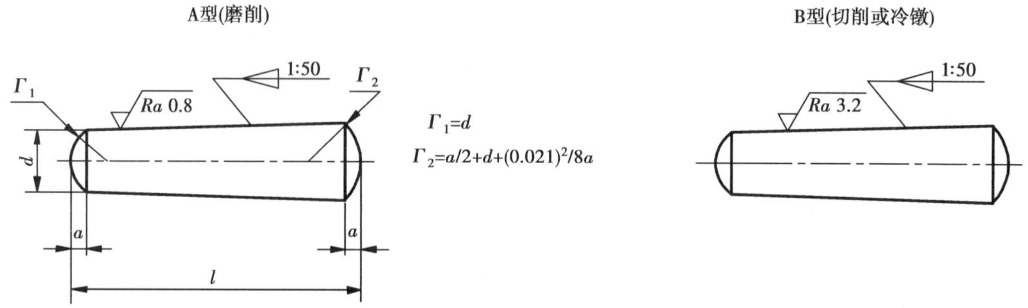

标记示例

公称直径 d=10 mm,公称长度 l=60 mm,材料为 35 钢,热处理硬度 28 ~ 38 HRC,表面氧化处理的 A 型圆锥销:

销 GB /T 117　10×60

mm

d(公称)	0. 6	0. 8	1	1. 2	1. 5	2	2. 5	3	4	5
$a\approx$	0. 08	0. 1	0. 12	0. 16	0. 2	0. 25	0. 3	0. 4	0. 5	0. 63
l(商品规格范围公称长度)	4 ~8	5 ~12	6 ~16	6 ~20	8 ~24	10 ~35	10 ~35	12 ~45	14 ~55	18 ~60
d(公称)	6	8	10	12	16	20	25	30	40	50
$a\approx$	0. 8	1	1. 2	1. 6	2	2. 5	3	4	5	6. 3
l(商品规格范围公称长度)	22 ~90	22 ~120	26 ~160	32 ~180	40 ~200	45 ~200	50 ~200	55 ~200	60 ~200	65 ~200
l(系列)	2,3,4,5,6,8,10,12,14,16,18,20,22,24,26,28,30,32,35,40,45,50,55,60,65,70,75,80,85,90,95,100,120,140,160,180,200									

附录9 圆柱销

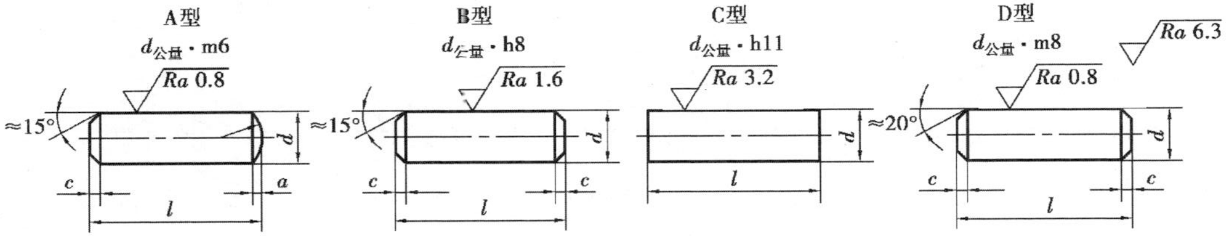

标注示例

公称直径 d=8 mm,长度 l=30 mm,材料为 35 钢,热处理硬度 HRC 28 ~ 38,表面氧化处理的 A 型柱锥:

销　GB/T 119.2—2000　A8×30

mm

d	公称		0.6	0.8	1	1.2	1.5	2	2.5	3	4	5	6
	A 型	min	0.602	0.802	1.002	1.200	1.502	2.002	2.502	3.002	4.004	5.004	6.004
		max	0.608	0.808	1.008	1.208	1.508	2.008	2.508	3.008	4.012	5.012	6.012
	B 型	min	0.585	0.785	0.986	1.186	1.486	1.986	2.486	2.986	3.982	4.982	6.982
		max	0.6	0.8	1	1.2	1.5	2	2.5	3	4	5	6
	C 型	min	0.54	0.74	0.94	1.14	1.44	1.94	2.44	2.94	3.925	4.925	5.925
		max	0.6	0.8	1	1.2	1.5	2	2.5	3	4	5	6
	D 型	min	0.618	0.818	0.018	1.218	1.518	2.018	2.518	3.018	4.023	5.023	6.023
		max	0.632	0.832	1.032	1.232	1.532	2.032	2.532	3.032	4.041	5.011	6.041
e≈			0.08	0.10	0.12	0.15	0.20	0.25	0.30	0.40	0.50	0.63	0.80
c≈			0.12	0.16	0.20	0.25	0.30	0.35	0.40	0.50	0.63	0.80	1.2

l	公称	6	8	10	12	14	16	18	20	22	24	26	28	30	32
	max	6.24	8.29	10.29	12.35	14.35	16.35	18.35	20.42	22.42	24.42	26.42	28.42	30.42	32.5
	min	5.76	7.71	9.71	11.63	13.65	15.65	17.65	19.58	21.58	23.58	25.58	27.58	29.58	31.5

附录10 深沟球轴承(摘自 GB/T 276—2013)

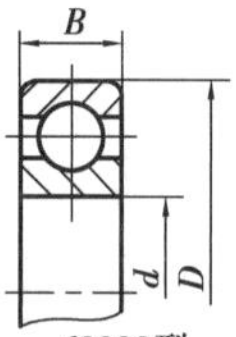

60000型

标记示例
流动轴承 6012 GB/T 276—2013

mm

轴承代号	外形尺寸		
	d	*D*	*B*
17 系列			
617/5	5	8	2
617/6	6	10	2.5
617/7	7	11	2.5
617/8	8	12	2.5
617/9	9	14	3
61700	10	15	3
37 系列			
637/5	5	8	3
637/6	6	10	3.5
637/7	7	11	3.5
637/8	8	12	3.5
637/9	9	14	4.5
63700	10	15	4.5
18 系列			
61800	10	19	5
61801	12	21	5
61802	15	24	5
61803	17	26	5
61804	20	32	7
61805	25	37	7
61806	30	42	7
61807	35	47	7
61808	40	52	7
61809	45	58	7
61810	50	65	7
61811	55	72	9
61812	60	78	10
61813	65	85	10
61814	70	90	10
61815	75	95	10
61816	80	100	10
61817	85	110	13
61818	90	115	13
61819	95	120	13
61820	100	125	13

轴承代号	外形尺寸		
	d	*D*	*B*
00 系列			
16001	12	28	7
16002	15	32	8
16003	17	35	8
16004	20	42	8
16005	25	47	8
16006	30	55	9
16007	35	62	9
16008	40	68	9
16009	45	75	10
16010	50	80	10
16011	55	90	11
16012	60	95	11
16013	65	100	11
16014	70	110	13
16015	75	115	13
16016	80	125	14
16017	85	130	14
16018	90	140	16
16019	95	145	16
16020	100	150	16
04 系列			
6403	17	62	17
6404	20	72	19
6405	25	80	21
6406	30	90	23
6407	35	100	25
6408	40	110	27
6409	45	120	29
6410	50	130	31
6411	55	140	33
6412	60	150	35
6413	65	160	37
6414	70	180	42
6415	75	190	45
6416	80	200	48

附录 11 圆锥滚子轴承(摘自 GB/T 274—2023)

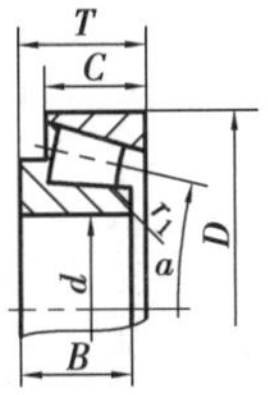

30000型

标记示例

滚动轴承 30205 GB/T 297—1994

mm

轴承代号	外形尺寸					
	d	D	T	B	C	a
02 系列						
30202	15	35	11.75	11	10	—
30203	17	40	13.25	12	11	12″57′10″
30204	20	47	15.25	14	12	12″57′10″
30205	25	52	16.25	15	13	14″02′10″
30206	30	62	17.25	16	14	14″02′10″
302/32	32	65	18.25	17	15	14″
30207	35	72	18.25	17	15	14″02′10″
30208	40	80	19.75	18	16	14″02′10″
30209	45	85	20.75	19	16	15″06′34″
30210	50	90	21.75	20	17	15″38′32″
30211	55	100	22.75	21	18	15″06′34″
30212	60	110	23.75	22	19	15″06′34″
30213	65	120	24.75	23	20	15″06′34″
30214	70	125	26.25	24	21	15″38′32″
30215	75	130	27.25	25	22	16″10′20″
30216	80	140	28.25	26	22	15″38′32″
03 系列						
31305	25	62	18.25	17	13	28″48′39″
31306	30	72	20.75	19	14	28″48′39″
31307	35	80	22.75	21	15	28″48′39″
31308	40	90	25.25	23	17	28″48′39″
31309	45	100	27.25	25	18	28″48′39″
31310	50	100	29.25	27	19	28″48′39″
31311	55	120	31.5	29	21	28″48′39″
31312	60	130	33.5	31	22	28″48′39″
31313	65	140	36	33	23	28″48′39″
31314	70	150	38	35	25	28″48′39″
31315	75	160	40	37	26	28″48′39″
31316	80	170	42.5	39	27	28″48′39″
23 系列						
32305	25	62	25.25	24	20	11″18′36″
32306	30	72	28.75	27	23	11″51′35″
32307	35	80	32.75	31	25	11″51′35″
32308	40	90	35.25	33	27	12″57′10″
32309	45	100	38.25	36	30	12″57′10″
32310	50	110	42.25	40	33	12″57′10″
32311	55	120	45.5	43	35	12″57′10″
32312	60	130	48.5	46	37	12″57′10″
32313	65	140	51	48	39	12″57′10″
32314	70	150	54	51	42	12″57′10″
32315	75	160	58	55	45	12″57′10″
32316	80	170	61.5	58	48	12″57′10″

轴承代号	外形尺寸					
	d	D	T	B	C	a
29 系列						
32904	20	37	12	12	9	12″
329/22	22	40	12	12	9	12″
32905	25	42	12	12	9	12″
329/28	28	45	12	12	9	12″
32906	30	47	12	12	9	12″
329/32	32	52	14	14	10	12″
32907	35	55	14	14	11.5	11″
32908	40	62	15	15	12	10″55′
32909	45	68	15	15	12	12″
32910	50	72	15	15	12	12″50′
32911	55	80	17	17	14	11″39′
30 系列						
33005	25	47	17	17	14	10″55′
33006	30	55	20	20	16	11′
33007	35	62	21	21	17	11″30′
33008	40	68	22	22	18	10″40′
33009	45	75	24	24	19	11″05′
33010	50	80	24	24	19	11″55′
33011	55	90	27	27	21	11″45′
33012	60	95	27	27	21	12″20′
33013	65	100	27	27	21	13″05′
33014	70	110	31	31	25.5	10″45′
33015	75	115	31	31	25.5	11″15′
33016	80	125	36	36	29.5	10″30′
32 系列						
33205	25	52	22	22	18	13″10′
332/28	28	58	24	24	19	12″45′
33206	30	62	25	25	19.5	12″50′
332/32	32	65	26	26	20.5	13″
33207	35	72	28	28	22	13″15′
33208	40	80	32	82	25	13″25′
33209	45	85	32	32	25	14″25′
33210	50	90	32	32	24.5	15″25′
33211	55	100	35	35	27	14″55′
33212	60	110	38	38	29	15″05′
33213	65	120	41	41	32	14″35′
33214	70	125	41	41	32	15″15′
33215	75	130	41	41	31	15″55′

附录 12 常用和优先选用的轴的极限偏差/μm

基本尺寸/mm \ 代号	a	b		c			d				e		
等级	11	11	12	9	10	11	8	9	10	11	7	8	9
<3	−270 −330	−140 −200	−140 −240	−60 −85	−60 −100	−60 −120	−20 −34	−20 −45	−20 −60	−20 −80	−14 −24	−14 −28	−14 −39
>3～6	−270 −345	−140 −215	−140 −260	−70 −100	−70 −118	−70 −143	−30 −48	−30 −60	−30 −78	−30 −105	−20 −32	−20 −38	−20 −50
>6～10	−280 −370	−150 −240	−150 −300	−80 −116	−80 −138	−80 −170	−40 −82	−40 −76	−40 −98	−40 −130	−25 −40	−25 −47	−25 −61
>10～14 >14～18	−290 −400	−150 −260	−150 −330	−95 −138	−95 −165	−50 −205	−50 −77	−50 −93	−50 −120	−50 −160	−32 −50	−32 −59	−32 −75
>18～24 >24～30	−300 −430	−160 −290	−160 −370	−110 −162	−110 −194	−110 −240	−65 −98	−65 −117	−65 −149	−65 −195	−40 −61	−40 −73	−40 −92
>30～40	−310 −470	−170 −330	−170 −420	−120 −182	−120 −220	−120 −290	−80	−80	−80	−80	−50	−50	−50
>40～50	−320 −480	−180 −340	−180 −430	−130 −192	−130 −230	−130 −290	−119	−142	−180	−240	−75	−89	−112
>50～65	−340 −330	−190 −380	−190 −490	−140 −214	−140 −260	−140 −330	−100	−100	−100	−100	−60	−60	−60
>65～80	−360 −550	−200 −390	−200 −500	−150 −224	−150 −270	−150 −340	−146	−174	−220	−290	−90	−106	−134
>80～100	−380 −600	−220 −440	−220 −570	−170 −257	−170 −310	−170 −390	−120	−120	−120	−120	−72	−72	−72
>100～120	−410 −630	−240 −460	−240 −590	−180 −267	−180 −320	−180 −400	−174	−207	−260	−340	−107	−125	−159
>120～140	−460 −710	−260 −510	−260 −660	−200 −300	−200 −360	−200 −450	−145	−145	−145	−145	−85	−85	−85
>140～160	−520 −770	−280 −530	−280 −680	−210 −310	−210 −370	−210 −450							
>160～180	−580 −830	−310 −560	−310 −710	−230 −330	−230 −390	−230 −480	−208	−245	−305	−395	−125	−148	−185
>180～200	−660 −950	−340 −630	−340 −800	−240 −355	−240 −425	−240 −530	−170	−170	−170	−170	−100	−100	−100
>200～225	−740 −1 030	−380 −670	−380 −840	−260 −375	−260 −445	−260 −550							
>225～250	−820 −1 110	−420 −710	−420 −880	−280 −395	−280 −465	−280 −570	−242	−285	−355	−450	−146	−172	−215
>250～280	−920 −1 240	−480 −800	−480 −1 000	−300 −430	−300 −510	−300 −620	−190	−190	−190	−190	−110	−110	−110
>280～315	−1 050 −1 370	−540 −850	−540 −1 060	−330 −460	−330 −540	−330 −650	−271	−320	−400	−510	−162	−191	−240
>315～355	−1 200 −1 560	−600 −950	−600 −1 170	−360 −500	−360 −590	−360 −720	−210	−210	−210	−210	−125	−125	−125
>355～400	−1 350 −1 710	−680 −1 040	−680 −1 250	−400 −540	−400 −630	−400 −760	−299	−350	−440	−570	−182	−214	−255
>400～450	−1 500 −1 900	−760 −1 160	−760 −1 390	−440 −595	−440 −690	−440 −840	−230	−230	−230	−230	−185	−185	−135
>450～500	−1 630 −2 050	−810 −1 240	−840 −1 470	−480 −635	−480 −730	−480 −880	−327	−385	−480	−630	−198	−232	−290

注:基本尺寸小于 1 mm 时,各级的 a 和 b 均不采用。

f					g			h								js		
5	6	7	8	9	5	6	7	5	6	7	8	9	10	11	12	5	6	7
−6 −10	−6 −12	−6 −16	−6 −20	−6 −31	−2 −6	−2 −8	−2 −12	0 −4	0 −6	0 −10	0 −14	0 −25	0 −40	0 −60	0 −100	±2	±3	±5
−10 −15	−10 −18	−10 −22	−10 −28	−10 −40	−4 −9	−4 −12	−4 −16	0 −5	0 −8	0 −12	0 −18	0 −30	0 −48	0 −75	0 −120	±2.5	±4	±6
−13 −19	−13 −22	−13 −28	−13 −35	−13 −49	−5 −11	−5 −14	−5 −20	0 −6	0 −9	0 −15	0 −22	0 −36	0 −58	0 −90	0 −150	±3	±4.5	±7
−16 −24	−16 −27	−16 −34	−16 −43	−16 −59	−6 −14	−6 −17	−6 −24	0 −8	0 −11	0 −18	0 −27	0 −43	0 −40	0 −110	0 −180	±4	±5.5	±9
−20 −29	−20 −33	−20 −41	−20 −53	−20 −72	−7 −16	−7 −20	−7 −28	0 −9	0 −13	0 −21	0 −33	0 −52	0 −84	0 −130	0 −210	±4.5 ±5.5	±6.5 ±8	±10 ±12
−25 −38	−25 −41	−25 −50	−25 −64	−25 −87	−9 −20	−9 −25	−9 −34	0 −11	0 −16	0 −25	0 −39	0 −62	0 −100	0 −160	0 −250	±5.5	±8	±12
−30 −43	−30 −49	−30 −60	−30 −76	−30 −104	−10 −23	−10 −29	−10 −40	0 −13	0 −19	0 −30	0 −46	0 −74	0 −120	0 −190	0 −300	±6.5	±9.5	±15
−36 −51	−36 −58	−36 −71	−36 −90	−36 −123	−12 −27	−12 −34	−12 −47	0 −15	0 −22	0 −35	0 −54	0 −87	0 −140	0 −220	0 −350	±7.5	±11	±17
−43 −61	−43 −68	−43 −83	−43 −106	−43 −143	−14 −32	−14 −39	−14 −54	0 −18	0 −25	0 −40	0 −63	0 −100	0 −160	0 −250	0 −400	±9	±12.5	±20
−50 −70	−50 −79	−50 −96	−50 −122	−50 −165	−15 −35	−15 −44	−15 −61	0 −20	0 −29	0 −46	0 −72	0 −115	0 −185	0 −290	0 −480	±10	±14.5	±23
−56 −79	−56 −88	−56 −108	−56 −137	−56 −186	−17 −40	−17 −49	−17 −69	0 −23	0 −32	0 −52	0 −81	0 −130	0 −210	0 −320	0 −520	±11.5	±16	±26
−62 −87	−62 −98	−62 −119	−62 −151	−62 −202	−18 −43	−18 −54	−18 −75	0 −25	0 −36	0 −57	0 −89	0 −140	0 −230	0 −360	0 −570	±12.5	±18	±28
−68 −95	−68 −108	−68 −131	−68 −165	−68 −233	−20 −47	−20 −60	−20 −83	0 −27	0 −40	0 −63	0 97	0 −155	0 −250	0 −400	0 −630	±13.5	±20	±31

续表

代号 / 等级 / 基本尺寸/mm	k			m			n			p			r		
	5	6	7	5	6	7	5	6	7	5	6	7	5	6	7
<3	+4 0	+6 0	+10 0	+6 +2	+8 +2	+12 +2	+8 +4	+10 +4	+14 +4	+10 +6	+12 +6	+16 +6	+14 +10	+16 +10	+20 +10
>3~6	+6 +1	+9 +1	+13 +1	+9 +4	+12 +4	+16 +4	+13 +8	+16 +8	+20 +8	+17 +12	+20 +12	+24 +12	+20 +15	+23 +15	+27 +15
>6~10	+7 +1	+10 +1	+16 +1	+12 +6	+15 +6	+21 +6	+16 +10	+19 +10	+25 +15	+21 +15	+24 +15	+30 +15	+25 +19	+28 +19	+34 +19
>10~14	+9	+12	+19	+15	+18	+25	+20	+23	+30	+26	+29	+36	+31	+34	+41
>14~18	+1	+1	+1	+7	+7	+7	+12	+12	+12	+18	+18	+18	+23	+23	+23
>18~24	+11 +2	+15 +2	+23 +2	+17 +8	+21 +8	+29 +8	+24 +15	+28 +15	+36 +15	+31 +22	+35 +22	+43 +22	+37 +28	+41 +28	+49 +28
>24~30	+13 +2	+18 +2	+27 +2	+20 +9	+25 +9	+34 +9	+28 +17	+33 +17	+42 +17	+37 +26	+42 +26	+54 +26	+45 +34	+50 +34	+59 +34
>30~40	+13	+18	+27	+20	+25	+34	+28	+33	+42	+37	+42	+54	+45	+50	+59
>40~50	+2	+2	+2	+9	+9	+9	+17	+17	+17	+26	+26	+26	+34	+34	+34
>50~65	+15	+21	+32	+24	+30	+41	+33	+39	+50	+45	+54	+62	+54 +41	+60 +41	+71 +41
>65~80	+2	+2	+2	+11	+11	+11	+20	+20	+20	+32	+32	+32	+56 +43	+62 +43	+73 +43
>80~100	+18	+25	+38	+28	+35	+48	+38	+45	+58	+52	+59	+72	+66 +51	+73 +51	+86 +51
>100~120	+3	+3	+3	+13	+13	+13	+23	+23	+23	+37	+37	+37	+69 +54	+76 +54	+89 +53
>120~140	+21	+28	+43	+33	+40	+55	+45	+52	+67	+61	+68	+83	+81 +63	+88 +63	+103 +63
>140~160													+83 +65	+90 +65	+105 +65
>160~180	+3	+3	+3	+15	+15	+15	+27	+27	+27	+43	+43	+43	+86 +68	+93 +68	+108 +68
>180~200	+24	+33	+50	+37	+46	+63	+51	+60	+77	+70	+79	+96	+97 +77	+106 +77	+123 +77
>200~225													+100 +80	+109 +80	+126 +80
>225~250	+4	+4	+4	+17	+17	+17	+31	+31	+31	+50	+59	+50	+104 +84	+113 +84	+130 +84
>250~280	+27	+36	+56	+43	+52	+72	+57	+66	+86	+79	+88	+108	+117 +94	+126 +94	+146 +94
>280~315	+4	+4	+4	+20	+20	+20	+34	+34	+34	+56	+56	+56	+121 +98	+130 +94	+150 +98
>315~355	+29	+40	+61	+46	+57	+78	+62	+73	+93	+87	+98	+119	+133 +108	+144 +108	+165 +108
>355~400	+4	+4	+4	+21	+21	+21	+37	+37	+37	+62	+62	+62	+139 +114	+150 +114	+171 +114
>400~450	+32	+45	+68	+50	+63	+86	+67	+80	+103	+95	+108	+131	+153 +126	+166 +126	+189 +126
>450~500	+5	+5	+5	+23	+23	+23	+40	+40	+40	+68	+68	+68	+159 +132	+172 +132	+195 +132

s			t			u		v	x	y	z
5	6	7	5	6	7	6	7	6	6	6	6
+18 +14	+20 +14	+24 +14	—	—	—	+24 +18	+28 +18	—	+26 +20	—	+32 +26
+24 +19	+27 +19	+31 +19	—	—	—	+31 +23	+35 +23	—	+36 +28	—	+43 +35
+29 +23	+32 +23	+38 +23	—	—	—	+37 +28	+43 +28	—	+43 +34	—	+51 +42
+36 +28	+39 +28	+46 +28	—	—	—	+44 +33	+51 +33	—	+51 +40	—	+61 +50
			—	—	—			+50 +39	+56 +45	—	+71 +60
+44 +35	+48 +35	+56 +35	—	—	—	+54 +41	+62 +41	+60 +47	+67 +54	+76 +63	+86 +73
			+50 +41	+54 +41	+62 +41	+61 +48	+69 +48	+68 +55	+77 +64	+88 +75	+101 +88
+54 +43	+59 +43	+68 +43	+59 +48	+64 +48	+73 +48	+76 +60	+85 +60	+84 +68	+96 +80	+100 +94	+128 +112
			+65 +54	+70 +54	+79 +54	+86 +70	+95 +70	+97 +81	+113 +97	+130 +114	+152 +136
+66 +53	+72 +53	+83 +53	+79 +66	+85 +66	+96 +66	+106 +87	+117 +87	+121 +102	+141 +122	+163 +144	+191 +172
+72 +59	+78 +59	+89 +59	+88 +75	+94 +75	+105 +75	+121 +102	+132 +102	+139 +120	+165 +146	+193 +174	+229 +210
+86 +71	+93 +71	+106 +71	+106 +91	+113 +91	+126 +91	+146 +124	+159 +124	+168 +146	+200 +178	+236 +214	+280 +258
+94 +79	+101 +79	+114 +79	+110 +104	+126 +104	+139 +104	+166 +144	+149 +144	+194 +172	+232 +210	+276 +254	+332 +310
+110 +92	+117 +92	+132 +92	+140 +122	+147 +122	+162 +122	+195 +170	+210 +170	+227 +202	+273 +248	+325 +300	+390 +365
+118 +100	+125 +100	+140 +100	+152 +134	+159 +134	+174 +134	+215 +190	+230 +190	+253 +228	+305 +280	+365 +340	+440 +415
+126 +108	+133 +108	+148 +108	+164 +146	+171 +146	+186 +146	+235 +210	+250 +210	+277 +252	+335 +310	+405 +380	+490 +465
+142 +122	+151 +122	+168 +122	+186 +166	+195 +166	+212 +166	+265 +236	+282 +236	+213 +284	+379 +350	+454 +425	+549 +520
+150 +130	+159 +130	+176 +130	+200 +180	+209 +180	+226 +180	+287 +258	+304 +258	+339 +310	+414 +385	+499 +470	+604 +675
+160 +140	+169 +140	+186 +140	+216 +196	+225 +196	+242 +196	+313 +284	+330 +284	+369 +340	+454 +425	+549 +520	+669 +640
+181 +158	+190 +158	+210 +158	+241 +218	+250 +218	+270 +218	+347 +315	+367 +315	+417 +385	+507 +475	+612 +580	+742 +710
+193 +170	+202 +170	+222 +170	+263 +240	+272 +240	+292 +240	+382 +350	+402 +350	+457 +425	+557 +525	+682 +650	+822 +790
+215 +190	+226 +190	+247 +190	+293 +268	+304 +268	+325 +268	+426 +390	+447 +390	+511 +475	+626 +590	+766 +760	+936 +900
+233 +208	+244 +208	+265 +208	+319 +294	+330 +294	+351 +294	+471 +435	+492 +435	+566 +530	+696 +660	+856 +820	+1 036 +1 000
+259 +232	+272 +232	+295 +232	+357 +330	+370 +330	+393 +330	+530 +490	+553 +590	+635 +595	+780 +740	+960 +920	+1 140 +1 100
+279 +255	+292 +252	+315 +252	+387 +360	+400 +360	+423 +360	+580 +540	+603 +540	+700 +660	+860 +820	+1 040 +1 000	+1 290 +1 250

附录 13　常用和优先选用的孔的极限偏差/μm

代号	A	B		C		D				E		F			
基本尺寸/mm \ 等级	11	11	12	11	12	8	9	10	11	8	9	6	7	8	9
<3	+330 +270	+200 +140	+240 +140	+120 +60	+160 +60	+34 +20	+45 +20	+60 +20	+80 +20	+28 +14	+39 +14	+12 +6	+16 +6	+20 +5	+31 +6
>3～6	+345 +270	+215 +140	+260 +140	+145 +70	+150 +70	+48 +30	+60 +30	+78 +30	+105 +30	+38 +20	+50 +20	+18 +10	+22 +10	+28 +10	+40 +10
>6～10	+370 +280	+240 +150	+300 +150	+170 +80	+230 +80	+62 +40	+76 +40	+98 +40	+130 +40	+47 +23	+61 +25	+22 +13	+28 +13	+35 +13	+49 +13
>10～14 >14～18	+400 +290	+260 +150	+330 +150	+205 +95	+275 +95	+77 +50	+93 +50	+120 +50	+160 +50	+59 +32	+75 +32	+27 +16	+34 +16	+43 +16	+59 +16
>18～24 >24～30	+430 +300	+290 +160	+370 +165	+240 +110	+320 +110	+98 +65	+117 +65	+149 +65	+195 +65	+73 +40	+92 +40	33 +20	+41 +20	+53 +20	+72 +20
>30～40	+470 +310	+330 +710	+420 +170	+280 +120	+370 +120	+119	+142	+180	+240	+89	+112	+43	+50	+64	+87
>40～50	+480 +320	+340 +180	+430 +180	+290 +130	+380 +130	+80	+80	+80	+80	+50	+50	+25	+25	+25	+25
>50～65	+530 +340	+380 +190	+490 +190	+330 +140	+440 +140	+146	+174	+220	+290	+106	+134	+49	+60	+76	+104
>65～80	+550 +360	+390 +200	+500 +200	+340 +140	+450 +140	+100	+100	+100	+100	+60	+60	+30	+30	+30	+30
>80～100	+600 +380	+440 +220	+570 +220	+390 +170	+520 +170	+174	+207	+260	+340	+126	+159	+58	+71	+90	+123
>100～120	+630 +410	+460 +240	+590 +240	+400 +180	+530 +180	+120	+120	+120	+120	+72	+72	+36	+36	+36	+36
>120～140	+710 +460	+510 +260	+660 +260	+450 +200	+600 +200	+208	+245	+305	+395	+148	+185	+68	+83	+106	+143
>140～160	+770 +520	+530 +280	+680 +280	+460 +210	+610 +210										
>160～180	+830 +580	+560 +310	+710 +310	+480 +230	+630 +230	+145	+145	+145	+145	+85	+85	+43	+43	+43	+43
>180～200	+950 +660	+630 +340	+800 +340	+530 +240	+700 +240	+242	+285	+355	+460	+172	+215	+79	+96	+122	+165
>200～225	+1 030 +740	+670 +380	+840 +380	+550 +260	+720 +260										
>225～250	+1 110 +820	+170 +420	+880 +420	+570 +280	+740 +280	+170	+170	+170	+170	+100	+100	+50	+50	+50	+50
>250～280	+1 240 +920	+800 +480	+1 000 +480	+620 +330	+820 +300	+271	+320	+400	+510	+191	+240	+88	+108	+137	+185
>280～315	+1 370 +1 050	+850 +480	+1 000 +480	+650 +330	+850 +330	+150	+190	+190	+190	+110	+110	+56	+56	+56	+56
>315～355	+1 560 +1 200	+960 +600	+1 170 +600	+720 +360	+930 +360	+289	+350	+440	+570	+214	+265	+98	+119	+151	+202
>355～400	+1 710 +1 350	+1 040 +680	+1 250 +680	+760 +400	+970 +400	+210	+210	+210	+210	+125	+125	+62	+62	+62	+62
>400～450	+1 900 +1 500	+1 160 +760	+1 390 +760	+840 +440	+1 070 +440	+327	+385	+480	+630	+232	+290	+108	+131	+165	+223
>450～500	+2 050 +1 650	+1 240 +840	+1 470 +810	+880 +480	+1 110 +480	+230	+230	+230	+230	+135	+135	+68	+68	+68	+68

注:基本尺寸小于 1 mm 时,各孔的 A 和 B 均不采用。

G		H							Js			K			M		
6	7	6	7	8	9	10	11	12	6	7	8	6	7	8	6	7	8
+8 +2	+12 +2	+6 0	+10 0	+14 0	+25 0	+40 0	+60 0	+100 0	±3	±5	±7	0 -6	0 -10	0 -14	+2 -8	-2 -12	-2 -16
+12 +4	+16 4	+8 0	+12 0	+18 0	+30 0	+48 0	+75 0	+120 0	±4	±6	±9	+2 -6	+3 -9	+5 -13	-1 -9	0 -12	+2 -16
+14 +5	+20 +5	+9 0	+15 0	+22 0	+36 0	+58 0	+90 0	+150 0	±4. 5	±7	±11	+2 -7	+5 -10	+6 -16	-3 -12	0 -15	+1 -21
+17 +6	+24 +6	+11 0	+18 0	+27 0	+43 0	+70 0	+110 0	+180 0	±5. 5	±9	±13	+2 -9	+6 -12	+8 -19	-4 -15	0 -18	+2 -24
+20 +7	+28 +7	+13 0	+21 0	+33 0	+52 0	+84 0	+130 0	+210 0	±6. 5	±10	±16	+2 -11	+6 -15	+10 -23	-4 -17	0 -21	+4 -29
+25 +9	+34 +9	+16 0	+25 0	+39 0	+62 0	+100 0	+160 0	+250 0	±8	±12	±19	+3 -13	+7 -18	+12 -27	-4 -20	0 -25	+5 -34
+29 +10	+40 +10	+19 0	+30 0	+46 0	+74 0	+120 0	+190 0	+300 0	±9. 5	±15	±23	+4 -15	+9 -21	+14 -32	-5 -24	0 -30	+5 -41
+34 +12	+47 +12	+22 0	+35 0	+54 0	+87 0	+140 0	+220 0	+350 0	±11	±17	+27	+4 -18	+10 -25	+16 -38	-6 -28	0 -35	+6 -48
+39 +14	+54 +14	+25 0	+40 0	+63 0	+100 0	+160 0	+250 0	+400 0	±12. 5	±20	±31	+4 -21	+12 -28	+20 -43	-8 -33	0 -40	+8 -55
+44 +15	+61 +15	+29 0	+46 0	+72 0	+115 0	+185 0	+290 0	+460 0	±14. 5	±23	±36	+5 -24	+13 -33	+22 -50	-8 -37	0 -46	+9 -63
+49 +17	+69 +17	+32 0	+52 0	+84 0	+130 0	+210 0	+320 0	+520 0	±16	±26	±40	+5 -27	+16 -36	+25 -56	-9 -41	0 -52	+9 -72
+54 +18	+75 +18	+36 0	+57 0	+89 0	+140 0	+230 0	+360 0	+570 0	±18	±28	±44	+7 -29	+17 -70	+28 -60	-10 -46	0 -57	+11 -78
+60 +20	+83 +20	+40 0	+63 0	+97 0	+155 0	+250 0	+400 0	+630 0	±20	±31	±48	+8 -32	+18 -45	+29 -68	-10 -50	0 -68	+11 -86

续表

基本尺寸/mm \ 代号 等级	N			P		R		S		T		U
	6	7	8	6	7	6	7	6	7	6	7	7
<3	-4 -10	-4 -14	-4 -18	-6 -12	-6 -16	-10 -16	-10 -20	-14 -20	-14 -20	—	—	-18 -28
>3~6	-5 -13	-4 -16	-2 -20	-9 -20	-9 -17	-8 -20	-11 -23	-16 -24	-15 -27	—	—	-19 -31
>6~10	-7 -16	-4 -19	-3 -25	-12 -21	-9 -24	-16 -25	-13 -28	-20 -29	-17 -32	—	—	-22 -37
>10~14	-9	-5	-3	-15	-11	-20	-16	-25	-21	—	—	-26
>14~18	-20	-23	-30	-26	-29	-31	-34	-36	-39			-44
>18~24	-11	-7	-3	-18	-14	-24	-20	-31	-27	—	—	-33 -54
>24~30	-24	-28	-36	-31	-35	-37	-41	-44	-48	-37 -50	-33 -54	-40 -61
>30~40	-12	-8	-3	-21	-17	-29	-25	-38	-37	-43 -59	-39 -64	-51 -76
>40~50	-28	-33	-42	-37	-42	-45	-50	-54	-59	-49 -65	-45 -70	-61 -86
>50~65	-14	-9	-4	-26	-21	-35 -54	-30 -60	-47 -66	-42 -72	-60 -76	-55 -85	-76 -106
>65~80	-33	-39	-50	-45	-51	-37 -56	-32 -62	-53 -72	-48 -78	-69 -88	-64 -94	-91 -121
>80~100	-16	-10	-4	-30	-24	-44 -66	-38 -73	-64 -86	-58 -93	-84 -106	-78 -113	-111 -146
>100~120	-35	-45	-58	-52	-59	-47 -69	-41 -76	-72 -94	-66 -106	-97 -119	-91 -126	-131 -166
>120~140	-20	-12	-4	-36	-23	-56 -81	-48 -88	-85 -110	-85 -117	-115 -140	-107 -147	-155 -195
>140~160						-58 -83	-50 -90	-93 -118	-85 -125	-127 -153	-119 -159	-175 -215
>160~180	-45	-52	-67	-61	-68	-61 -86	-53 -93	-101 -126	-93 -133	-139 -164	-131 -171	-195 -235
>180~200	-22	-14	-5	-41	-33	-68 -97	-60 -106	-113 -142	-105 -151	-157 -186	-149 -195	-219 -265
>200~225						-71 -100	-63 -109	-121 -150	-113 -159	-171 -200	-163 -209	-141 -287
>225~250	-51	-60	-77	-70	-79	-75 -104	-67 -113	-131 -160	-123 -169	-187 -216	-179 -225	-267 -313
>250~280	-25	-14	-5	-47	-36	-85 -117	-74 -126	-149 -181	-138 -190	-209 -241	-198 -250	-295 -347
>280~315	-57	-66	-86	-79	-88	-89 -121	-78 -130	-164 -193	-150 -202	-231 -263	-220 -272	-330 -382
>315~355	-26	-16	-5	-51	-41	-97 -133	-87 -144	-179 -215	-169 -226	-257 -293	-247 -304	-369 -426
>355~400	-62	-73	-94	-87	-98	-103 -139	-93 -150	-197 -233	-187 -244	-283 -319	-273 -330	-414 -471
>400~450	-27	-17	-6	-55	-45	-113 -153	-103 -166	-219 -259	-209 -272	-317 -357	-307 -370	-467 -530
>450~500	-67	-80	-103	-95	-108	-119 -159	-109 -172	-239 -279	-229 -292	-347 -387	-337 -400	-517 -580

参考文献

[1] 杨水洁.机械制图[M].修订版.南昌:江西科学技术出版社,2010.

[2] 果连成.机械制图[M].7版.北京:中国劳动社会保障出版社,2018.

[3] 果连成,王槐德.机械制图课教学参考书——与机械制图(第八版)配套使用[M].8版.北京:中国劳动社会保障出版社,2023.

[4] 宋春明.机械制图[M].重庆:重庆大学出版社,2017.